输电线路复合绝缘子发热缺陷无人机多光谱智能检测技术

李 特 著

东南大学出版社
·南京·

内容简介

本书主要介绍输电线路复合绝缘子发热缺陷的检测手段及数据处理方面的最新技术。在基于现场案例调研及人工智能输电线路红外图像智能分析技术研发的基础上，著者对输电线路现场发热缺陷案例发生情况、输电线路部件的发热机理、现场无人机红外检测方法、红外图像智能分析模型的研发、复合绝缘子不同发热原因的诊断及检修策略、图像智能处理算法模块的开发及在国网浙江省电力有限公司无人机平台上的应用等方面进行了详细介绍。

本书可供电力行业工程设计、生产制造、运行维护、现场试验等技术人员阅读研究，也可供高等院校电气工程相关专业师生及电力科研院所相关人员参考。

图书在版编目(CIP)数据

输电线路复合绝缘子发热缺陷无人机多光谱智能检测技术 / 李特著. — 南京：东南大学出版社，2025.6.
ISBN 978-7-5766-2174-7

Ⅰ. TM726

中国国家版本馆 CIP 数据核字第 20250SR544 号

责任编辑：吉雄飞　　责任校对：韩小亮　　封面设计：王 玥　　责任印制：周荣虎

输电线路复合绝缘子发热缺陷无人机多光谱智能检测技术

Shudian Xianlu Fuhe Jueyuanzi Fare Quexian Wurenji Duoguangpu Zhineng Jiance Jishu

著　　者	李　特
出版发行	东南大学出版社
出 版 人	白云飞
社　　址	南京市四牌楼 2 号(邮编：210096)
经　　销	全国各地新华书店
印　　刷	广东虎彩云印刷有限公司
开　　本	787 mm×1092 mm　1/16
印　　张	13.25
字　　数	306 千字
版　　次	2025 年 6 月第 1 版
印　　次	2025 年 6 月第 1 次印刷
书　　号	ISBN 978-7-5766-2174-7
定　　价	88.00 元

本社图书若有印装质量问题，请直接与营销中心联系，电话：025-83791830。

编委会

主　任：李　特
副主任：（排名不分先后）
　　　王少华　孙　翔　周啸宇　张　永
　　　邵先军　方玉群　梁加凯
编　委：（排名不分先后）
　　　陶瑞祥　朱其杰　叶昊亮　李泽宇　姜凯华　郑　纲　李　征
　　　吴奇文　陈俪赟　姜云土　姚晨希　李乃一　曹俊平　王　尊
　　　王博闻　赵亚龙　马　钰　奚圣羽　杨　勇　周宇通　郑宏烨
　　　胡家元　李　景　杜　伟　边春风　尹芳辉　巢亚锋　袁一钧
　　　胡　琴　徐　兴　王　力　谈家英　付　晶　张　锐　武文华
　　　邓　禹　于昕哲　郑　开　闻　君　李明磊　江　炯　李文辉
　　　金益迥　岳灵平　张　鹏　姜淦之　韦立富　赵浩然　梁　皓
　　　冯智慧　范　鹏　梁文勇

前 言
Preface

复合绝缘子是输电线路的关键部件,承担着为导线提供机械连接和电气绝缘的双重作用。复合绝缘子以其较轻的重量、优异的防污闪能力在我国沿海以及中重污秽等级区域有着广泛的应用,目前全国输电线路在运复合绝缘子数量超过1000万支。

当前影响复合绝缘子运行性能的第一大问题是芯棒酥朽,仅浙江一省自2019年以来就出现了近30起因芯棒酥朽引起的发热事件。芯棒酥朽会导致芯棒机械性能下降,如果不及时发现和处置,最终会造成复合绝缘子断裂,甚至造成人身伤害。因此,及时发现输电线路的发热缺陷对保障设备安全和电力供应有着重大意义。早期主要是由运维人员采用手持式红外测试仪在地面开展红外测试,由于测试距离远,导致杆塔上的复合绝缘子在测试仪中无法清晰成像,所测量的温度也不准确,并且需要运维人员在测温对象上手动添加测温线或测温框进行温差的提取和对比,红外图像分析复杂且耗时长,已经无法满足日益提升的设备精益化管理需要。随着无人机技术的发展,无人机红外测试以其高效、灵活的特点迅速成为现场红外测试的主要方式,但同时现场海量的无人机红外图像分析又成为摆在运维人员面前的一道难题。此外,复合绝缘子的发热存在着多种原因,不同原因的发热对其运行性能的影响程度存在不同,如何在现场测试时精准判断其发热原因,进而采取差异化的处置策略,也是一线运维人员面对的一大难点。

针对上述问题,国网浙江省电力有限公司电力科学研究院联合重庆大学、广州科易光电技术有限公司、杭州意能电力技术有限公司等单位形成产学研攻关团队,重点突破了无人机红外图像中复合绝缘子以及金具设备的精准分割、发热缺陷自动判断技术难题,开发形成复合绝缘子发热缺陷识别模块并在国网浙江省电力有限公司PMS 3.0无人机自主巡检应用中上线,将单张红外图像的缺陷研判时间由4 s缩短至0.3 s,累计已完成超过100万张红外图像的全自动分析,主动发现多起复合绝缘子发热缺陷,避免多次停电事件发生,大幅减轻了基层人员红外测试分析工作强度,提升了缺陷处置的精准性,保障了电力的可靠供应,丰富了复合绝缘子智能运维技术手段,推进了新型电力系统智能化建设与发展。

为全面总结在输电线路发热缺陷多光谱检测及缺陷智能识别方面的工作成果和经验,我们编写了本书,以飨读者,并希望能为今后电网工程的智能运维提供有益参考。全书主要内容如下:

第1章介绍了输电线路常见发热缺陷及其发热机理;

第2章给出了双视场无人机红外镜头的光路结构及自动聚焦等创新设计;

第 3 章介绍了现场无人机红外测试影响因素以及现场测试核心参数的选择；

第 4 章介绍了现场无人机红外图谱库的构建以及红外图像复合绝缘子中心线提取、发热缺陷判断方法，从而实现红外图像中复合绝缘子发热缺陷的自动识别；

第 5 章从发热特征计算结果、发热特征实测结果、发热原因辨识特征量的构建等方面建立了复合绝缘子典型发热原因的诊断方法；

第 6 章从整体架构、功能设计等方面给出了输电线路复合绝缘子发热缺陷智能识别技术在国网浙江省电力有限公司实际输电线路设备运维中的应用情况。

本书从发热机理、发热监测设备、发热自动识别方法、识别算法的平台应用、发热缺陷检修策略等方面系统阐述了输电线路复合绝缘子发热缺陷的高效、智能检测技术成果和实践经验，可供电力行业工程设计、生产制造、运行维护、现场试验等技术人员参阅。因著者水平和经验有限，书中难免存在不足之处，恳请广大读者批评指正。

最后，著者由衷感谢所有在本书编写过程中提供帮助的人。

著　者

2025 年 3 月于杭州

目 录

1 输电线路发热缺陷关键部件发热机理 ········· 001
1.1 输电线路复合绝缘子发热缺陷统计 ········· 001
1.2 复合绝缘子发热机理 ········· 007
1.2.1 芯棒酥朽 ········· 007
1.2.2 护套受潮 ········· 010
1.2.3 表面积污 ········· 024
1.3 参考文献 ········· 032

2 无人机红外挂载镜头研发 ········· 036
2.1 红外挂载镜头整体结构 ········· 036
2.2 前端红外挂载机芯模块研发 ········· 036
2.2.1 前端红外挂载机芯系统设计 ········· 036
2.2.2 红外载荷的低功耗全国产化设计 ········· 038
2.3 红外镜头及硬件设计 ········· 041
2.3.1 单视场红外光学镜头设计 ········· 041
2.3.2 双视场红外镜头及硬件设计 ········· 046
2.3.3 宽窄视场镜头自动聚焦方案设计 ········· 052
2.4 红外全动态视频流数据存储方案 ········· 054

3 输电线路复合绝缘子现场红外检测方法 ········· 058
3.1 基于户外场试验的现场无人机红外测试距离选择 ········· 058
3.1.1 试品 ········· 058
3.1.2 试验方法 ········· 060
3.1.3 基于户外场试验的无人机红外测试参数选择 ········· 061
3.2 环境及电压对复合绝缘子缺陷发热幅值的影响 ········· 066
3.2.1 试品 ········· 066
3.2.2 外观检查 ········· 067
3.2.3 憎水性分级和表面污秽度测量 ········· 070
3.2.4 环境湿度对热缺陷复合绝缘子温度特性的影响 ········· 071
3.2.5 电压幅值对热缺陷复合绝缘子温度特性的影响 ········· 077

3.2.6　风速对热缺陷复合绝缘子温升特性的影响 …………………………… 082
　　3.2.7　热缺陷复合绝缘子的紫外放电特性 ………………………………… 087
　　3.2.8　湿度对典型原因发热复合绝缘子发热状态影响差异 ……………… 090
　　3.2.9　现场红外检测策略建议 ……………………………………………… 092

4　输电线路复合绝缘子红外图谱库及发热智能识别方法 …………………… 095
　4.1　基于无人机的复合绝缘子图像多光谱融合及复杂背景下关键部位提取技术
　　　 …………………………………………………………………………… 095
　　4.1.1　复合绝缘子可见光和红外图像采集预处理技术 …………………… 095
　　4.1.2　复合绝缘子可见光和红外图像融合技术 …………………………… 100
　　4.1.3　复合绝缘子可见光和红外图像融合性能 …………………………… 109
　　4.1.4　复合绝缘子融合图像中关键部位的提取方法 ……………………… 112
　4.2　架空输电线路在运复合绝缘子红外特征及发热判断方法 ………………… 125
　　4.2.1　图谱样本来源 ………………………………………………………… 125
　　4.2.2　复合绝缘子温度曲线形态特征 ……………………………………… 129
　　4.2.3　复合绝缘子发热特征量 ……………………………………………… 133
　　4.2.4　阳光干扰判断 ………………………………………………………… 134
　　4.2.5　复合绝缘子发热缺陷判断 …………………………………………… 142
　　4.2.6　复合绝缘子局部温差的获取 ………………………………………… 151
　4.3　参考文献 …………………………………………………………………… 156

5　复合绝缘子发热原因诊断方法 ……………………………………………… 157
　5.1　典型热缺陷复合绝缘子发热模型研究 …………………………………… 157
　　5.1.1　热缺陷复合绝缘子温升计算模型 …………………………………… 157
　　5.1.2　热缺陷复合绝缘子电热耦合温度计算 ……………………………… 159
　　5.1.3　热缺陷绝缘子温升特征分析 ………………………………………… 171
　5.2　输电线路典型热缺陷复合绝缘子现场原因诊断方法 …………………… 176
　　5.2.1　不同类型热缺陷复合绝缘子温度曲线分析 ………………………… 176
　　5.2.2　不同类型热缺陷复合绝缘子温度特征提取 ………………………… 179
　　5.2.3　基于随机森林算法的热缺陷复合绝缘子分类模型 ………………… 181
　5.3　参考文献 …………………………………………………………………… 190

6　软件平台开发及现场应用 …………………………………………………… 191
　6.1　基于CUDA加速的发热缺陷诊断算法 …………………………………… 191
　6.2　浙江省侧无人机平台输电线路复合绝缘子发热缺陷识别模块 ………… 196
　6.3　现场诊断及处置案例 ……………………………………………………… 198
　　6.3.1　500 kV TS/TB线复合绝缘子酥朽发热 ……………………………… 198
　　6.3.2　500 kV FS线复合绝缘子酥朽发热 …………………………………… 203

1 输电线路发热缺陷关键部件发热机理

1.1 输电线路复合绝缘子发热缺陷统计

2019年以来,某省110 kV及以上线路共发生复合绝缘子发热事件39起,另有一起内部击穿事件未提前检测到发热情况。尤其2023年1月至今,连续出现TS/TB线、JY线、AR线等多起复合绝缘子发热事故。

我们对以上发热事件的发热缺陷复合绝缘子杆号、串型、所在地形环境、生产厂家、运行年限等信息进行了收集整理(见表1-1)。

表1-1 发热缺陷复合绝缘子设备基础信息

序号	线路	杆号	串型	相别	塔型	地形环境	生产厂家	投运年份	发热时运行年限	发热原因
1	1000 kV AT线	87#、91#、104#	悬垂串	三相均有分布	直线	山区	DLD	2013年	8年	护套-伞套间隙放电
2	110 kV PD线	49#	悬垂串	上相	直线	沿海山区	GZM	2010年	14年	护套击穿
3	500 kV YC/YX线	23—27#	悬垂串、V型串	上相、中相	直线	山区	GZM	2015年	9年	芯棒酥朽
4	500 kV CT线	11#	悬垂双串	中相	直线	—	GZM	2016年	8年	芯棒酥朽
5	500 kV FS线	31#	双V串	中相(C相)	直线	山区	GZM	2017年	7年	芯棒酥朽
6	500 kV YX线	29#	跳线串	上相(B相)	耐张	山区	JLL	2014年	10年	芯棒酥朽
7	500 kV TS/TB-1	29—64#	单V串	三相均有分布	直线	山区	JSX	2009年	14年	芯棒酥朽
8	500 kV TS/TB-2	6—28#	悬垂双串	三相均有分布	直线	山区	JSX	2009年	14年	芯棒酥朽

续表1-1

序号	线路	杆号	串型	相别	塔型	地形环境	生产厂家	投运年份	发热时运行年限	发热原因
9	500 kV AZ线	98#	跳线串	中相	耐张	山区	DGG	2013年	11年	芯棒酥朽
10	500 kV JY线	175#、137#	跳线串	边相	耐张	平地	XJX	2017年	5年	芯棒酥朽
11	500 kV YT线	105#	悬垂串	上相	直线	山区	XYG	2015年	8年	芯棒酥朽
12	500 kV YS线	13#	悬垂串	B相	直线	平地	ZBT	2017年	6年	芯棒酥朽
13	110 kV SZ线	9#	悬垂串	A相	直线	平地	ZTD	2016年	7年	芯棒酥朽
14	500 kV HY线	68#	V型串	C相	直线	平地	ZBT	2015年	8年	芯棒酥朽
15	500 kV JY线	88#、98#、117#	跳线串	A相、C相	耐张	山区	XJX	2017年	6年	芯棒酥朽
16	220 kV BW线	19#	悬垂串	C相	直线	平地	DGG	2009年	14年	芯棒酥朽
17	500 kV DT线	18#	跳线串	A相	耐张	山区	DGG	2004年	19年	芯棒酥朽
18	220 kV YH线	16#	跳线串	A相	耐张	平地	GZM	2011年	12年	芯棒酥朽
19	500 kV CZ线	94#、102#、107#	悬垂串、V型串、V型串	上相、下相	直线	山区	XYG	2019年	4年	芯棒酥朽
20	500 kV JS线	137#、138#、142#	跳线串	A相、B相	耐张	—	XJX	2015年	8年	芯棒酥朽
21	500 kV LF线	187#	跳线串	B相、C相	耐张	—	XJX	2010年	13年	芯棒酥朽
22	500 kV LY线	187#	跳线串	B相	耐张	—	XJX	2010年	13年	芯棒酥朽

续表 1-1

序号	线路	杆号	串型	相别	塔型	地形环境	生产厂家	投运年份	发热时运行年限	发热原因
23	500 kV ZC 线	50#	跳线串	下相	耐张	—	DLD	2009 年	14 年	芯棒酥朽
24	500 kV HS 线	79#	悬垂双串	右相	直线	山区	ZBT	2016 年	6 年	芯棒酥朽
25	500 kV BY 线-1	73#	单 V 串	上相	直线	平地	XYG	2010 年	12 年	芯棒酥朽
26	500 kV JS/LS 线-1	134—151#	跳线串	三相均有分布	耐张	山区	XJX	2015 年	7 年	芯棒酥朽
27	500 kV JS/LS 线-2	162#、155#	单 V 串	B 相、C 相	直线	山区	ZBT	2015 年	7 年	芯棒酥朽
28	500 kV YW 线-1	150#	跳线串	上相	耐张	平原	XJX	2011 年	11 年	芯棒酥朽
29	500 kV TH 线	48#	单 V 串	上相	直线	山区	JSX	2009 年	10 年	芯棒酥朽
30	220 kV CX 线-1	15#	悬垂双串	下相	直线	沿海平地	GZM	2010 年	10 年	芯棒酥朽
31	220 kV LC 线	19#	悬垂双串	中相	直线	沿海平地	ZBT	2014 年	6 年	严重粘接不良
32	220 kV LD 线	18#	悬垂单串	C 相	直线	沿海平地	GZM	2011 年	9 年	芯棒酥朽
33	500 kV BY 线-2	73	单 V 串	中下相	直线	平地	XYG	2010 年	12 年	护套受潮
34	500 kV YW 线-2	70#	跳线单串	上相、中相	直线	山区	DGG	2011 年	11 年	护套受潮
35	220 kV CX 线-2	8—14#、16—21#	悬垂双串、跳线双串	三相均有分布	直线、耐张	沿海平地	GZM	2010 年	10 年	护套受潮
36	220 kV CP 线	7#、16#	悬垂双串、跳线单串	三相均有分布	直线、耐张	沿海平地	ZBT	2017 年	4 年	护套受潮

续表 1-1

序号	线路	杆号	串型	相别	塔型	地形环境	生产厂家	投运年份	发热时运行年限	发热原因
37	220 kV SH 线	18#、31#	悬垂双串	三相均有分布	直线	沿海平地	DLD	2008 年	12 年	护套受潮
38	500 kV LC/LX 线	ZS 段	悬垂双串、跳线单串	三相均有分布	直线、耐张	沿海平地	JSX	2014 年	6 年	表面积污
39	500 kV LW/LY 线	ZS 段	悬垂双串、跳线单串	三相均有分布	直线、耐张	沿海平地	XYG	2019 年	2 年	表面积污
40	110 kV NC 线	45#	单串	B 相	直线	沿海平地	YXH	2007 年	13 年	表面积污

1) 内部缺陷发热

由表 1-1 可知,内部缺陷引起的复合绝缘子发热事件一共 31 起,其中 1 起为护套-伞套界面气隙放电,29 起为芯棒酥朽,1 起为护套-芯棒严重粘接不良(见图 1-1)。下面对电压等级、线路分布及复合绝缘子串型、生产厂家和运行年限进行分析。

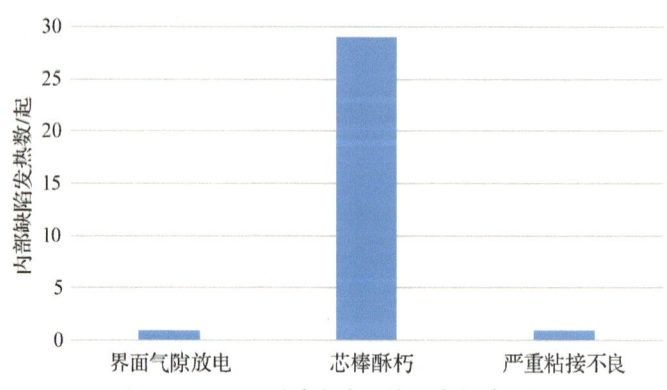

图 1-1 不同种类复合绝缘子发热缺陷数

(1) 电压等级

这 31 起内部缺陷涉及的电压等级包括 1000 kV 共 1 起,500 kV 共 24 起,220 kV 共 5 起,110 kV 共 1 起(见图 1-2),500 kV 发热频次明显高于 220 kV,因此 500 kV 复合绝缘子是需要重点关注的设备。

(2) 线路分布

由表 1-1 可以发现,这 31 起内部缺陷所涉及的线路几乎覆盖该省下属各地市单位,因此全省各单位均需要予以关注。

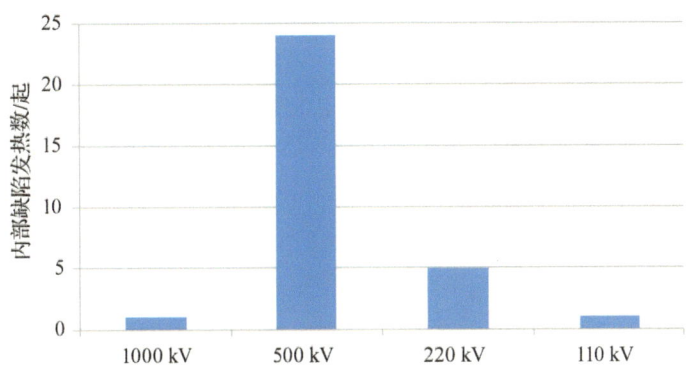

图 1-2 不同电压等级复合绝缘子发热缺陷数

(3) 复合绝缘子串型

这31起内部缺陷涉及的绝缘子串型包括8起V型串、13起悬垂串、12起跳线串(见图1-3)。其中,24起500 kV内部缺陷发热事件涉及8起V型串、11起跳线串、7起悬垂串,因此对500 kV线路而言,各串型均需要予以关注;5起220 kV内部缺陷发热事件涉及4起悬垂串、1起跳线串,因此对220 kV线路而言,悬垂串更需要关注。

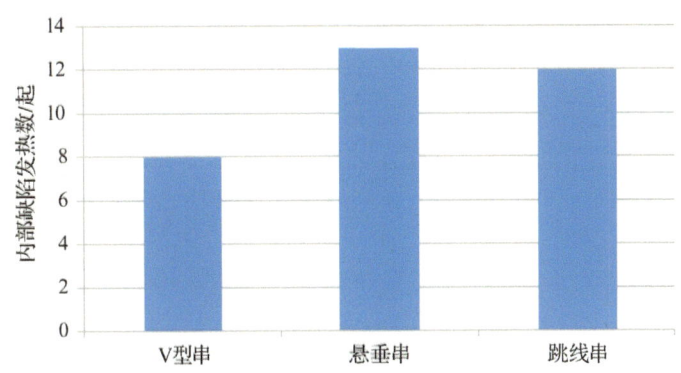

图 1-3 不同串型复合绝缘子发热缺陷数

(4) 复合绝缘子生产厂家

这31起内部缺陷涉及的复合绝缘子的生产厂家包括XJX 7起、GZM 6起、ZBT 5起、DGG 3起、JSX 3起、XYG 3起、DLD 2起、JLL 1起、ZTD 1起(见图1-4)。其中,500 kV的24起内部缺陷,涉及XJX 7起、ZBT 4起、JSX 3起、XYG 3起、DGG 2起、GZM 2起、DLD 2起、JLL 1起。

(5) 复合绝缘子运行年限

这31起内部发热缺陷绝缘子运行年限分布于4～19年,其中,4年1起(XYG,500 kV CZ线)、5年1起(XJX,500 kV JY线)、6年4起(ZBT,500 kV YS线、500 kV HS线、220 kV LC线;XJX,500 kV JY线)、7年4起(ZTD,110 kV SZ线;XJX,500 kV JS/LS线;ZBT,500 kV JS/LS线;GZM,500 kV FS线)、8年5起(DLD,1000 kV AT线;GZM,500 kV CT线;SYG,500 kV YT线;ZBT,500 kV HY线;XJX,500 kV JS线)、9年2起

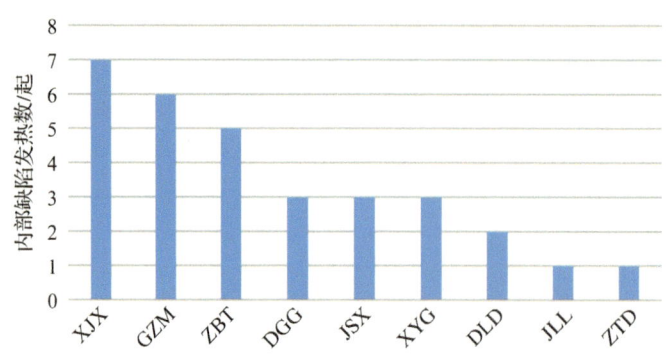

图 1-4 不同生产厂家复合绝缘子发热缺陷数

(GZM,220 kV LD 线、500 kV YC/YX 线)、10 年 3 起(JLL,500 kV YX 线;JSX,500 kV TH 线;GZM,220 kV CX 线)、11 年 2 起(DGG,500 kV AZ 线;XJX,500 kV YW 线)、12 年 2 起(GZM,220 kV YH 线;XYG,500 kV BY 线)、13 年 2 起(XJX,500 kV LF 线、LY 线)、14 年 4 起(JSX,500 kV TS/TB 线(2 起);DGG,220 kV BW 线;DLD,500 kV ZC 线)、19 年 1 次(DGG,500 kV DT 线)(见图 1-5)。其中,500 kV 的 24 起内部缺陷运行年限分布数为 4 年 1 起、5 年 1 起、6 年 3 起、7 年 3 起、8 年 4 起、9 年 1 起、10 年 2 起、11 年 2 起、12 年 1 起、13 年 2 起、14 年 3 起、19 年 1 起。

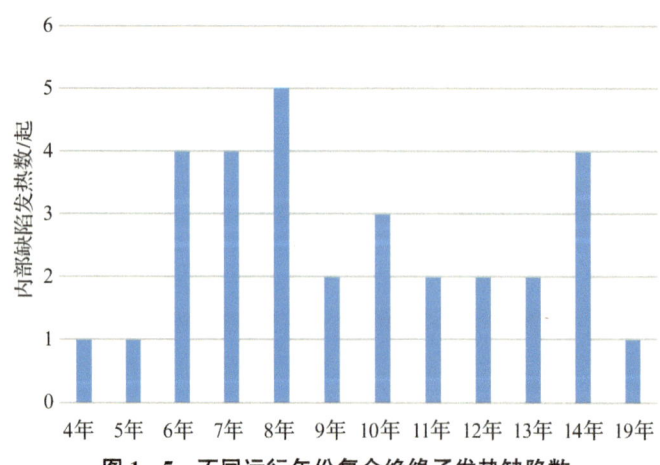

图 1-5 不同运行年份复合绝缘子发热缺陷数

2) 表面积污发热

表面积污发热一共 3 起,其中 500 kV 线路 2 起(LC/LX 线和 LW/LY 线各 1 起),110 kV 线路 1 次,均发生在 ZS 地区。必须指出的是,沿海地市更需要考虑积污引发发热的可能。对非沿海地市而言,除非发现杆塔附近存在工业污染源,否则在发热判断时可将污秽发热放在次要位置。

表面积污发热绝缘子运行年限最短只有 2 年,可见在沿海区域,即使刚运行的绝缘子也有可能在外部积污作用下出现发热。

3)护套受潮发热

护套受潮发热一共5起,涉及500 kV线路2起,220 kV线路3起。其中,500 kV线路分别位于NB和HZ,220 kV线路2起位于ZS,1起位于TZ。需要指出的是,护套受潮发热在沿海、非沿海地市均可能发生。

5起护套受潮发热绝缘子生产厂家包括XYG,GZM,DGG,ZBT和DLD;除一起护套受潮发热绝缘子运行年限为4年外,其余均超过10年。

1.2 复合绝缘子发热机理

1.2.1 芯棒酥朽

1)机理

通过对以往复合绝缘子异常断裂案例的详细研究,相关人员对复合绝缘子酥朽断裂机理已有了较为清晰的认识。目前普遍认为在外界水分入侵(湿)、异常发热和电弧高温(热)、局部放电(电)以及机械荷载(力)等因素的综合作用下复合绝缘子芯棒发生酥朽劣化,最终导致机械强度下降,发生断裂[1]。

(1) 湿热老化。目前研究认为外界水分入侵的途径主要有三种:一是复合绝缘子端部密封不良,外界水分由端部渗入;二是受制造工艺、外部破坏(鸟害等)、材料老化等因素的影响,护套发生破损,外界水分从护套破损处进入内部[2,3];三是由于硅橡胶材料的透湿性,外界水分以扩散的方式透过完好护套侵入绝缘子内部[4-6]。水分侵入复合绝缘子内部后,一方面引发芯棒材料水解[7,8],另一方面在局部放电作用下生成硝酸,芯棒在酸性环境下受到腐蚀,玻璃纤维发生应力腐蚀断裂[9]。同时,热氧老化过程中纤维-基体界面间的氧化纤维和基体的热膨胀不匹配性造成纤维-基体界面脱粘,进而在芯棒内部产生大量微孔隙、微裂纹,为水分侵入芯棒内部提供条件[10]。芯棒中的环氧树脂基体和玻璃纤维在高热环境下发生热解反应,从而使基体破坏,玻璃纤维暴露在酸性环境中进一步受到侵蚀[11-13]。

(2) 局部放电。以往研究认为,一方面,由于生产工艺的限制,少数绝缘子自身存在粘接不良等问题,芯棒-护套界面和纤维-基体界面处存在缝隙、气泡、孔洞等造成局部电场畸变,引发局部放电[14,15];另一方面,由于复合绝缘子常年运行在复杂的环境条件下,芯棒-护套界面在湿热、振动等因素的作用下强度下降[16],产生微观缺陷[17],进而发生界面脱粘等不可逆的损伤[18-23]。芯棒-护套界面处长期受局部放电蚀损,护套上会形成由内而外的电蚀孔,同时局部放电会烧蚀环氧树脂基体,基体在熔化—气化—碳化的过程中会在基体中留下气孔和气泡。局部放电还会导致基体与氧气、氮气反应生成氨基化合物,并导致环氧树脂基体发生降解[24]。

(3) 机械荷载。机械荷载也是复合绝缘子酥朽断裂必不可少的因素之一[24,25],但人们对于机械荷载在复合绝缘子酥朽劣化过程中的作用机制尚无明确结论。肖琦等人模拟了微风振动下复合绝缘子芯棒-护套界面胶接层的疲劳过程,结果表明复合绝缘子芯棒-护套界面疲劳后易产生气隙[16]。Kumosa等人研究发现,机械预应力处理对复合绝缘子芯棒的吸湿特性和泄漏电流大小几乎不产生影响[26,27]。梁曦东教授等人指出酸性介质和机械应力共同作用于复合绝缘子芯棒中的玻璃纤维,使其应力腐蚀断裂[24]。

因此,芯棒酥朽断裂是复合绝缘子在受潮、放电、电流、酸性介质、机械应力共同作用下的绝缘子异常断裂现象[28-30]。

2)典型案例:500 kV BY 线 73#上相外侧复合绝缘子内部缺陷发热

(1)缺陷概况

2022 年 8 月 22 至 28 日,NB 公司输电中心运维人员在对 500 kV BW 线和 BY 线开展红外检测时发现,500 kV BY 线 73#上相外侧复合绝缘子存在发热。该复合绝缘子型号为 FXBW-500/240,结构高度为 4900 mm,爬电距离为 14000 mm,于 2010 年 6 月投运,生产厂家为 XYG。

(2)红外图谱

现场先后开展了两次红外测试,同时在仓前高压大厅开展了工频耐压红外复测,发热位置均位于高压侧区段:高压端起始第 3 至 7 伞裙单元。现场及实验室红外图谱见图 1-6。

(a) 8月25日现场初测(发热幅值11.6 ℃)

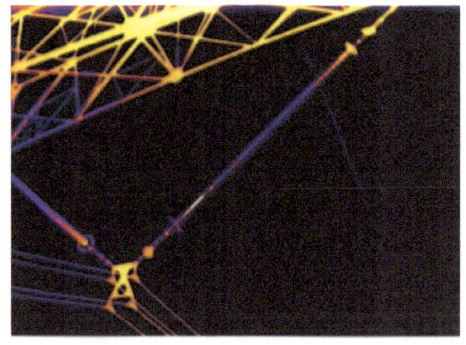

(b) 8月27日现场复测(发热幅值8.3 ℃)

(c) 仓前高压大厅红外复测试验布置

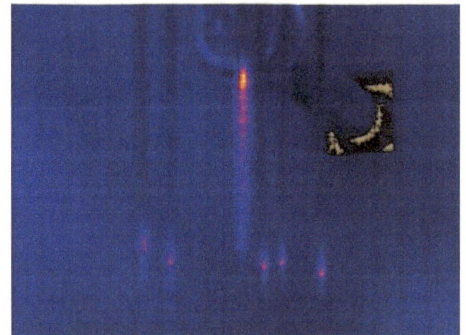

(d) 仓前高压大厅红外复测(发热幅值8.7 ℃)

图 1-6 BY 线 73#上相外侧绝缘子现场及实验室红外图谱

(3)试验分析

① 外观检查及剖检:绝缘子高压端第 3—5 大伞之间护套出现开裂,第 2 大伞位置芯棒存在一处电蚀孔,第 3 伞裙单元的第一个小伞根部变色发黑(见图 1-7);护套表面未出现明

显的电蚀痕迹;伞裙存在粉化,低压端护套、伞裙表面检查无异常。

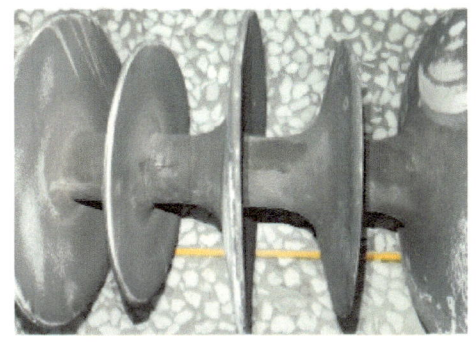 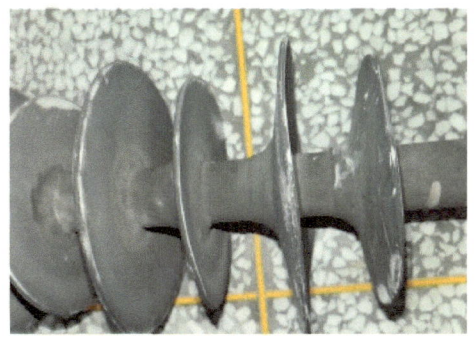

(a) 护套开裂(第 4—6 大伞)   (b) 电蚀孔及伞裙根部发黑痕迹

图 1-7 BY 线 73♯上相外侧绝缘子外观检查

绝缘子高压端解剖发现第 5 大伞根部有一处电蚀孔,但伞裙内部整体状态良好;高压侧区段芯棒出现变色、起毛的酥朽现象(见图 1-8)。

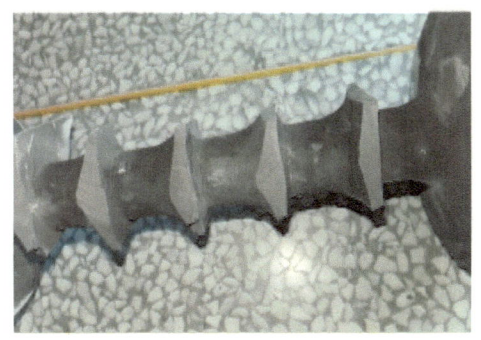 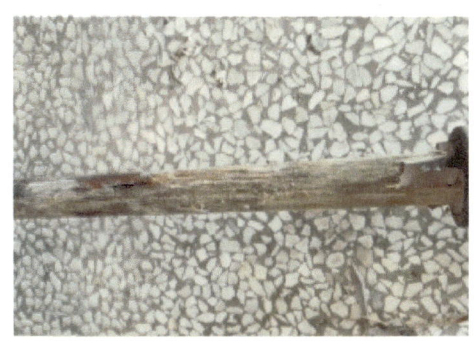

(a) 伞裙根部状态   (b) 芯棒酥朽形态

图 1-8 BY 线 73♯上相外侧绝缘子解剖检查

同批次(BY 线 73♯其他相位绝缘子)解剖发现,有一支绝缘子高压端护套-芯棒界面存在局部不粘(见图 1-9)。

 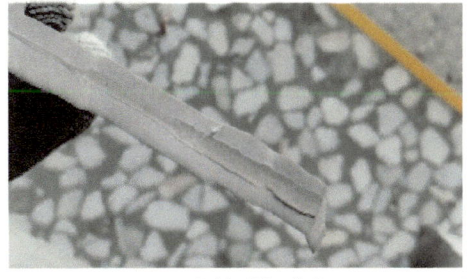

(a) 高压端芯棒   (b) 芯棒酥朽形态

图 1-9 BY 线 73♯另一支绝缘子剖检结果

② 材料试验:BY 线 73♯其他绝缘子的憎水性、渗透性以及带护套水扩散试验均未发现异常。

(4) 结论

结合芯棒酥朽形态和护套表面状态不难判断,自内向外发展的芯棒酥朽是引发复合绝缘子发热的直接原因;结合复合绝缘子剖检结果不难判断,高压端区段的局部不粘是芯棒酥朽缺陷的诱因。

1.2.2 护套受潮

1) 机理

程养春等人通过实验发现,由于复合绝缘子表面护套长期暴露在空气中发生老化,导致绝缘阻值降低,成为复合绝缘子温升的主要原因之一[31]。屠幼萍等人研究发现,环境的湿度变化严重影响着复合绝缘子温升规律,复合绝缘子在高湿环境下高压端伞裙及护套表面容易发生老化,吸湿所导致的介损增加是引起高压端异常温升的主因;然而,在低湿环境下使用复合绝缘子可以显著减少异常发热的情况,甚至不发热[32]。针对现场运行的复合绝缘子,异常发热的本质是高压端护套表面老化受潮引起的介损[33-35]。王黎明等人的研究指出,当护套出现老化现象时,水分进入老化层所产生的极化损耗会导致复合绝缘子异常发热,其中的极化损耗由转向极化、夹层极化组成[5]。徐兴对护套老化受潮复合绝缘子的硅橡胶的微观形貌、化学基团、热解特性、介电特性等理化特性进行了研究,他发现护套老化受潮复合绝缘子伞套老化主要发生在表层,同时表层老化试样的 Si—O—Si,Si—$(CH_3)_2$,Si—CH_3 和 CH_3 基团的含量均明显减少。老化硅橡胶受潮后介电损耗急剧增加,从而引起复合绝缘子的异常发热[36]。

2) 典型案例:220 kV CG 线及 CX 线复合绝缘子护套受潮缺陷发热

(1) 缺陷概况

2020 年 2 月 25 日,ZS 公司巡视中发现 220kV CG 线及 CX 线复合绝缘子存在大面积发热现象,随后在 2 月 26 日和 2 月 28 日各进行了一次复测。2 月 26 日测试发现大部分绝缘子发热现象消失,2 月 28 日测试发现 25 日测试中存在发热的绝缘子大部分再次出现了发热,且绝大部分绝缘子发热部位位于高压端附近区域。

三次检测中,CG 线存在发热的绝缘子红外图谱及温度曲线如图 1-10(a)、图 1-10(c)、图 1-10(e)所示,GX 线存在发热的绝缘子红外图谱及温度曲线如图 1-10(b)、图 1-10(d)、图 1-10(f)所示。

1 输电线路发热缺陷关键部件发热机理

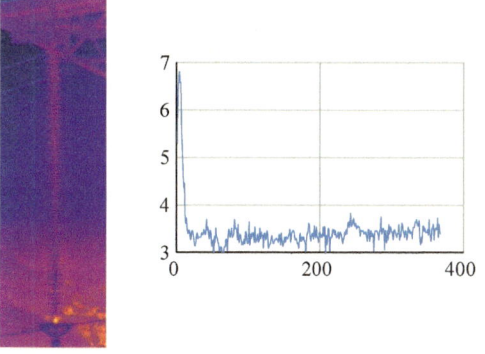
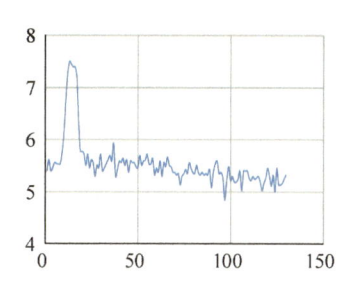

（a）CG线9#下相红外图谱及温度曲线(2.25)　　（b）CX线15#下相红外图谱及温度曲线(2.25)

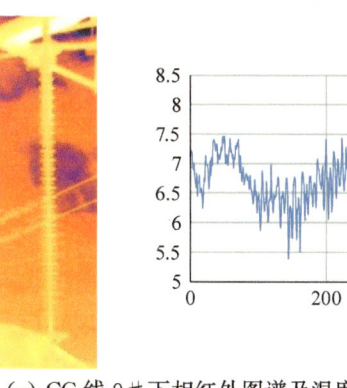
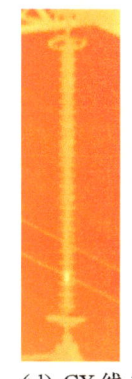
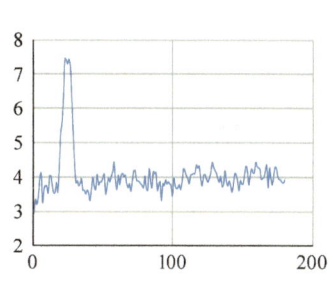

（c）CG线9#下相红外图谱及温度曲线(2.26)　　（d）CX线15#下相红外图谱及温度曲线(2.26)

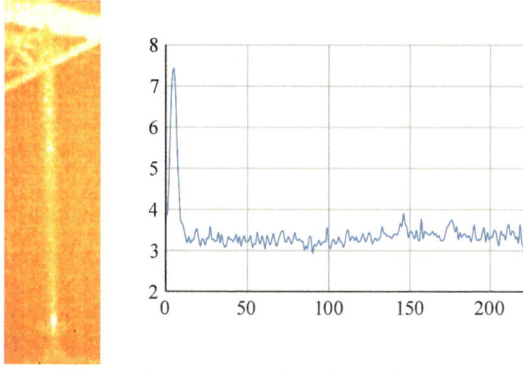
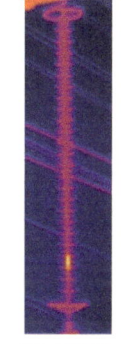
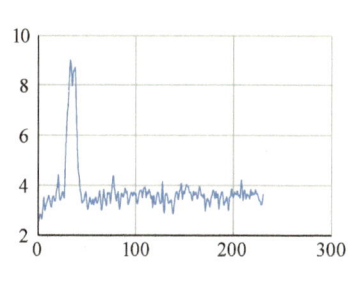

（e）CG线9#下相红外图谱及温度曲线(2.28)　　（f）CX线15#下相红外图谱及温度曲线(2.28)

图1-10　现场发热绝缘子典型图谱及温度曲线

三次检测的天气情况如表1-2所示。

表1-2　现场检测天气情况

测试日期	天气条件
2020-2-25	小雨转阴
2020-2-26	阴天
2020-2-28	小雨

（2）试验分析试品

为确定复合绝缘子发热原因,并明确发热对复合绝缘子性能的影响,我们对 CG 线及 CX 线选取典型发热绝缘子及部分无发热绝缘子进行了检测分析。所选绝缘子编号及现场发热情况如表 1-3 所示,其中"1"和"2"的标注来自双串绝缘子。

由表 1-3 可知,编号为 24,25,26 的 3 支复合绝缘子现场无发热存在,可视为正常绝缘子,其余绝缘子均存在不同程度的发热现象。

表 1-3　试验分析试品及对应现场温升

编号	线路	杆塔	绝缘子位置	现场温度跨度/K	现场温度峰值－温度均值/K
1	CG 线	8	上-1	3.10	2.39
2	CG 线	8	上-2	4.02	3.31
3	CG 线	9	上	3.21	2.72
4	CG 线	9	下	4.45	3.78
5	CG 线	9	中	3.69	3.01
6	CG 线	14	上	6.62	5.96
7	CG 线	14	中	6.48	5.75
8	CX 线	8	上-1	9.12	8.13
9	CX 线	8	上-2	5.26	4.48
10	CX 线	8	下-1	2.28	1.52
11	CX 线	8	下-2	2.57	1.55
12	CX 线	8	中-1	4.47	3.77
13	CX 线	8	中-2	5.41	4.67
14	CX 线	9	上	5.18	4.6
15	CX 线	9	中	5.88	5.11
16	CX 线	10	上	4.29	3.62
17	CX 线	10	下	3.10	2.56
18	CX 线	10	中	6.38	5.84
19	CG 线	10	上	7.04	6.55
20	CG 线	10	下	3.25	2.73
21	CX 线	14	下	3.79	2.71
22	CX 线	14	上	2.09	1.44
23	CX 线	14	中	3.45	2.42
24	CG 线	10	中	<1.50	<1.50

续表 1-3

编号	线路	杆塔	绝缘子位置	现场温度跨度 /K	现场温度峰值—温度均值 /K
25	CX 线	9	下	0.78	0.38
26	CG 线	15	上	1.00	0.80
27	CG 线	16	上	3.20	2.40
28	CG 线	16	中	3.15	2.52
29	CG 线	16	下	2.30	1.70
30	CX 线	15	上	1.72	1.22
31	CX 线	15	中	5.12	4.27
32	CX 线	15	下	6.39	5.21
33	CG 线	15	中	8.07	7.27
34	CG 线	15	下	3.64	3.19
35	CG 线	20	中	4.15	3.70
36	CG 线	20	下	5.05	4.37
37	CG 线	21	上	4.30	3.80

(3) 外观检查

对表 1-3 中所有绝缘子试品进行了外观检查,发现所有绝缘子芯棒均无破损、蚀损迹象,但绝缘子伞裙存在一定程度的粉化。典型芯棒表面状态如图 1-11(a)所示,典型伞裙表面状态如图 1-11(b)所示。

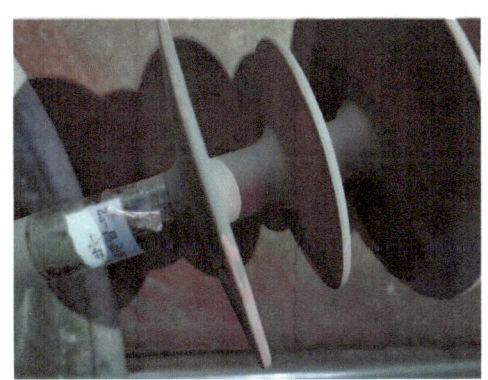
(a) 典型芯棒状态

(b) 伞裙表面粉化

图 1-11 复合绝缘子外观检查

(4) 完整复合绝缘子红外测试

在实验室对复合绝缘子试品进行运行电压下红外测试,试验时间为 30 min,试验温度为 28 ℃,相对湿度为 55%。结果表明,现场存在发热的复合绝缘子在实验室复测中均出现了大于1K的温升。实验室与现场发热情况对比如表1-4所示,典型发热图谱及温度曲线如图1-12所示。

表1-4 复合绝缘子实验室与现场发热情况对比

编号	线路	杆塔	绝缘子位置	现场温度跨度/K	现场发热位置	实验室复测温度跨度/K	实验室复测发热位置
1	CG线	8	上-1	3.10	高压端、中部、低压端多处发热	1.78	仅高压端
2	CG线	8	上-2	4.022	高压端、中部、低压端多处发热	1.33	仅高压端
3	CG线	9	上	3.21	高压、低压端两处发热	1.22	仅高压端
4	CG线	9	下	4.45	仅高压端发热	2.39	仅高压端
5	CG线	9	中	3.69	仅高压端发热	1.67	仅高压端
6	CG线	14	上	6.62	仅高压端发热	1.94	仅高压端
7	CG线	14	中	6.48	仅高压端发热	2.83	仅高压端
8	CX线	8	上-1	9.12	高压端、中部、低压端多处发热	2.83	仅高压端
9	CX线	8	上-2	5.26	高压端、中部、低压端多处发热	2.78	仅高压端
10	CX线	8	下-1	2.28	高压端发热向中部延伸	3.22	仅高压端
11	CX线	8	下-2	2.57	高压端发热向中部延伸	1.83	仅高压端
12	CX线	8	中-1	4.47	高压端发热向中部延伸	2.89	仅高压端
13	CX线	8	中-2	5.41	高压端发热向中部延伸	2.56	仅高压端
14	CX线	9	上	5.18	仅高压端发热	2.67	仅高压端
15	CX线	9	中	5.88	仅高压端发热	4.06	仅高压端
16	CX线	10	上	4.29	第一次高压端发热,第二次高压及低压端发热	2.33	仅高压端
17	CX线	10	下	3.10	第一次高压端发热,第二次高压及低压端发热	3.50	仅高压端
18	CX线	10	中	6.38	第二次高压端、低压端两处发热	4.06	仅高压端
19	CG线	10	上	7.04	高压、低压端两处发热	1.11	仅高压端
20	CG线	10	下	3.25	高压、低压端两处发热	4.72	仅高压端
21	CX线	14	下	3.79	仅高压端发热	3.33	仅高压端
22	CX线	14	上	2.09	仅高压端发热	3.67	仅高压端
23	CX线	14	中	3.45	仅高压端发热	2.00	仅高压端

续表 1-4

编号	线路	杆塔	绝缘子位置	现场温度跨度/K	现场发热位置	实验室复测温度跨度/K	实验室复测发热位置
24	CG 线	10	中	<1.5	正常绝缘子	<1.00	—
25	CX 线	9	下	0.78	正常绝缘子	<1.00	—
26	CG 线	15	上	1.00	正常绝缘子	<1.00	—
27	CG 线	16	上	3.20	仅高压端发热	2.22	仅高压端
28	CG 线	16	中	3.15	仅高压端发热	2.22	仅高压端
29	CG 线	16	下	2.30	仅高压端发热	1.44	仅高压端
30	CX 线	15	上	1.72	仅高压端发热	3.06	仅高压端
31	CX 线	15	中	5.12	仅高压端发热	4.33	仅高压端
32	CX 线	15	下	6.39	高压端发热往中部延伸	43.90	高压端的第2—3伞裙及第8—9伞裙
33	CG 线	15	中	8.07	仅高压端发热	3.17	仅高压端
34	CG 线	15	下	3.64	仅高压端发热	2.22	仅高压端
35	CG 线	20	中	4.15	仅高压端发热	2.33	仅高压端
36	CG 线	20	下	5.05	仅高压端发热	2.11	仅高压端
37	CG 线	21	上	4.30	仅高压端发热	1.83	仅高压端

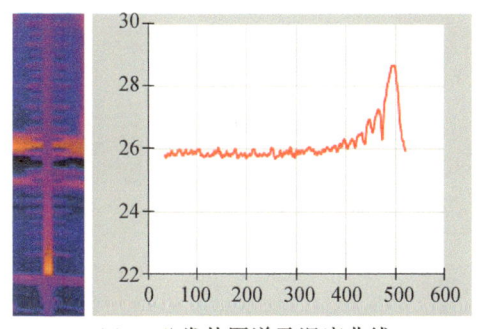
(a) 34#发热图谱及温度曲线

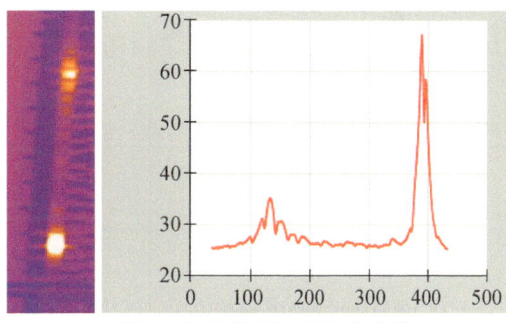
(b) 32#发热图谱及温度曲线

图 1-12 复合绝缘子实验室复测典型红外图谱及温度曲线

上述发热绝缘子中,编号32的绝缘子发热位置位于高压端的第2—3伞裙及第8—9伞裙两处,温升幅值达43.9K。其他绝缘子发热位置均位于高压端金具至第一伞裙单元,温升幅值在1～5K之间。综合发热幅值与发热位置,可以判断编号32的绝缘子存在内部酥朽缺陷,其余发热绝缘子的发热原因有待进一步研究。

(5) 端部切除护套表层后复合绝缘子红外测试

从表1-4中选取部分发热幅值较高的复合绝缘子,将其高压端至第一大伞芯棒护套表层削去 0.5～1 mm,再次进行运行电压下红外测试,结果发现绝缘子发热基本消失,相应图谱见表 1-5。护套表层削去后的复合绝缘子状态见图 1-13。

表 1-5　高压端护套表层削去前后复合绝缘子端部发热对比

编号	现场红外测试温度跨度/K	现场发热位置	实验室复测发热位置	实验室红外温度跨度/K（高压端部护套完整）	红外图谱（高压端部护套完整）	实验室红外温升（高压端至第一大伞护套表层削去）	红外图谱（高压端至第一大伞护套表层削去）
7	6.48	仅高压端	仅高压端	2.83		无发热	
15	5.88	仅高压端	仅高压端	4.06		无发热	
18	6.38	高压端及低压端	仅高压端	4.06		无发热	

续表 1-5

编号	现场红外测试温度跨度/K	现场发热位置	实验室复测发热位置	实验室红外温度跨度/K（高压端部护套完整）	红外图谱（高压端部护套完整）	实验室红外温升（高压端至第一大伞护套表层削去）	红外图谱（高压端至第一大伞护套表层削去）
22	2.09	仅高压端	仅高压端	3.67		无发热	
36	5.05	仅高压端	仅高压端	2.11		无发热	

根据表 1-5 中的结果，可以判断上述复合绝缘子在实验室测试时的发热热源位于芯棒护套表层。

图 1-13 高压端护套表层去除后的复合绝缘子状态

(6) 解剖检查

选取端部温升较为明显的 16#，17#，19#，23# 四支绝缘子进行高压端部芯棒解剖，结果发现这四支绝缘子芯棒无酥化现象，芯棒表面及芯棒-护套粘接无明显异常。上述绝缘子的红外温升及芯棒解剖情况如表 1-6 所示。

表 1-6　典型发热复合绝缘子端部芯棒解剖

编号	现场温度跨度/K	实验室温度跨度（护套完整）/K	高压端芯棒解剖
16	4.29	2.33	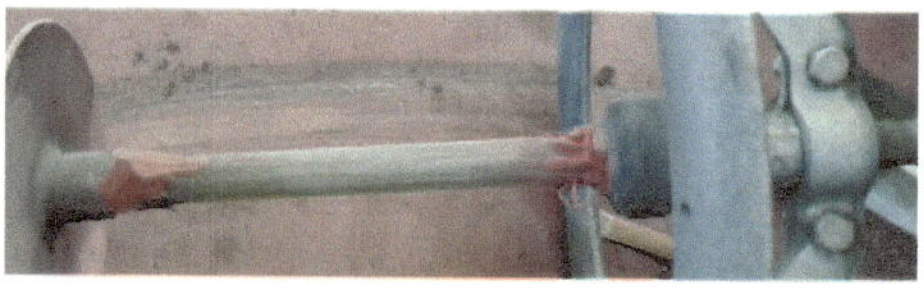
17	3.10	3.50	
19	7.04	1.11	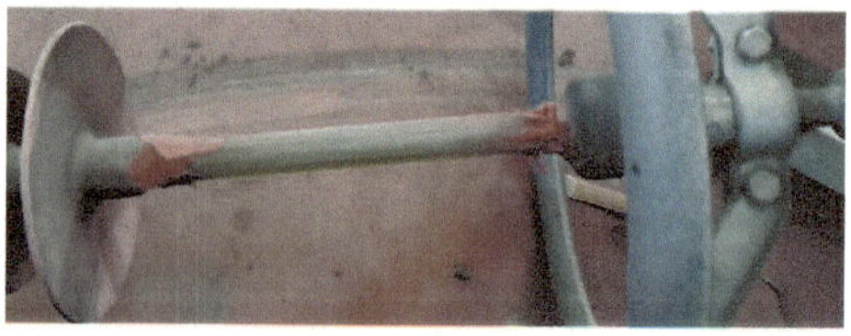
23	3.45	2.00	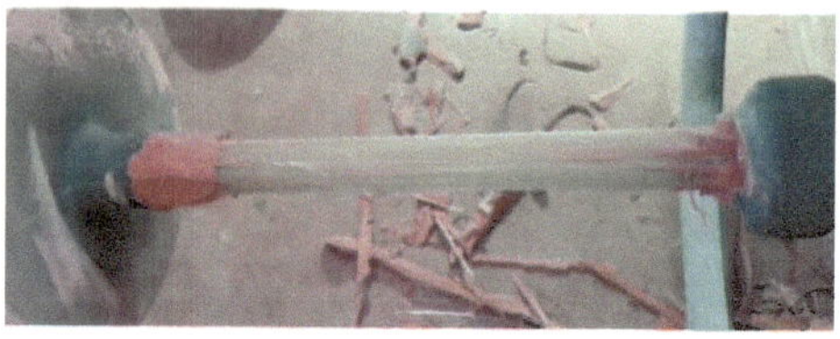

根据表 1-6 中高压端芯棒解剖结果可以判断，上述绝缘子护套的发热未对复合绝缘子芯棒产生显著影响。

(7) 水扩散试验

对现场无发热的 25# 和 26# 绝缘子进行带护套、不带护套水扩散试验，结果如表 1-7 所示。相应产品生产于 2010 年，执行标准为 GB/T 19519—2004，水扩散泄漏电流判断阈值为 1000 μA。根据表 1-7 中的结果可以判断，现场无发热复合绝缘子的芯棒水扩散试验没有出现异常。

表1-7 现场无发热绝缘子水扩散试验

类别	编号	试验段水扩散泄漏电流/μA
带护套	25	613,317,213,322,615,206,332,476,181
带护套	26	234,580,221,349,490,552,228,312,218
不带护套	25	117,123,161,118,114,146,108,195,65
不带护套	26	65,119,113,62,96,119,134,124,74

对现场检测高压端部存在发热的8♯,20♯,21♯和33♯绝缘子进行带护套、不带护套水扩散试验;对现场检测高压端部存在发热的9♯,12♯,13♯绝缘子,从其高压端至第一大伞位置取样,并将试验段护套表层削去1 mm(见图1-14),再进行水扩散试验。发热绝缘子水扩散试验结果如表1-8所示。

图1-14 削去表层护套的水扩散试品

表1-8 现场发热绝缘子水扩散试验

类别	编号	试验结果/μA
带护套	8	1001,>1200,119,103,114
带护套	20	131,45,>1200,560,33
带护套	21	434,>1200,122,62,195
带护套	33	>1200,212,426,188,321
不带护套	8	247,107
不带护套	20	16.5,40.7
不带护套	21	191,101
不带护套	33	321,293
带护套并将护套表层削去1 mm	9	245,148,1490
带护套并将护套表层削去1 mm	12	>1200,138,183
带护套并将护套表层削去1 mm	13	>1200,535,1040

由表1-8可知,不带护套时,绝缘子试验段泄漏电流显著减小(泄漏电流数值与表1-7中的正常绝缘子接近);而带完整护套及将护套表层削去1mm两种工况,均有多个试品泄漏电流超过1000μA。

复合绝缘子芯棒水扩散试验中泄漏电流由4部分组成,即芯棒体电流、护套-芯棒粘接界面泄漏电流、护套体电流、护套表面电流。根据表1-8中的结果,发热绝缘子芯棒体电流不是导致水扩散泄漏电流超标的原因。为了排除护套表层硅橡胶老化的影响,将护套表层削去,此时试品水扩散泄漏电流仍然超标,因此判断护套-芯棒粘接界面泄漏电流或者内层护套体电流可能是导致水扩散电流超标的原因。

(8) 不同端部护套状态对发热的影响对比

选取端部存在发热的10#和30#绝缘子进行原始状态、高压及低压端护套刮除污秽层、高压及低压端切除护套表层对比试验,试验温度为26.3℃,相对湿度为47%。温升结果及温度曲线如表1-9所示,不同护套状态芯棒照片如图1-15所示。

表1-9 不同表面状态加压部位护套温升状态对比

绝缘子编号	加压位置	端部处理	温度曲线	温度跨度/K	温度峰值-温度值/K
10	高压端	无处理	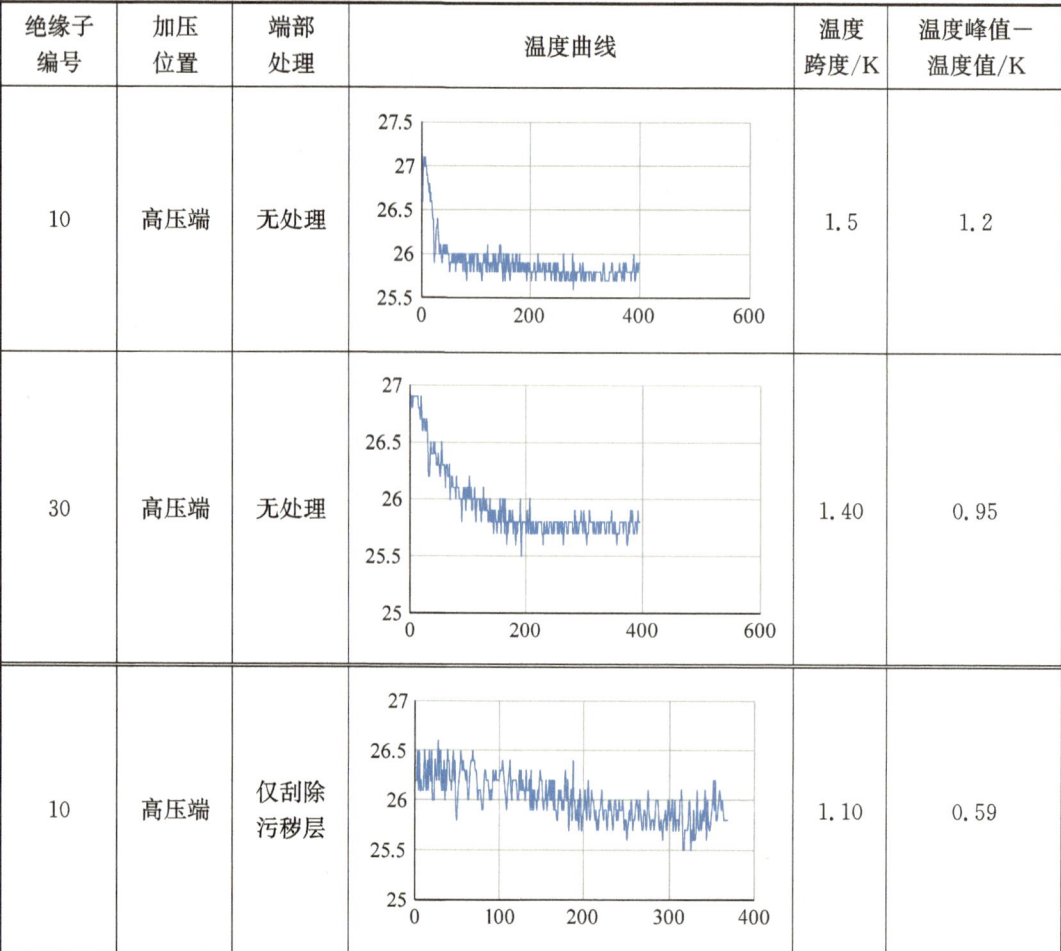	1.5	1.2
30	高压端	无处理		1.40	0.95
10	高压端	仅刮除污秽层		1.10	0.59

续表 1-9

绝缘子编号	加压位置	端部处理	温度曲线	温度跨度/K	温度峰值—温度值/K
30	高压端	仅刮除污秽层		1.60	1.086
10	高压端	切去粉化层		1.7	0.4
30	高压端	切去粉化层		1.7	0.3
10	低压端	无处理		0.8	0.5
30	低压端	无处理		1.1	0.6

续表 1-9

绝缘子编号	加压位置	端部处理	温度曲线	温度跨度/K	温度峰值－温度值/K
10	低压端	仅刮除污秽层		0.8	0.4
30	低压端	仅刮除污秽层		1.3	0.8
10	低压端	去除粉化层		0.8	0.4
30	低压端	去除粉化层		1.0	0.5

由表 1-9 可知：对于 10#绝缘子，原始状态高压端、低压端分别存在 1 K 和 0.5 K 左右的发热，仅去除端部污秽时高压端、低压端发热均基本消失。因此在试验条件下，10#绝缘子端部发热主要与端部污秽有关。

对于 30#绝缘子，原始状态高压端、低压端分别存在 1 K 和 0.6 K 左右的发热；仅去除端部污秽时表层温升仍然存在且温升幅值接近，但温度梯度降低；将表层护套粉化层去除后，高压端温升基本消失，低压端温升幅值降至 0.5 K，同时温度梯度小于原始状态。因此在试验条件下，30#绝缘子端部发热与端部污秽、表层粉化、内层护套均有关系。

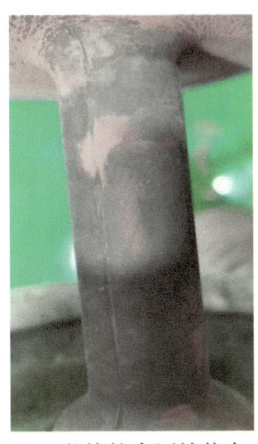 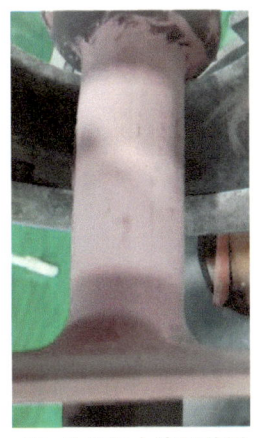 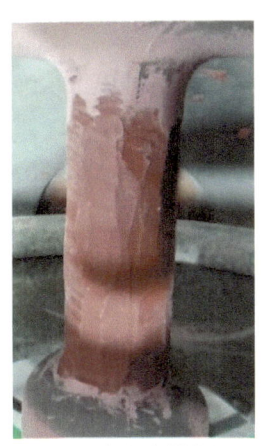

(a) 芯棒护套原始状态　　　(b) 护套仅去除污秽层　　　(c) 护套去除粉化层

图 1-15　复合绝缘子护套状态

(9) 分析

复合绝缘子发热可分为端部酥朽引起的发热、端部护套发热两类。其中,酥朽发热来源于芯棒酥朽后产生的局部放电和计划损耗,温升幅值可达几十开,且位置往往不限于高压端;端部护套发热温升幅值一般不会超过 10 K,其发热来源于护套老化吸潮产生的计划损耗和表面污秽。

由试验结果可知,CG 线及 CX 线除了 32♯绝缘子之外,其余绝缘子均为高压端至第一个大伞之间的芯棒发热。32♯绝缘子发热位置位于高压侧第 2—3 伞裙及第 8—9 伞裙,且温升幅值达到 43.9 K。综合判断,32♯绝缘子为芯棒酥朽引发发热,其他绝缘子均为端部护套发热。

不同芯棒护套表面状态对比表明,部分绝缘子端部发热与其表面污秽、芯棒表层护套老化吸潮、内层护套均有关联,这也与前文所述的削去护套表层后的水扩散试验一致。

对比前述绝缘子发热情况,可知湿度对复合绝缘子发热影响显著。当现场天气晴朗湿度较小时,芯棒水分扩散流失,极化损耗功率减少,使得复合绝缘子温升幅值降低甚至消失;当现场为高湿或小雨天气时,复合绝缘子受潮后护套极化损耗增大,温升幅值大幅上升。

由水扩散试验结果可知,现场未出现发热绝缘子水扩散泄漏电流符合要求的情况,也即现场的发热复合绝缘子的水扩散泄漏电流均超标。对比芯棒芯体、带完整护套芯棒、削去表层护套的芯棒三类试品试验结果,发现复合绝缘子芯体泄漏电流较小,削去表层护套的芯棒和带完整护套的芯棒的泄漏电流均超标。我们判断一种可能是护套本身粘接不良,而存在粘接不良的绝缘子护套内部更容易积累水分,从而导致芯棒发热;另一种可能是在外部高湿环境下护套表面、内部均出现发热,长期作用导致芯棒-护套粘接界面性能下降,或者芯棒内层护套泄漏电流超标,虽然解剖发现芯棒本体无异常,但从长期运行安全性来说,相应批次复合绝缘子可能会带来更多的隐患。

(10) 结论

经实验室验证,该批次绝缘子存在批次性发热缺陷,其中一支绝缘子为芯棒酥朽引发发热,其发热温升达 43.9 K,其余发热为护套老化受潮引发发热,发热温升在 1~4 K 之间。

1.2.3 表面积污

1) 机理

徐兴对不同环境下异常发热复合绝缘子进行了研究,结果表明表面积污复合绝缘子的发热区间与环境湿度相关,温差会随着盐密的增大而升高,并且低湿条件下表面积污复合绝缘子仍发热严重[36]。Do Costa 等人的研究表明复合绝缘子伞裙和护套的表面积污及未配置均压环或均压环配置不恰当都将导致复合绝缘子高压端的异常温升现象[37]。赵浩然等人对沿海线路复合绝缘子异常发热原因进行了分析,试验结果表明护套表层的非高压端发热现象由复合绝缘子表面积污引起,高压端发热主要由端部高场强、积污共同作用引发,并给出运维建议:沿海线路长期处于高盐雾、高湿度环境下,需定期对复合绝缘子开展带电检测,并依据检测情况适当缩短复合绝缘子的运行年限[38]。王少华等人建立了一个复合绝缘子表面积污发热仿真计算模型,可以计算不同污层介电常数、污层电导率、环境风速下的绝缘子发热情况。试验结果表明,低湿度下表面积污复合绝缘子仅在高压端部存在发热,高湿度下绝缘子高压端、中部、低压端区域均可出现发热,并且温差随着湿度增加呈加速上升趋势;而随着风速的增加,表面积污复合绝缘子温差迅速减小,当风速超过 3 m/s 时表面积污发热接近发热缺陷判断阈值 2 K,此时可能影响缺陷判断。他们也提出相应的运维建议:沿海区域可在相对湿度高的环境下开展红外普测,再选择相对湿度不超过 70% 的环境开展复测,以便实现发热原因的准确判断[39]。

2) 典型案例:500 kV LC/LX 线发热复合绝缘子表面积污缺陷发热

(1) 缺陷概况

2020 年 8—9 月,ZS 公司和 NB 公司分别巡视发现 500 kV LC/LX 线复合绝缘子存在发热现象。其中,NB 段发热位于复合绝缘子高压端金具至第一片伞裙之间,ZS 段复合绝缘子在历次测试中存在高压端及非高压端多处发热、仅高压端发热两种情况。现场典型发热情况如表 1-10 所示。

(2) 试品及试验项目

对 500 kV LC/LX 线送试的复合绝缘子进行试验分析,开展的试验项目及对应绝缘子位置如表 1-11 所示。

1 输电线路发热缺陷关键部件发热机理

表1-10 500 kV LC/LX线复合绝缘子现场发热状态及表面状态

塔位	测试时间	红外图谱	温度曲线	发热幅值
LC线 7#上相	8月25日 7时24分			10.8 K
LC线 7#下相	9月8日 18时29分			3.2 K

表1-11 500 kV LC/LX线试验项目及对应试品位置

绝缘子编号	绝缘子所属位置	试验项目					
		外观检查	红外复测	发热位置护套切削后红外复测	芯棒剖检	机械破坏	水扩散试验
ZS段-1	LC线7#上相	√	√	√	√	√	—
ZS段-2	LC线16#上相小号	√	√	√	√	√	—
ZS段-3	LC线7#中相	√	√	√	√	—	—
ZS段-4	LC线16#下相大号	√	—	—	—	—	√
ZS段-5	—	√	√	√	√	—	—
ZS段-6	—	√	√	√	√	—	—
ZS段-7	—	√	—	—	—	—	√
ZS段-8	LX线19#中相	√	—	—	—	—	√

(3) 外观检查

对送试的复合绝缘子伞裙及芯棒进行外观检查,发现所有复合绝缘子伞裙均出现严重粉化现象,但护套无开裂、电蚀痕迹。以 LC 线 16# 上相小号复合绝缘子为例,伞裙及护套照片见图 1-16。

图 1-16　LC 线 16# 上相小号表面状态

(4) 红外复测

对复合绝缘子开展运行电压下的红外复测,电压持续施加 30 min,绝缘子红外图谱、温度曲线、发热位置及幅值如表 1-12 所示。

表 1-12　复合绝缘子红外复测结果

绝缘子编号	第一次加压图谱	第一次加压温度曲线	发热位置分布及发热幅值	发热最严重的位置发热幅值
ZS 段 -1			第 3 个伞位置发热最为严重,发热幅值为 8.8 K;第 1 个小伞至第 4 个大伞(伞裙单元)区段发热;高压端轻微发热,发热幅值为 2 K	8.8 K
ZS 段 -5			高压端至第 1 个小伞发热最为严重,发热幅值为 12.1 K;第 1 个小伞至第 2 个大伞发热幅值在 1～2 K 之间	12.1 K

续表 1-12

绝缘子编号	第一次加压图谱	第一次加压温度曲线	发热位置分布及发热幅值	发热最严重的位置发热幅值
ZS段-2	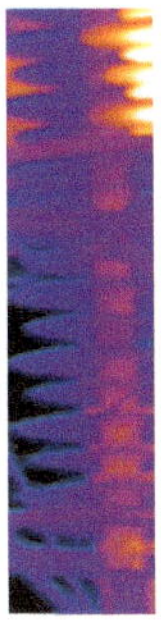	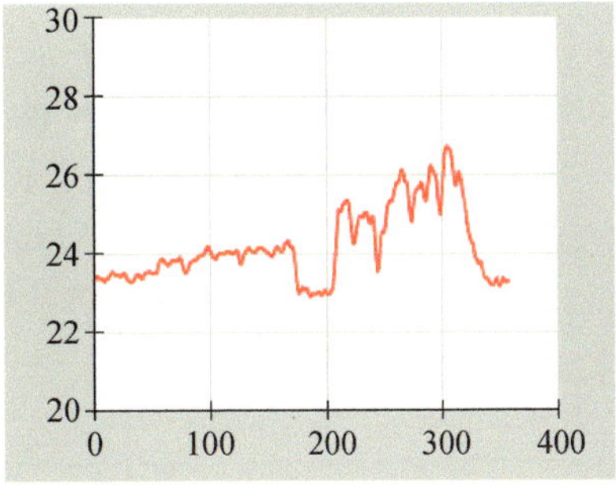	高压端第 1 个小伞至第 2 个大伞（伞裙单元）发热，发热幅值为 2~3.8 K	3.8 K
ZS段-3		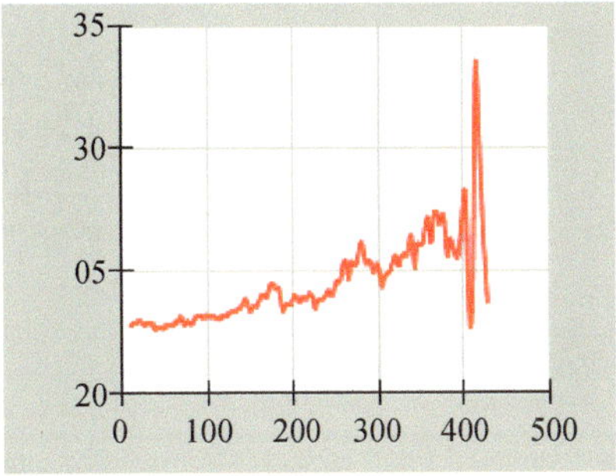	高压端至第 1 个小伞发热最为显著，发热幅值为 10.8 K；第 1 个小伞至第 4 个伞裙单元存在连续发热，幅值为 2~5 K	10.8 K
ZS段-6	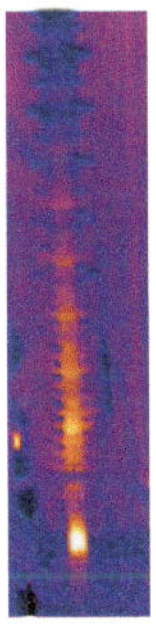	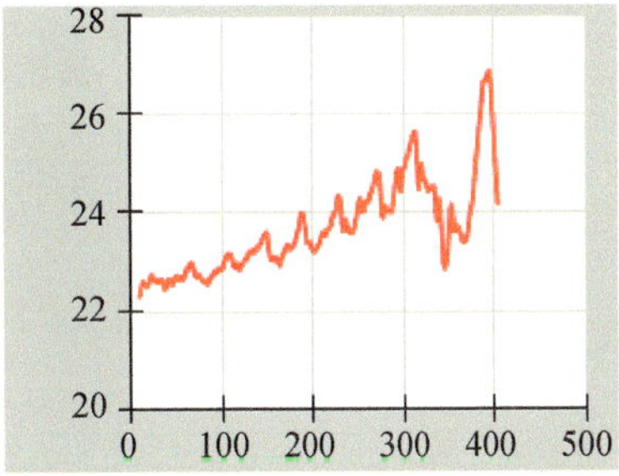	高压端至第 1 个小伞发热最为显著，发热幅值为 4.6 K；第 1 个小伞至第 4 个伞裙单元存在连续发热，幅值为 2~3 K	4.6 K

由表 1-12 可知，上述复合绝缘子加压后均出现明显发热，发热区域均位于高压端，并从高压端向低压方向延伸一段距离；除 ZS 段-1 外，温度最高处均位于高压端。

(5) 发热位置表层污秽去除后红外复测

对表 1-12 中各复合绝缘子发热位置护套进行处理（仅刮去表层污秽），再次进行加压并开展红外测温，复合绝缘子发热位置护套处理后的状态、红外图像、温度曲线、发热位置及幅值如表 1-13 所示。

表 1-13　复合绝缘子发热位置护套表层除污后红外复测结果

绝缘子编号	护套表层处理图片	第二次加压图谱	第二次加压温度曲线	发热位置分布及发热幅值	发热幅值
ZS段-1				第3~5个伞发热最为严重,发热幅值为8.7K;第1~4个大伞区段发热,发热幅值为1~3K	8.7K
ZS段-5				高压端发热幅值大幅下降,剩余发热幅值为3.3K;其余高压端位置发热幅值为1~2K	3.3K
ZS段-2				高压端第1小伞至第2大伞发热,发热幅值约为2.6K	2.6K
ZS段-3				高压端发热消失,第1个小伞至第4个伞裙单元连续发热,发热幅值最大为3.1K	3.1K

续表 1-13

绝缘子编号	护套表层处理图片	第二次加压图谱	第二次加压温度曲线	发热位置分布及发热幅值	发热幅值
ZS 段-6		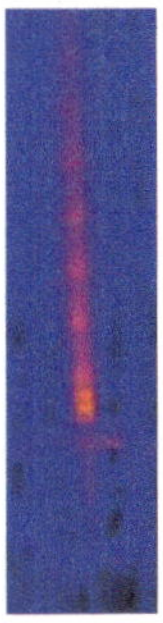	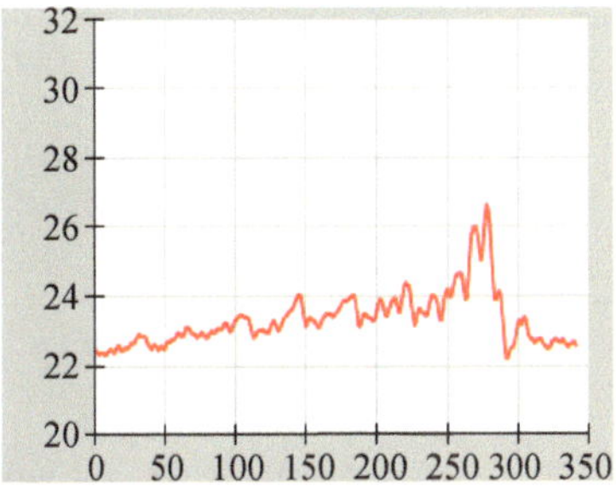	高压端发热消失,第 1 个小伞至第 4 个伞裙单元发热;第 2 个伞发热最高,发热幅值为 4.2 K	4.2 K

对比表 1-12 和表 1-13 可知,发热位置护套表面污秽去除后,除 ZS 段-1 复合绝缘子之外,其余复合绝缘子发热幅值均明显降低,发热区域范围缩小,并且 ZS 段-1 复合绝缘子发热区域范围也大幅缩小。可以判断除 ZS 段-1 复合绝缘子外,其他复合绝缘子发热主要位于护套表层。

(6) 剖检

各支复合绝缘子芯棒剖检结果如表 1-14 所示。剖检结果表明:上述绝缘子芯棒-护套截面无明显粘接不良缺陷,护套内不存在气孔缺陷和放电痕迹。

表 1-14　复合绝缘子芯棒解剖粘接检查结果

编号	芯棒剖检照片
ZS 段-1	
ZS 段-4	
ZS 段-2	

续表 1-14

编号	芯棒剖检照片
ZS 段-3	
ZS 段-5	

(7) 机械破坏负荷

对 ZS 段-1 和 ZS 段-2 两支绝缘子进行机械破坏负荷试验,结果如表 1-15 所示。由该表数据可知,上述两支绝缘子机械性能满足要求。

表 1-15 机械破坏负荷试验

编号	额定力值/kN	施加力值/kN	耐受时间/min	破坏力值/kN
ZS 段-1	420	420	1	504(未破坏)
ZS 段-2	120	120	1	180(未破坏)

(8) 水扩散试验

对 ZS 段-4 和 ZS 段-7 两支复合绝缘子进行水扩散试验,结果如表 1-16 所示。

表 1-16 水扩散试验

编号	芯棒直径	泄漏电流/μA					
ZS 段-4	Φ34	1820	1497	1677	2000(超过 2000 后跳闸)	648	1856
ZS 段-7	Φ24	1881	1823	594	1939	1974	1973

该批次产品生产时间早于 2014 年,水扩散泄漏电流数值执行《标称电压高于 1000 V 的交流架空线路用复合绝缘子——定义、试验方法及验收准则》(GB/T 19519—2004)。新产品要求泄漏电流不超过 1000 μA,运行后泄漏电流会有所增大,一方面来源于护套表面积污带来的泄漏电流,另一方面来源于芯棒-护套截面的粘接。由于该批次绝缘子表面粉化严重且积污较多,因此不排除表面泄漏造成水扩散电流数值超标的可能。为了检查是否存在粘

接不良,又进行了水煮后试验段的剖检,结果如图 1-17 所示。

(a) 试验段 1

(b) 试验段 2

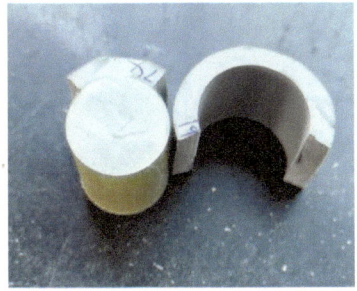
(c) 试验段 3

(d) 试验段 4

图 1-17　水煮后试验段粘接检查

由图 1-17 可知,试验段 1、试验段 2 护套剥开后,芯棒上仍有较多硅橡胶残留,芯棒-护套粘接性能良好,而试验段 3、试验段 4 护套剥除后芯棒表面无硅橡胶残留,因此试验段 3、试验段 4 芯棒-护套界面的粘接不良造成了水扩散电流的增大。对试验段 1、试验段 2 而言,芯棒-护套界面不是造成水扩散电流超标的原因。

对 ZS 段-8 复合绝缘子进行护套表层切削前后的对比水扩散试验,其中一部分试验段先带护套水煮,再开展原始护套状态水扩散试验;另一部分试验段先带护套水煮,再将护套表层削去约 1mm 的薄层,然后施加电压测试水扩散电流。试验结果如表 1-17 所示。

表 1-17　护套表层对水扩散试验结果的影响

编号	芯棒直径	泄漏电流/μA		备注
ZS 段-8	Φ34	140	317	带护套水煮,加压前切削护套
ZS 段-8	Φ34	590	702	带护套水煮,保持护套原始状态加压

根据表 1-17 中数据可知,表层护套能在一定程度上增大泄漏电流,这也印证了表 1-8 中部分绝缘子泄漏电流超标,但剖检显示无粘接不良的现象。

综合表 1-15 和表 1-17 中数据,可以判断该批绝缘子因表面积污造成泄漏电流的普遍增大,也有部分试品局部粘接不良造成部分试验段泄漏电流超标。

(9) 分析

水扩散试验显示,该批绝缘子水扩散泄漏电流超标。ZS 段-8 绝缘子护套表层切削去除后试验段泄漏电流小于处理前试品,因此判断部分试验段的泄漏电流超标是护套表层积污引起。水煮后的试验段剖检发现部分样品粘接不良,另一部分试验段芯棒-护套粘接良好,因此判断该批次绝缘子芯棒存在局部位置的芯棒-护套粘接不良。根据前期实验室模拟试验结果可知芯棒-护套粘接不良只会在绝缘子高压端产生轻微温升,而本次试品红外测试中温升幅值较高,因此局部的芯棒-护套粘接不良不是引起发热的原因。

根据运行电压下红外测试、护套表层切削后红外测试结果可以确定,除了 LC 线 ZS 段-1 绝缘子之外,其余复合绝缘子发热均位于表层。根据芯棒剖检结果可知 LC 线 ZS 段-1 绝缘子内部无缺陷,芯棒-护套粘接良好,又根据机械破坏负荷试验可知 LC 线 ZS 段-1 绝缘子机械性能良好,因此可以排除 LC 线 ZS 段-1 绝缘子存在芯棒内部缺陷的可能,判断其发热同样位于护套表层。

复合绝缘子护套粉化后容易吸附水分,而随着表层护套电导的增加,在高压端强电场作用下吸附的水分会产生极化损耗,护套表层出现电导电流发热,又由于复合绝缘子表面所积污秽在泄漏电流作用下也会发热,因此判断 LC/LX 线复合绝缘子发热由护套老化受潮、积污共同作用引发。

(10) 结论

LC/LX 线 ZS 段复合绝缘子发热由护套老化受潮、积污共同作用引发。需要指出的是,LC/LX 线 ZS 段复合绝缘子发热位置位于复合绝缘子护套表层,对芯棒内部暂无明显劣化作用,绝缘子护套未受到破坏,机械内能未受明显影响,短期内能满足运行要求。

1.3 参考文献

[1] 钟正. 高湿环境下复合绝缘子芯棒酥朽劣化机制及温升特性研究[D]. 北京:华北电力大学,2022.

[2] Lutz B,Cheng L,Guan Z,et al. Analysis of a fractured 500kV composite insulator: Identification of aging mechanisms and their causes[J]. IEEE Transactions on Dielectrics and Electrical Insulation,2012(5):1723-1731.

[3] Burnham J T,Baker T,Bernstorf A,et al. IEEE task force report:Brittle fracture in nonceramic insulators[J]. IEEE Power Engineering Review,2002(5):71-71.

[4] Lutz B,Guan Z,Wang L,et al. Water absorption and water vapor permeation characteristics of HTV silicone rubber material[C]. Conference Record of the IEEE International Symposium on Electrical Insulation. IEEE,2012

[5] 王黎明,张中浩,成立,等. 复合绝缘子护套受潮对端部异常温升的影响[J]. 电网技

术,2016(02):608-613.

[6] 张鸣,陈勉.500 kV 罗北甲线合成绝缘子芯棒脆断原因分析[J].电网技术,2003(12):51-53.

[7] 郭聚川.水分侵入对复合绝缘子芯棒环氧树脂/玻纤界面影响的分子动力学模拟[D].北京:华北电力大学,2021.

[8] 樊浩楠,刘育豪,王黎明,等.环氧树脂绝缘子合模缝对水扩散试验的影响[J].电网技术,2021(06):2420-2426.

[9] Gao Yanfeng, Liang Xidong, Bao Weining, et al. Study on liquids diffusion into and relevant corrosion behavior of glass fiber reinforced polymer used in high voltage composite insulator[J]. High Voltage,2020(1):53-61.

[10] Colin X, Mavel A, Marais C, et al. Interaction between cracking and oxidation in organic matrix composites[J]. Journal of Composite Materials,2005(15):1371-1389.

[11] Régnier N, Fontaine S. Determination of the thermal degradation kinetic parameters of carbon fibre reinforced epoxy using TG[J]. Journal of Thermal Analysis and Calorimetry,2001(2):789-799.

[12] 陈博,万红,穆景阳,等.重频激光作用下碳纤维/环氧树脂复合材料热损伤规律[J].强激光与粒子束,2008(04):547-552.

[13] 陈敏孙,江厚满,刘泽金.玻璃纤维/环氧树脂复合材料热分解动力学参数的确定[J].强激光与粒子束,2010(09):1969-1972.

[14] 王康,朱亚洲,周辛南,等.运行复合绝缘子界面问题分析[J].中国电力,2018(04):45-52.

[15] 张福林,陈虹丽.复合绝缘子注射伞套的芯棒及其护套界面结构性能分析[J].电瓷避雷器,2003(06):14-16,18.

[16] 肖琦,蔡景素,高飞,等.微风振动下复合绝缘子芯棒与护套界面胶接处疲劳分析[J].电气应用,2011(12):73-77.

[17] 聂章翔,王黎明,杨翠茹.复合绝缘子芯棒与护套交界面在水和高温作用下的老化特性[J].中国电机工程学报,2018(15):4601-4611,4661.

[18] Ray B C. Temperature effect during humid ageing on interfaces of glass and carbon fibers reinforced epoxy composites[J]. Journal of Colloid and Interface Science,2006(1):111-117.

[19] 敖明,崔明,朱大铭,等.高压固体复合绝缘材料电击穿试验研究[J].高电压技术,1999(01):21-22,25.

[20] 肖迎红,汪信,陆路德,等.玻纤增强热塑性聚酯复合材料湿热老化研究[J].工程塑料应用,2001(09):35-37.

[21] 乔海霞,曾竟成,杜刚.混杂纤维增强环氧树脂复合材料电缆芯湿热老化性能研究

[J]. 玻璃钢/复合材料,2007(01):42-45.

[22] Andersson J, Hillborg H, Gubanski S M. Deterioration of internal interfaces between silicone and epoxy resin[C]. Conference Record of the IEEE International Symposium on Electrical Insulation. IEEE, 2006.

[23] Andersson J, Gubanski S M, Hiliborg H. Properties of interfaces between silicone rubber and epoxy[J]. IEEE Transactions on Dielectrics and Electrical Insulation, 2008(5): 1360-1367.

[24] 梁曦东,高岩峰.复合绝缘子酥朽断裂研究（一）：酥朽断裂的主要特征、定义及判据[J].中国电机工程学报,2016(17):4778-4786.

[25] 沈浩.复合绝缘子酥朽断裂中芯棒环氧树脂降解机理探究[D].济南:山东大学,2020.

[26] Kumosa L, Armentrout D, Benedikt B, et al. An investigation of moisture and leakage currents in GRP composite hollow cylinders[J]. IEEE Transactions on Dielectrics and Electrical Insulation, 2005(5):1043-1059.

[27] Armentrout D, Kumosa M, Kumosa L. Water diffusion into and electrical testing of composite insulator GRP rods[J]. IEEE Transactions on Dielectrics and Electrical Insulation, 2004(3):506-522.

[28] 李特,张永,柳骏,等.一起500 kV线路多支复合绝缘子芯棒酥朽发热特征及缺陷起始原因分析[J].电瓷避雷器,2024(05):145-154.

[29] 刘洋,陆倚鹏,高嵩,等.边缘检测在盘形悬式瓷绝缘子串红外图像上的应用[J].电瓷避雷器,2020(01):198-203.

[30] 王雪儿,成立,廖瑞金,等.废旧复合绝缘子硅橡胶伞裙定值热解制备纳米二氧化硅的方法[J].高电压技术,2021(01):269-278.

[31] 程养春,李成榕,陈勉,等.高压输电线路复合绝缘子发热机理的研究[J].电网技术,2005(05):57-60.

[32] Tu Youping, Gong Bo, Wang Cong, et al. Effect of moisture on temperature rise of composite insulators operating in power system[J]. IEEE Transactions on Dielectrics and Electrical Insulation, 2015(4):2207-2213.

[33] Tu Youping, Gong Bo, Yuan Zhikang, et al. Moisture induced local heating of overhead line composite insulators[J]. IEEE Transactions on Dielectrics and Electrical Insulation, 2017(1):483-489.

[34] Wang Cong, Li Tianfu, Tu Youping, et al. Heating phenomenon in unclean composite insulators[J]. Engineering Failure Analysis, 2016, 65:48-56.

[35] 龚博.硅橡胶材料吸湿性及介电特性的研究[D].北京:华北电力大学,2015.

[36] 徐兴.异常发热复合绝缘子的温度和理化特性研究[D].重庆:重庆大学,2022.

[37] Da Costa E G, Ferreira T V, Neri M G G, et al. Characterization of polymeric insulators using thermal and UV imaging under laboratory conditions [J]. IEEE Transactions on Dielectrics and Electrical Insulation,2009(4):985-992.

[38] 赵浩然,李特,韦立富,等.一起500 kV沿海线路复合绝缘子异常发热原因分析[J].电瓷避雷器,2023(02):172-179.

[39] 王少华,李泽宇,张永,等.输电线路复合绝缘子污秽发热影响因素分析[J/OL].电瓷避雷器.[2025-02-20].http://kns.cnki.net/kcms/detail/61.1129.TM.20240919.1458.002.html.

② 无人机红外挂载镜头研发

2.1 红外挂载镜头整体结构

机载前端热像仪应用于大疆 M300/350 等无人机平台,设计为两部分,第一部分为云台,第二部分为热像仪主体(见图 2-1)。两部分采用专有机械接口,即一紧固螺钉和一定位轴肩螺钉实现连接。

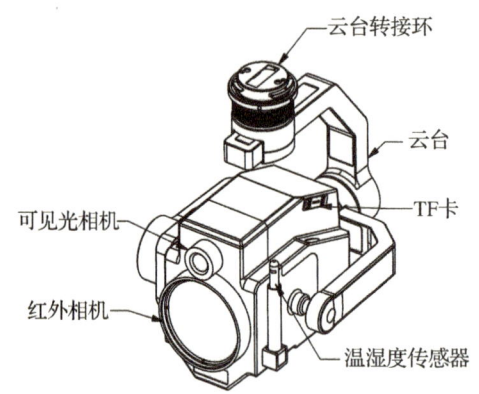

图 2-1 双视场温湿度检测红外热像仪结构示意图

云台部分安装高性能的驱动电机,能够基于硬件与算法实现自主校正和 XYZ 轴姿态跟随。云台外壳采用航空级铝合金材料制作,表面处理采用哑光阳极氧化处理工艺,耐磨并且绝缘,可以有效适应复杂的使用环境。热像仪主体部分主要包含可见光相机、红外相机、温湿度传感器、防护壳等。热像仪防护壳采用航空级轻合金材料制作,表面涂覆耐磨黑色绝缘层,确保热像仪适应复杂的电磁环境和获得优秀的机械防护;内部结构材料为航空级铝合金,表面处理采用哑光阳极氧化处理工艺,耐磨并且绝缘,保证机芯的力学强度达到复杂机械环境的需要;防护壳之间采用防静电止口设计,确保装配的自动定位;内部结构之间采用微米级精密定位柱定位,保证产品工作可靠。

2.2 前端红外挂载机芯模块研发

2.2.1 前端红外挂载机芯系统设计

红外挂载机芯承担了光学信号的处理工作,包含了红外图像采集、处理、融合及输出等功能。机芯系统方案通过软硬件的紧密结合,实现了对红外图像的精确采集、高效处理和多渠道输出，为无人机载荷的红外探测和测温提供了强大的技术支持。

机芯系统包括主控制器系统、外部接口、内部接口、数据存储与传输、电机驱动与镜头控制、软件与通信、红外探测与图像处理等模块（见图2-2）。

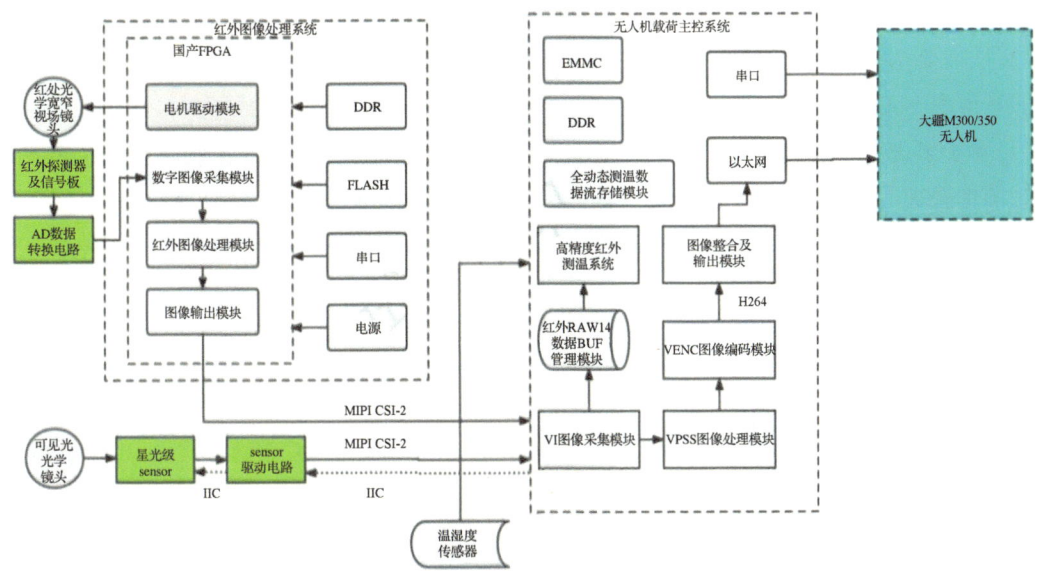

图2-2 前端红外挂载机芯系统设计

1) 主控制器系统

主控制器系统的核心部分由CPU、北桥芯片组、南桥芯片组、内存（DDR/EMMC）和存储器（SDRAM/DDR/EMMC）构成，负责整体的数据处理和运算。电池提供整个系统的电力支持。

2) 外部接口

机芯系统提供了与外部环境交互的接口，包括LCD显示屏、HDMI输出、USB接口、音频接口、无线通信模块（如Wi-Fi、蓝牙等）以及电源接口。

3) 内部接口

这一部分与内部硬件组件进行交互，例如"MCP3S-2""BC""DC"分别负责电源管理、电池充电及与各类传感器的通信。传感器部分包括温湿度传感器等，用于实时监测无人机及环境的物理状态。

4) 数据存储与传输

FLASH模块用于存储数据流，确保数据在需要时能够被快速访问。系统通过以太网或其他方式将数据传输到外部设备或云端，再进行下一步的分析或存储。

5) 电机驱动与镜头控制

这一模块负责控制红外镜头的移动或对焦，确保图像采集的精确性和稳定性。

6) 软件与通信

系统通过各类接口（如IIC、串口等）与各种硬件组件进行通信，确保数据的准确传输；软件部分负责系统的整体控制、数据处理、用户界面等,确保系统的稳定运行和用户体验。

7) 红外探测与图像处理

机芯系统配备了红外探测器,能够捕获红外光信号,并通过数字图像采集模块进行数据采集。红外图像处理模块对采集到的红外图像进行处理,包括降噪、增强、测温等。部分图像算法需要基于嵌入式 ARM 软件层面进行大量的复杂运算,例如浮点计算等。需要指出的是,海思 SoC 提供了一系列 IVE 硬件加速算子,在进行图像算法的研究时,可以充分利用 IVE 算子来进行相应的算法处理,包括图像缩放、图像裁剪、可见光灰度数据 Canny 算法提取、图像叠加等,提高图像处理速度。具体的图像处理流程框架如图 2-3 所示。

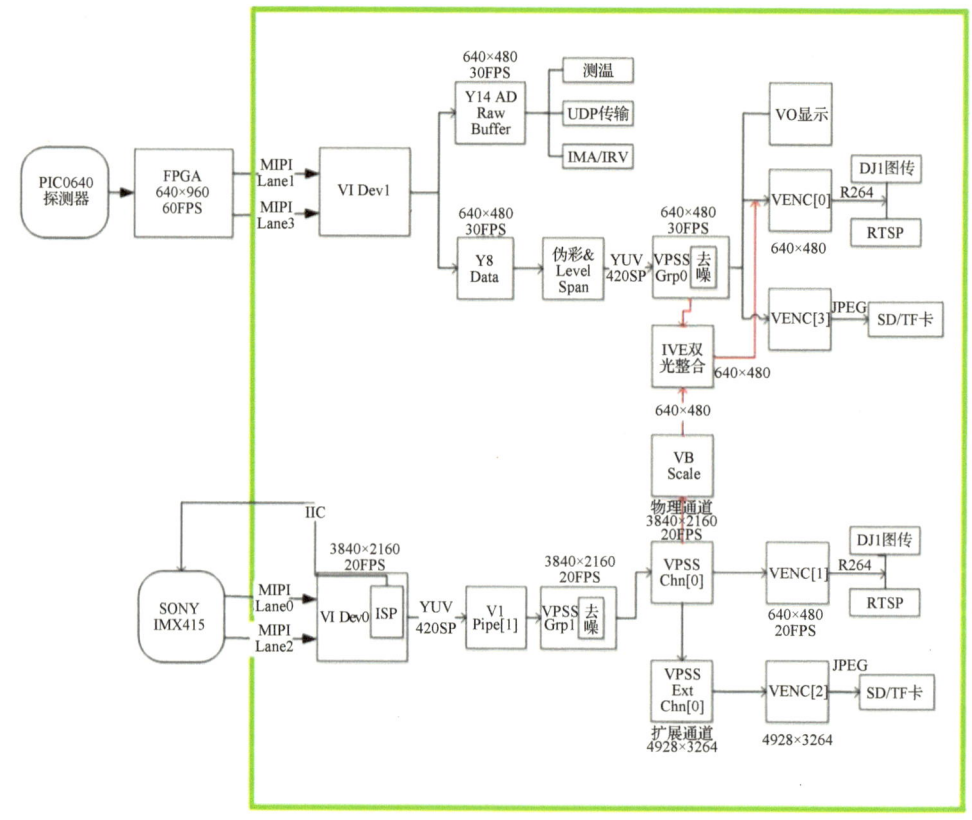

图 2-3 前端红外挂载图像处理流程框架设计

2.2.2 红外载荷的低功耗全国产化设计

随着非制冷热成像产品在安防、无人机巡检、测温、汽车和个人视觉系统中的广泛应用,市场对热成像模组的分辨率、功耗、体积和价格提出了新的要求。更大面阵规模、更小像元间距、更小封装体积、更高集成化日益成为热成像产品的主流发展方向。进行红外热成像产品的国产化设计,不仅可以降低对国外技术的依赖,提高自主创新能力,同时也有助于降低生产成本,提升市场竞争力。

红外载荷元器件的全国产化设计与集成包括镜头、红外探测器、可见光传感器、电阻、电容、电感、主控SoC、DDR存储芯片、Flash存储芯片、电源芯片、图像处理芯片、高速连接器等(见图2-4)。

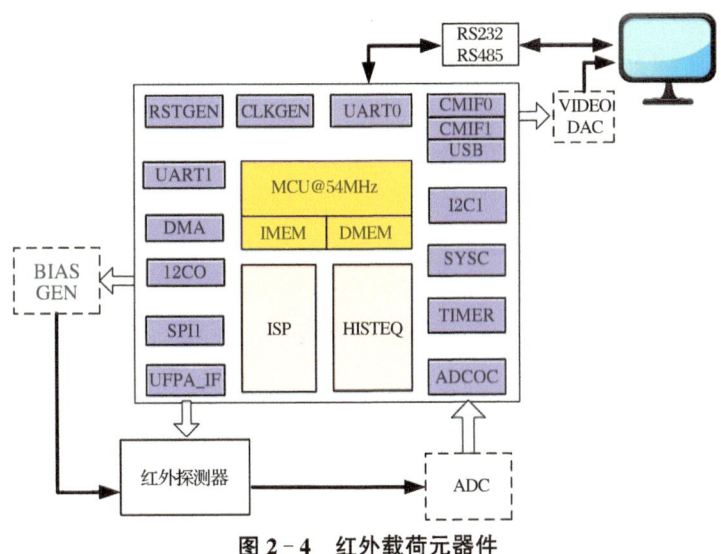

图2-4 红外载荷元器件

1) 红外探测器

红外探测器的性能很大程度上取决于其敏感材料的性能,需要自主研发适合国内生产条件的敏感材料,如碲镉汞(HgCdTe,简写为MCT)、锑化铟(InSb)等。可以通过优化材料的制备工艺提高材料的纯度、均匀性和稳定性,从而提升探测器的性能,同时需要根据敏感材料的特性设计合理的探测器结构,以确保探测器能够高效地接收和转换红外辐射。信号处理电路则负责将红外探测器输出的微弱电信号进行放大、滤波和数字化处理。国外主流的红外探测器厂家比如FILR,ULIS等生产的高性能探测器输出为模拟信号,需要通过高采样率超低噪声的模拟数字ADC转换芯片和外围一系列模拟器件转换为数字信号,这一部分电路对芯片性能和硬件设计要求很高,还增加了体积和使用成本。国内红外探测器厂家如艾睿光电、高德红外推出的12 μm陶瓷封装数字输出探测器则省去模拟数字转换电路,有效降低了红外挂载的功耗和体积。我们只需要针对国产红外探测器重新设计周边硬件电路,选型国产超低噪声LDO电源芯片给探测器提供模拟和数字电源,对硬件电源芯片输出纹波使用示波器测量分析和电路调优,并进行相关的软硬件调试。红外探测器所需电源如表2-1所示。

表2-1 红外探测器电源

电源名称	描述	偏置形式	典型值
VSK	偏置电压	固定	6.8 V
VDDA	模拟电压	固定	3.6 V
VDDD	数字电压	固定	3.6 V
VDDDL	数字电压	固定	2.2 V

红外探测器对模拟电源的噪声比较敏感,为了使图像没有电源噪声的干扰,可选用超低噪声 LDO 降压实现。例如 VSK 偏置电压为 6.8 V,需要先通过 DC-DC 进行升压,再通过超低噪声 LDO 降压到 6.8 V,以降低电源噪声。

可选用矽力杰 SY7208CABC 将 4 V 输入升压到 7.5 V。这是一款采用 TSOT-23-6 封装、输入电压范围为 2.7~20 V、可调输出电压为 600 mV 至 25 V、0.6 A 电流的 DC-DC 升压芯片,工作温度范围为 -40~85 ℃,芯片结温为 -40~125 ℃。

可选用共模半导体 GM1200A 将 7.5 V 降压为 6.8 V,然后提供给红外探测器模拟电源。该电源芯片是一款超低噪声、超高 PSRR 线性稳压电源,可以兼容替换 LT3042,并在多个项目上完成验证;支持 10 引脚 MSOP 封装和 3 mm×3 mm DFN 封装,支持 0.8 μV RMS 的超低噪声和 70 dB(1 MHz)超高 PSRR,输出电流为 200 mA,宽输入电压范围为 2.6~20 V,宽输出电压范围为 1.5~15 V。

2) 图像处理芯片

红外探测器输出的信号区别于可见光传感器的 RAW RGB 信号,需要通过专用的红外图像处理算法进行转化。该算法涉及大量的数字信号处理运算,从当前常用的电路处理架构来看,实现该算法的主流平台有 FPGA,ASIC,DSP 三种。各平台有着各自的优势与特点(如表 2-2 所示),其中 FPGA 平台技术成熟,可编程性强,因此大部分红外厂家一直沿用该平台来进行红外热像仪的开发。

表 2-2 各平台优势与特点

评估准则	ASIC	FPGA	DSP
可编程性	★	★★★★	★★★★★
集成度	★★★★★	★★★	★★★★
易开发性	★★★★★	★★	★★★
性能	★★★★★	★★★★	★★★
功率	★	★★★	★★★

(1) ASIC 平台:在特定的应用场景下性能较为强大,集成度高,且内置图像处理算法及 RAM 存储和 Flash 存储,效率高,功耗极低,外围电路要求少,体积小,但内置图像处理算法和外设接口都是芯片设计时就固定好的,无法更改,开发的灵活性低。

(2) DSP 平台:该平台需要外围电路配合实现探测器接口、控制等逻辑功能,导致硬件复杂度、功耗等的提升。

(3) FPGA 平台:在逻辑资源充足的情况下,该平台能以流水线的方式分解产品的成像功能,比较容易实现海量数据的实时处理,系统设计灵活,集成度高,但是功耗高,发热大,并且需要外挂 DDR,Flash 等,导致周边电路多。

无人机挂载使用场景特定,且对续航和体积要求高,采用 ASIC 芯片集成方式替代传统成像模组的 FPGA 方式,可以显著减小成像模组尺寸,降低成像模组功耗和量产成本,提高系统的可靠性。

国产的 ASIC 芯片集成专用图像处理算法加速引擎及丰富的外围接口,内嵌 32 位微控制器,提供灵活的算法参数调整和系统配置功能。该处理器实现对探测器工作提供数字时序信号,接收探测器输出的数字信号并提供探测器需要的 OOC 时序,同时对其进行非均匀校正、坏点检测与填充等处理,转换为规定格式的数字视频信号,并对外输出显示;具有盲元校正、时域空域降噪、条纹滤波去除、自适应图像闪动抑制、自适应直方图增强、图像细节增强等功能。其内核电压为 1.8 V,IO 电平为 3.3/1.8 V,工作温度范围为 −40~85 ℃,存储温度为 −55~125 ℃,探测器分辨率为 640×512@60 Hz/50 Hz,并且支持 12 mm×12 mm 及 0.8 mm pitch 超小尺寸封装。

3) 其他元器件

红外无人机载荷硬件方面,我们对相关元器件的选用立足于国内成熟资源,尽量选用知名企业技术成熟、稳定量产的型号产品,确保所用材料、元器件均有通畅稳定的供货来源,实现了 100% 国产化。二次电源设计具有较宽的输入电压范围和较小的纹波,减小了电压波动的影响,且电压功率进行了 80% 以上的降额设计;电源模块具有过压和过流保护功能,在供电出现过压异常或模块出现短路异常的情况下,能够自动钳位输出电压和降低电流,保护设备不被损坏。对电容器件和电感器件的额定电压、额定电流以及电容值、电感值均进行了降额设计,极性电容和电感均降额 50% 使用,磁片电容降额 80% 以上使用,减小了温度变化对器件性能的影响。

2.3 红外镜头及硬件设计

2.3.1 单视场红外光学镜头设计

在完成机芯研发基础上,配套 16 mm/25 mm/50 mm 系列红外光学镜头,形成系列焦段的光学镜头设计,其中主要光学设计指标如表 2-3 所示。

表 2-3 光学设计指标

光学参数	设计数据
焦距(f')	16 mm/25 mm/50 mm
光圈(F/#)	1.5
工作波段	3~5 μm
视场角(水平×竖直)	48°×36°/24°×18°/12°×9°
探测器类型	640×480,15~17 μm
调焦范围	0.5 m/1 m/3 m~∞
工作温度	−40~80 ℃
贮存温度	−50~80 ℃

续表 2-3

光学参数	设计数据
密封等级	IP67（仅镜头前端）
光学系统外露表面镀膜	AR

1）光路示意图

单视场 16 mm/25 mm/50 mm 镜头光路如图 2-5 所示，整个光路结构由前组透镜、中间组透镜、后组透镜以及图像平面组成，各透镜组共同作用，以实现光线的收集、校正和成像。这种结构设计通过多片透镜组合完成了多波段光线的聚焦和色差校正。光路图中，各种颜色的光线（红、绿、蓝）从左侧进入透镜组并在多个透镜之间发生折射，最后在图像平面（右侧）上聚焦，通过色差校正后，红、绿、蓝光在焦平面附近接近重合。

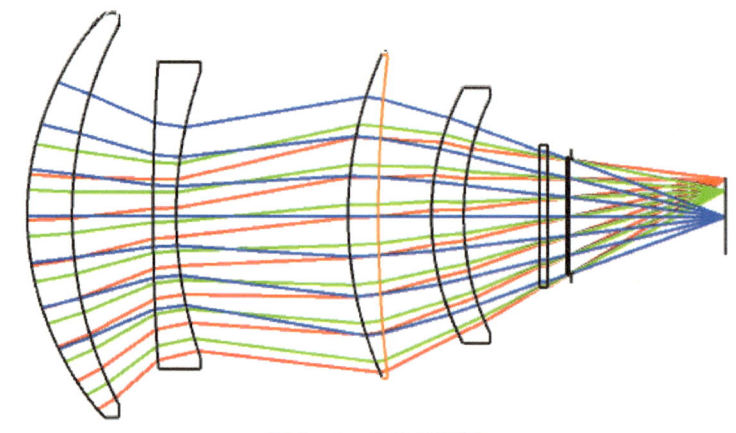

图 2-5 光路示意图

2）MTF（Modulation Transfer Function，调制传递函数）

光学系统的 MTF 曲线如图 2-6 所示。该曲线描述了系统对不同空间频率下图像细节的传递能力，用于评估光学系统的成像质量。在 MTF 曲线上，横轴表示空间频率（单位为 cycles/mm），即图像中细节的频率；纵轴表示调制（Modulation），即系统传递的对比度，从 0 到 1 的调制值代表成像的质量，1 表示完美的对比度传递，而 0 表示没有传递。

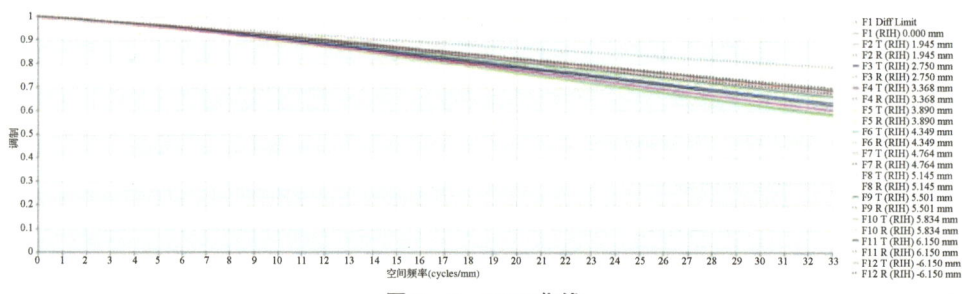

图 2-6 MTF 曲线

2 无人机红外挂载镜头研发

从图 2-6 中可以看到，镜头的衍射极限（Diffraction Limit）接近 1，表明理论上该镜头在低空间频率下可以达到很高的成像对比度。然而，随着空间频率增加，各种曲线开始下降，尤其在 20 cycles/mm 以上时，各条曲线的下降幅度更大，这意味着在高频细节传递上有衰减。从 MTF 曲线的总体趋势来看：多条曲线的表现比较接近，说明镜头的中心与边缘成像质量较为一致；在高达 30 cycles/mm 的空间频率下曲线仍保持在较高的调制值，说明镜头在较高频率下仍然能保持一定的清晰度，显示出不错的成像质量；所有曲线都在高空间频率时出现衰减，表明该镜头在高频细节方面的成像能力有限，但整体衰减比较平缓，没有急剧下降，说明成像质量稳定。因此，该系列镜头的成像质量较为出色，尤其在较大范围的空间频率下都能提供较好的调制传递，适合用于对图像清晰度要求较高的应用。

3) 点列图（Spot Diagram）

镜头点列图如图 2-7 所示。点列图用于显示光学系统在不同视场位置的成像点扩散情况，其中每个小图代表光线聚焦在不同视场位置的像点情况。理想情况下，所有光线应该集中在一个点上，但由于像差等原因，光线会在焦点周围形成扩散点列。点列图可以直观地展示镜头的像差表现和成像质量。

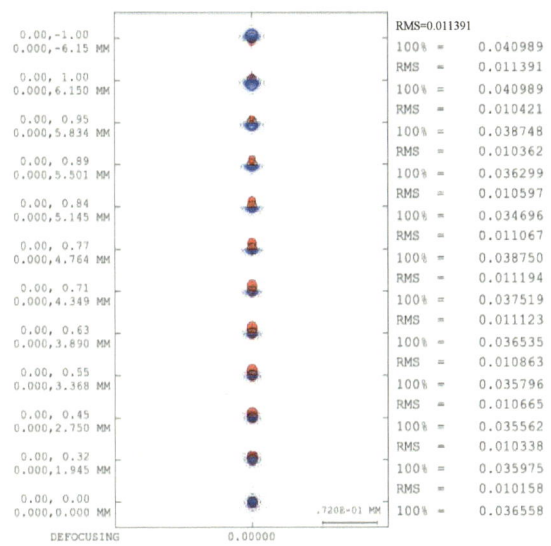

图 2-7 点列图

从图 2-7 中可以观察到在中心视场位置，光点几乎集中在一个小区域，点列分布紧密，这表明在中心视场位置上镜头的成像质量好，像差较小。随着视场位置向边缘移动（从下到上），点列开始逐渐变大，显示出一定的像差和散射。这是由于在边缘视场位置上，镜头的各种像差（例如彗差、场曲等）会更加显著，从而导致点列分布范围扩大。点列图右侧的 RMS（Root Mean Square，均方根）值表示各视场位置的光点到理想焦点的平均距离。一般来说，RMS 值越小，表明成像越接近理想点，质量越高。在图 2-7 中，从中心到边缘的 RMS 值略有增加，但整体数值仍然小于像素尺寸（10 μm），表明该镜头在各个视场位置的成像质量都相对较高。红色与蓝色表示不同波长或不同方向的光线,各视场的点列图显示了镜头对不同光线的聚焦效果。从图2-7上看,红蓝点列的重叠情况较好,说明该镜头在色差控制方面表现良好。

整体来看,该镜头在中心视场位置和中间视场位置的成像质量良好,边缘视场的位置略有像差但在可接受范围内,且RMS值也较小。这表明镜头设计良好,适合对成像均匀性要求较高的应用。

4) 畸变

图像畸变情况如图2-8所示。其中,图2-8(a)为散光场曲线,显示的是镜头在不同视场位置的焦平面位置,通常用来分析像散效应。该图的水平轴表示不同视场位置上最佳焦平面的位置偏移(单位为毫米),曲线越靠近0,则焦平面越接近设计焦面,成像质量越好;垂直轴表示从光轴中心到图像边缘的距离。图中有两条曲线,实线表示的是子午面,虚线表示的是弧矢面。理想情况下,两条曲线应该重合,这样才能保证图像的清晰度,但在实际中,由于像散的存在,子午面和弧矢面的位置会有所偏离。从这张图中可以看到,镜头在中心位置的像散较小,但在边缘视场像散逐渐增大,导致子午面和弧矢面不重合,边缘成像清晰度有所降低。

图2-8(b)为畸变曲线,显示的是镜头在不同视场位置的几何变形程度。其垂直轴同样表示从光轴中心到图像边缘的距离;水平轴表示不同视场位置上的畸变程度(用百分比表示),正值表示正畸变(桶形畸变),负值表示负畸变(枕形畸变)。从图中可以看到,随着视场从中心向边缘移动,畸变值逐渐增大并为正,表明镜头有轻微的正畸变。这种畸变通常不会影响图像锐度,但可能会影响图像的几何精度。

从图2-8中可以看出,该镜头在中心视场位置的成像质量较好,但边缘视场成像会受到像散和畸变的影响。

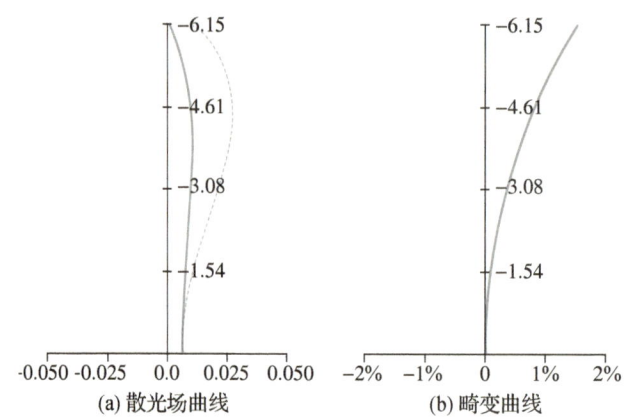

图 2-8 图像畸变

5) 照度均匀性

镜头照度均匀性如图2-9所示,它是一条相对照度随视场高度(像高)变化的曲线,用于分析镜头在不同视场位置的光照均匀性。相对照度是镜头在视场中心和边缘的光强比值,通常用百分比表示。在光学设计中,相对照度的目标是尽量保证图像中心和边缘的光强相差较小,避免图像边缘变暗的情况(即所谓的"暗角"现象)。图中,横轴表示主光线在像平面上的位置(Real Chief Ray Image Height),单位为毫米(mm),其中越靠近零的位置代表视场中心,离零越远代表视场边缘;纵轴表示相对照度(Relative Illumination),单位为%,其中100%代表与中心照度相同的光强。

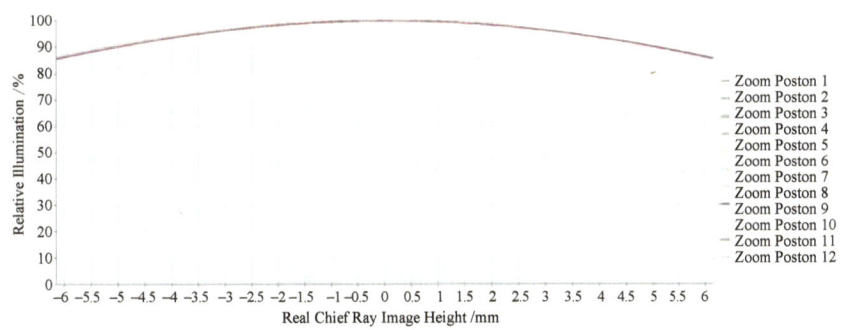

图 2-9 照度均匀性

从图 2-9 中可以看到,曲线在大部分视场高度维持 90% 以上的相对照度,说明在大部分视场位置的光照较为均匀;在边缘位置相对照度略有下降,但仍保持在 80% 以上,说明该镜头在视场边缘的暗角效应很小。在最边缘位置相对照度略有下降也是镜头光学系统常见的现象,但这里下降幅度较小,说明该镜头的光学设计有效控制了边缘照度的损失,因此在实际使用中能够提供良好的图像质量。

该镜头的相对照度分布图显示出优异的光照均匀性,边缘光照损失控制较好且不同变焦位置一致性强,表明该镜头在光学设计方面具有较高的品质,能够在实际应用中提供均匀、清晰的图像。

6) 冷反射

镜头冷反射的相关数据如图 2-10 所示。冷反射效应主要是指红外光学系统中由于反射而引起的杂散光影响,特别是在制冷红外探测器中,由反射引起的温度变化会对成像产生干扰。

从图 2-10 可以看到,每个表面的 Narcissus 强度比(Narcissus Intensity Ratio)不同,其中 1 号、4 号、10 号等表面的强度比(约)等于 1,意味着这些表面对冷反射贡献较大;冷反射的全角数据显示了每个表面对光反射的角度,角度较大的表面在冷反射现象中会产生较明显的杂散光,对系统成像质量影响更大。图 2-10 的底部显示了预估的冷反射导致的温度差异为 1.903 ℃,这一数值也即冷反射效应可能导致的温度变化,它是红外成像系统中需要重点关注的因素。

```
|  | SURFACE INFORMATION |  | DESIGN AIDS |  | PERFORMANCE DATA |  |
|  | REFLECTING  CLIPPING |  | PARAXIAL DATA |  | NARCISSUS     NARCISSUS |  |
|  | SURFACE     APERTURE |  | YNI      I/IBAR |  | FULL ANGLE    INTENSITY |  |
|  |                      |  | (MM)             |  | (RADIANS)     RATIO     |  |

    1      7  (F)     0.8002    1.415     0.679530    1.00000
    2      7  (R)    -0.5138   -0.172     0.366292    0.29864

    3      7  (R)    -0.9100   -0.300     0.356926    0.28373
    4      7  (F)     1.5348    3.232     0.679530    1.00000

    5     12  (R)     3.7918    1.835     0.279408    0.17459
    6     12  (R)    -6.1967   -3.129     0.360094    0.28873

    7     12  (R)     4.0535    1.888     0.260887    0.15233
    8     12  (R)    -7.2138   -4.141     0.271898    0.16538

    9     12  (R)    -5.1545   -3.378     0.376146    0.31474
   10     20  (F)    -2.0003   -1.149     0.682813    1.00931

   11     20  (F)     3.0006    7.791     0.682813    1.00931
   12     20  (R)    -6.7953   -1.192     0.156772    0.05521

   13     20  (R)    10.7030   -2.947     0.156912    0.05531
   14     20  (R)    -1.2999   -0.477     0.425819    0.40201

   15     20  (R)    -2.5463   -1.066     0.527820    0.61267
   16     20  (R)    -2.5139   -1.066     0.539343    0.63905

   17     20  (R)    -2.2195   -1.066     0.671745    0.97808
   18     20  (F)    -2.1999   -1.066     0.682813    1.00931

                                                TOTAL:  9.44838

PREDICTED NARCISSUS INDUCED TEMPERATURE DIFFERENCE:  1.903 Degrees C
(for axial object point with no scan)
```

图 2-10 镜头冷反射相关数据

2.3.2 双视场红外镜头及硬件设计

在开展本项目之前,国内用于线路巡检的主要几种无人机红外载荷镜头的参数对比如表 2-4 所示。

表 2-4 线路巡检无人机红外载荷镜头参数对比

无人机红外载荷镜头参数	大疆 Mavic 3T	大疆 H30T	大疆 H20N	普宙 PDL-1K
视场结构	单视场	单视场	双视场(非同轴)	单视场
空间分辨率	1.3 mrad	0.5 mrad	0.27/1.0 mrad	0.89 mrad
焦距	12 mm	24 mm	12/44.5 mm	19 mm
对焦距离	>5 m	>5 m	>45 m	>5 m
数据存储方式	照片	照片	照片	照片

对空间分辨率而言,若空间分辨率越小,则测试视场范围越小,且测试越精细,越能获取准确的温度信息,但由于视场范围小,搜寻目标不方便,因此需要更多时间寻找被测对象;若空间分辨率越大,则测试视场范围越大,寻找被测对象的效率提高,但是细节温度信息测量精度下降。对于线路巡检而言,希望兼顾搜寻目标的效率和测试精度,因此需要的是同时具备大、小视场也即两种空间分辨率的红外载荷镜头。

表 2-4 中仅有大疆 H20N 为双视场镜头，但是其对焦距离需要超过 45 m，在 45 m 距离下难以对复合绝缘子芯棒进行精细化检测，且采用双传感器、双光路结构，双视场存在不同轴的情况，导致其不适合应用于线路巡检。实际中，该设备主要用于安防行业。

现场应用经验表明，19 mm 焦距也就是空间分辨率为 0.89 mrad 左右的设备适用于大视场快速搜寻目标，50 mm 焦距也就是空间分辨率为 0.34 mrad 左右的设备适用于在较远距离下获取高精度温度信息。为满足现场红外载荷镜头兼顾高效测试和精准测温的需求，开展 20 mm/50 mm 双焦距融合红外镜头设计，实现一个镜头两种光学视场，其中 20 mm 焦距用于大视场下全场景搜寻，50 mm 焦距用于小视场下针对性目标温度细节的获取。

双视场光学镜头主要由红外光学模组、精密传动丝杆、光学切换的限位装置、驱动电机组成（见图 2-11）。其具体工作流程是根据系统指令驱动电机响应，带动精密传动丝杆驱动光学系统的变倍调焦组按照一定的光学路径进行前后移动，到达指定位置时实现视场的切换，并根据不同视场下的远处目标和近处目标依据指令实现清晰聚焦。区别于传统的红外热像仪单镜头单传感器方案或者多镜头多传感器方案，双视场镜头方案通过单个成像镜片在合并的红外感知区域上移动来实现双视场的切换，提高了镜头的响应时间和聚焦精度，减小了红外热像仪整体的结构体积，可以实现无人机挂载轻量化，并且能够快速切换多视场角对红外画面进行监控，增强了对不同距离目标的观测能力，能够很好适应无人机中不断变化的监控对象，同时光学系统为被动式系统，不向外发射任何特定光线，因此对任意目标都没有影响。

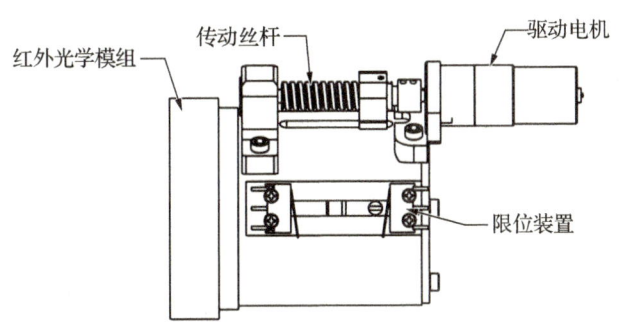

图 2-11 双视场光学镜头组成

此外，对双视场红外镜头的图像畸变及图像均匀性问题也进行了针对性设计。

1) 图像畸变控制

大、小视场集成之后会导致图像相差畸变，并且大、小视场的焦距差异越大，相差畸变越严重。这是由于单视场镜片表面形状可以针对单一焦距进行调整，而双视场镜头的镜片要适应两个焦距的需求，其曲面形状只能在两种焦距之间进行选择。针对这一问题的解决方式是优化镜片的曲面，减少相差。

本次光学设计使用 PW（Petzval-Wassermann）法计算初始结构。PW 法是通过将初级像差系数变换成以参数 P 和 W 表示的形式来求解光学系统的初始结构。P 和 W 是薄透镜组的像差参量，也称为像差特性参数。每个薄透镜组的 P 和 W 分别按式(2-1)和式(2-2)计算：

$$P_j = \sum_{i=1}^{k} \left(\frac{\Delta u}{\Delta(1/n)} \cdot \Delta\left(\frac{1}{n}\right) \right) \quad (2-1)$$

$$W_j = -\sum_{i=1}^{k} \left(\frac{\Delta u}{\Delta(1/n)} \cdot \frac{\Delta u}{n} \right) \quad (2-2)$$

其中，j 代表第几个薄透镜组，k 代表该薄透气镜组中折射面的数量。

将得到的初始结构进行首次优化，结果如图 2-12 所示。

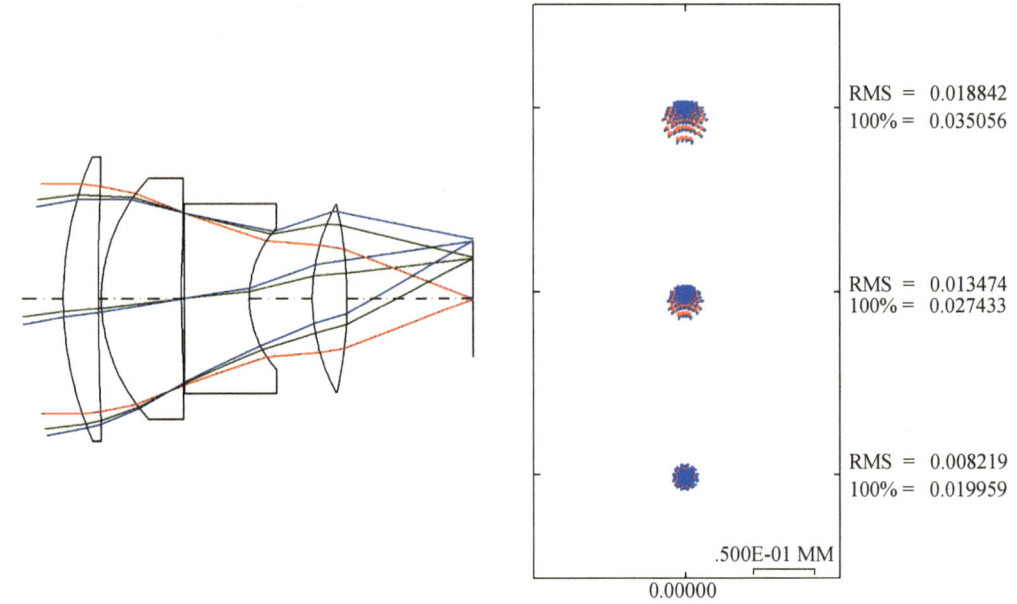

图 2-12 首次优化结果

从优化的弥散斑尺寸来看，还未达到成像要求(<12 μm)，需要进一步的优化像差。根据像差公式，畸变按式(2-3)计算：

$$D = \frac{n-1}{n} \cdot \frac{y^2}{R} \quad (2-3)$$

轴向球差按式(2-4)计算：

$$S = \frac{1}{2}(n-1)\left(\frac{1}{R_1} + \frac{1}{R_2} - \frac{2}{R} \right) \quad (2-4)$$

垂轴球差按式(2-5)计算：

$$S' = \frac{n-1}{n} \cdot \left(\frac{1}{R_1} + \frac{1}{R_2} - \frac{2}{R} \right) \cdot \frac{y^2}{2} \quad (2-5)$$

其中，n 是介质的折射率，R_1 和 R_2 分别是透镜两个表面的曲率半径，R 是近轴光线的等效曲率半径，y 是光束在透镜上的偏心距。

针对这两种像差进行矫正，再次优化后的结果如图 2-13 所示。

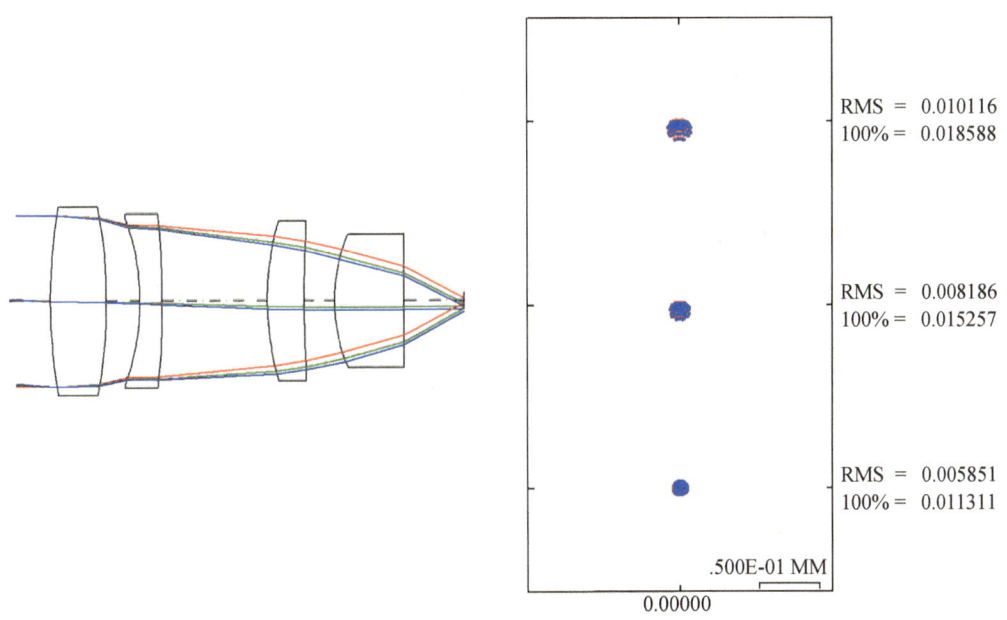

图 2-13 再次优化结果

接着进行变焦设计,最终设计结果如下:

(1) 20 mm 变焦结果如图 2-14 所示,其中弥散斑的直径最大为 11 μm,小于像素距离 12 μm,不会造成像素点之间的重叠,满足成像要求。

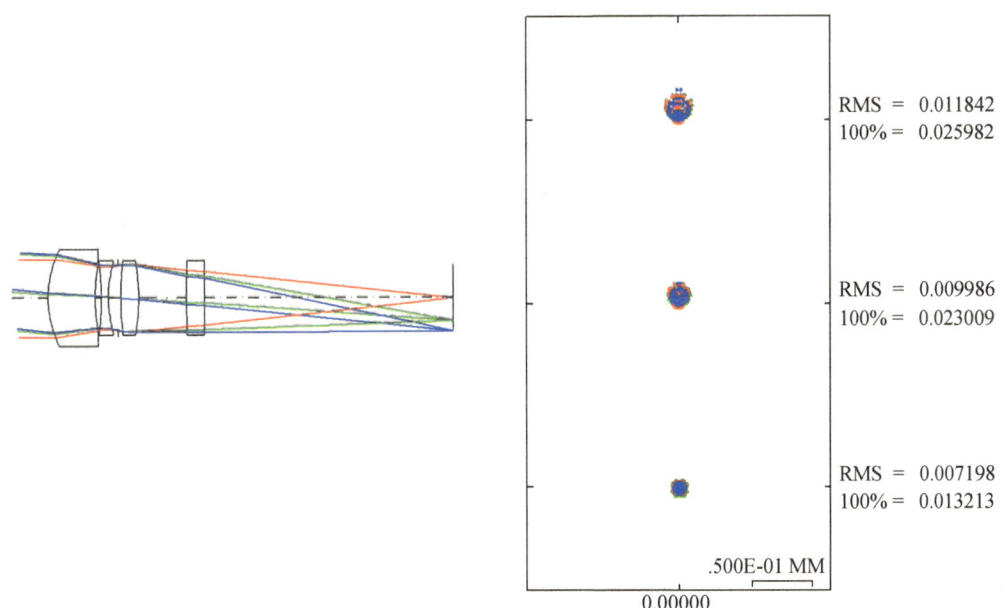

图 2-14 20 mm 变焦结果

(2) 50 mm 变焦结果如图 2-15 所示,其中弥散斑的直径最大为 8.8 μm,小于像素距离 12 μm,不会造成像素点之间的重叠,满足成像要求。

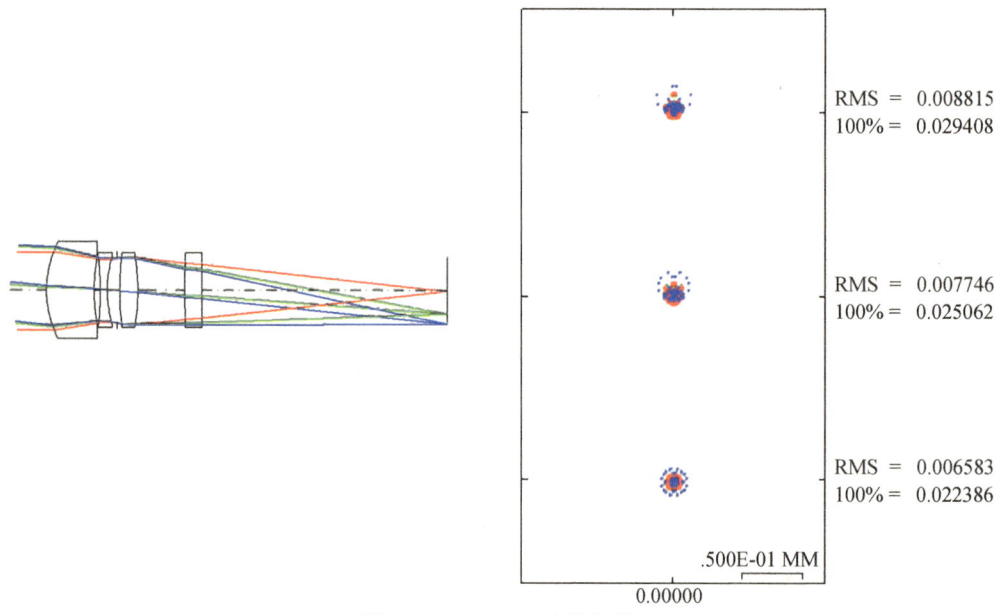

图 2-15 50 mm 变焦结果

2）图像均匀性控制

双视场调整后光路发生了变化,导致一些杂光进入探测器,图像均匀性受到影响。针对这一问题,一方面是开展表面处理,即对镜筒内壁进行粗糙化、黑化处理,将杂光进行分散,减少其对成像的影响;另一方面是开展后端图像处理,对图像均匀性进行补偿,开发出均匀性校正算法。

均匀性校正算法的流程如图 2-16 所示,应用该算法对图像进行处理后的结果如图 2-17 所示。

未进行均匀性校正之前图像的温差为 2.5 K,均匀性校正后图像的温差为 0.4 K,实时成像结果对比如图 2-18 所示。

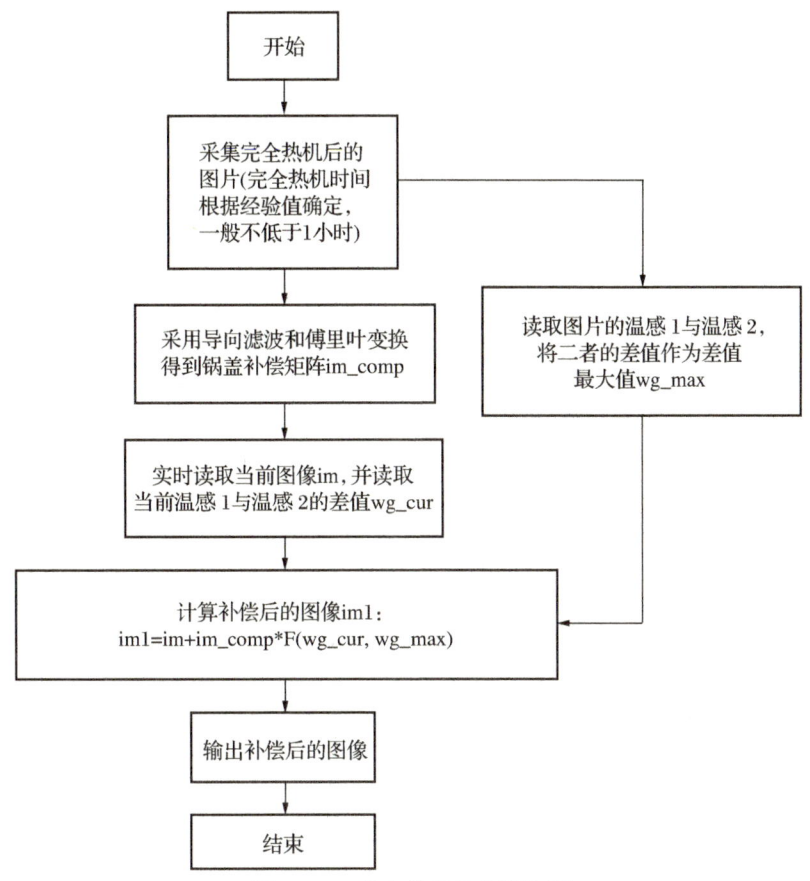

图 2‑16 均匀性校正算法流程

(a) 原图   (b) 处理后图像

图 2‑17 图像处理前后对比

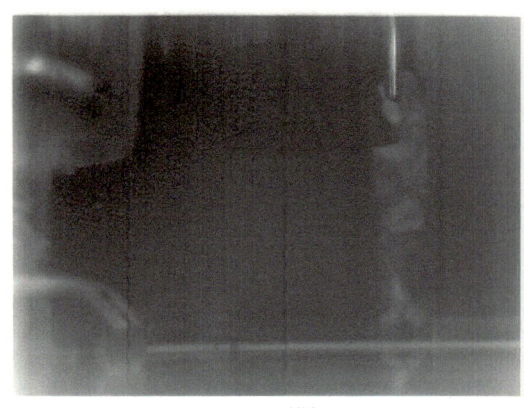 

（a）原图　　　　　　　　　　　（b）补偿后图像

图 2-18　补偿前后实时成像结果对比

3）焦距调整传动机构

双视场红外镜头传动采用单镜头单光路实现双视场集成，并通过双视场切换的传动结构进行控制。丝杆螺母传动设计过程如下：根据光学镜头设计经验，即一般阻力是移动组件重力 10 倍的原则确定切换视场和调焦的阻力大小 F，计算结果如式（2-6）所示：

$$F = 10Mg = 10 \times (0.05 \times 10) = 5(\text{N}) \tag{2-6}$$

其中，M 取 0.05 kg，g 取 10 m/s²。根据国产步进电机的扭矩（T）和转速（N）表确定电机转速 $n=400$ rpm，又根据光学设计得出两个视场的距离及调焦距离的总行程 $L=20$ mm，运动时间 $t=2$ s，从而可确定丝杆导程 P，计算结果如式（2-7）所示：

$$P = \frac{L \times 60}{t} \cdot \frac{1}{n} = 1.5 \text{ mm} \tag{2-7}$$

选择的丝杆类型为 TR 类型，一般 $\eta=0.75$，扭矩计算结果如式（2-8）所示：

$$T = \frac{FP}{2\pi\eta} = 1.6 \text{ N} \cdot \text{mm} \tag{2-8}$$

根据电机转速 n 查找相应扭矩可得扭矩 $T_1 \geqslant T$ 时，对应型号减速比 10∶1 的步进电机满足要求。此时适合的丝杆导程为 1.5 mm，由于固定传动结构需要的直径一般几倍于实际所需直径，所以根据固定传动结构需要确定最小直径为 $D=7.5$ mm。最后根据结果进行建模，完成单电机传动结构设计。

2.3.3　宽窄视场镜头自动聚焦方案设计

宽窄视场下的切换以及自动聚焦，需要在红外探测器上设置窄视场和宽视场对应的红外感知区域，并在接收到在目标视场内进行聚焦的指令后，驱动成像镜片移动至目标视场对应的红外感知区域。要实现宽窄视场的切换和自动聚焦，可以在镜头上增加限位装置和多个传感器用于反馈当前镜片所处的位置。如图 2-19 所示，E 为视场切换以及自动聚焦过程中移动的镜片，并认为可以通过移动该镜片实现视场切换以及自动对焦。C 和 D 为镜头结构的物理限位，通过结构和硬件设计保证，镜片移动时不会超出 C 和 D 之间的范围。在硬件上,通过在 C,D 位置处加上传感器,当镜片到达该位置时,传感器会触发电信号的电平翻转,将该信号通过物理连线接到控制器的 GPIO 引脚上,从而采集到该引脚电平的变化。A 和 B 为光耦传感器位置,当镜片运动到该位置时,光耦传感器将光信号转化为电信号,同样将该信号通过物理连线接到控制器的 GPIO 引脚上,从而采集到该引脚电平的变化。

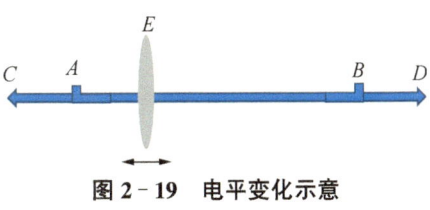

图 2-19　电平变化示意

假设感光面在 D 点右侧,镜头在 C 左侧,则 A—C 可设为宽视场,B—D 可设为窄视场。宽窄视场镜头的切换即为控制镜片从 A 移动到 B 或由 B 移动到 A,自动聚焦则在某一视场即 A—C 或 B—D 内控制镜片移动进行手动对焦或自动对焦。

采用微型高减速比二相四线步进电机驱动镜片快速准确的运动,主控制器输出 PWM 脉冲到电机驱动芯片,电机驱动芯片再将 PWM 脉冲转换为最终的电机脉冲控制信号,控制电机的运行速度和位置。主控端可以通过输出 PWM 的频率控制电机运动速度,通过输出 PWM 的脉冲个数控制电机转动的步数。该电机驱动方式通过配合自动聚焦算法可以快速进行视场切换,并完成自动聚焦。在控制步进电机过程中,为了防止电机运动过程中出现丢步、过冲和声音大的问题,还可以通过 S 形加减速算法控制电机的平稳运行。S 形加减速算法对曲线函数并没有具体的限定,可以是指数函数、正弦函数,只要满足速度的变化曲线是"S"形即可。

如图 2-20 所示,其中红色曲线是速度曲线,可以看出整体都处于速度上升阶段。加速过程可以分为两个阶段,前一阶段是加速度匀速递增速度曲线,称为加加速阶段曲线,后一阶段是加速度匀速递减速度曲线,称为减加速度阶段曲线。

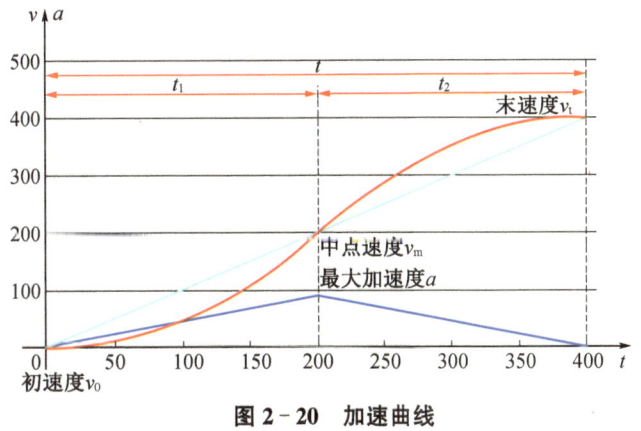

图 2-20　加速曲线

蓝色曲线是加速度曲线,前半段加速度匀速递增,后半段加速度匀速递减。也可以简单理解其为一次函数,前半段一次函数的斜率大于 0,后半段的斜率小于 0,即加速度从 0 开始沿直线变化,到了最大值开始减小,最后为 0。由于加速度曲线的斜率的绝对值是相同的,所以斜率大于 0 和小于 0 的两段曲线关于加速度最大值 a 左右对称。

青色曲线为梯形加减速模型的匀加速部分曲线。青色曲线和红色曲线比较可以发现,梯形加减速模型是按照一个固定的斜率增加速度到 v_t,然后加速阶段结束,开始进入匀速阶段,其由匀加速上升突然变成匀速,由于惯性会产生较大的冲击力和噪声。S形加减速模型则很好地避免了这一问题,在加速到 v_t 后进入匀速阶段非常顺滑,两个阶段衔接得相对完美。

宽窄视场切换策略及自动聚焦策略分别如图 2-21 和图 2-22 所示。

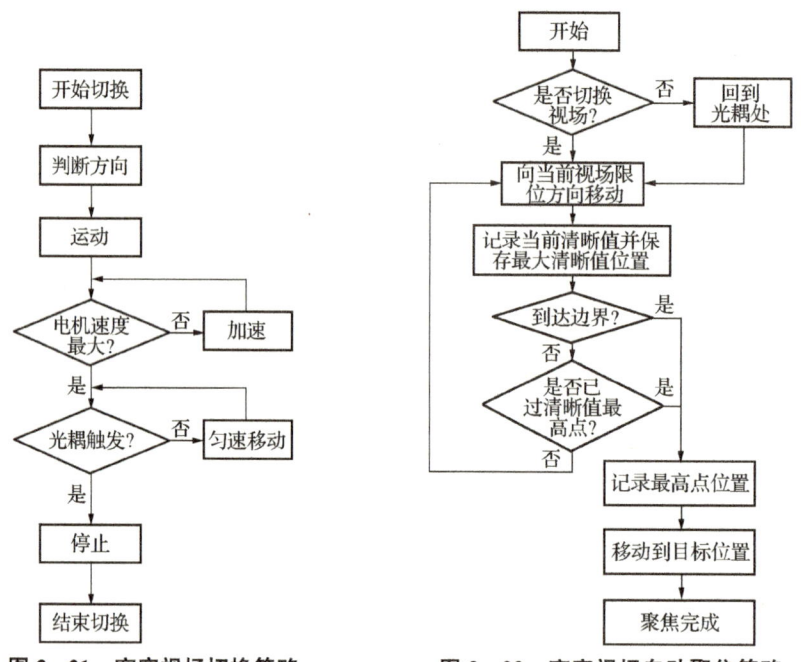

图 2-21 宽窄视场切换策略　　图 2-22 宽窄视场自动聚焦策略

2.4 红外全动态视频流数据存储方案

无人机巡线作业时需要全过程进行录像存储,并通过 SDIO 接口存储到 TF 卡中,而测温原始视频流数据量极大,以常用的 640×480 分辨率 30 帧频输出的无人机载荷为例,1 秒钟需要存储的数据量约为 19 MB,1 分钟录像文件就达到 1 GB,并且此速率对硬件 SDIO 接口和 TF 卡存储的速度和稳定性要求极高。目前大部分视觉 SoC 的 SDIO 接口均为 2.0,无法满足如此高的速率,会导致录像时丢帧及视频播放卡顿。

通过对红外测温视频流进行数据分析,进而进行压缩存储方案的研究以降低录像文件的大小和速率,减轻 CPU 和硬件存储的压力。为了保留测温精度和图像细节,不能使用主流的有损编码压缩算法,而只能进行无损压缩方案的研究。

对常用的高速率高压缩比无损压缩算法进行测试,包括 miniLZO、Huffman、QuickLZ 和 LZ4,结果如表 2-5 所示。可以看出 miniLZO 和 LZ4 压缩速度和解压速度快,能满足时间要求,但是压缩比太低,对于存储数据量的减少作用不大,只能起到一定程度的优化,不能解决问题;而 Huffman 和 QuickLZ 算法的压缩时间和解压时间有时会超过 33 ms,无法满足最基本的 30 帧频录像的使用要求。

表 2-5 压缩算法比较

压缩算法	压缩时间	解压时间	压缩比
miniLZO	4.9 ms	5 ms	8%
Huffman	94 ms	31 ms	25%
QuickLZ	18~37 ms	12 ms	21%
LZ4	5 ms	6 ms	21%

红外测温数据流每个像素占用 2 个 Byte(16 bit),但实际有效数据为 14 bit,且红外测温数据流前后像素点的差值大部分都很小。由此规律可以进行帧内无损压缩,在硬件前端通过保存前后像素点的差值级别和没有用到的高 2 bit 作为标志位来完成一帧图像的无损压缩。由于没有用到复杂的浮点运算而只做加减计算,压缩速度和解压速度都很快。

以 640 分辨率为例,1 帧测温数据包含 640×480 个像素点,需要根据实际的宽和高,按照从上到下、从左至右的顺序遍历像素点,得到每个像素点的实际值,每个像素点在内存中占用 2 个字节。通过判断前后像素点差值来进行相应的压缩,总共可以分为下列 3 种情况:

(1) 若当前像素点值与前一像素点值差值的绝对值大于 63,则将此像素点 AD 值用 2 个字节保存,高字节在前,低字节在后。这种情况下最高 2 位为 00,即

0	0	B14	B13	B12	B11	B10	B9	B8	B7	B6	B5	B4	B3	B2	B1

(2) 若当前像素点值与前一像素点值差值的绝对值小于 64 但大于 3,将此像素点用 1 个字节保存,其中字节的低 7 位记录与前一像素点的差值信息,并将字节的最高位置为 1(这种情况下最高 2 位为 1X)。若此时差值为 D,则此字节内存中的值为

1	D6	D5	D4	D3	D2	D1	D0

需要指出的是,这种情况下还需要区分实际差值的正负。若当前像素点值与前一像素点值的差值小于 64 但大于 3,则 D6 符号位为 0,代表正数,D0—D5 数据位的 6 位值就是实际的差值,即

1	0	D5	D4	D3	D2	D1	D0

若当前像素点值与前一像素点值的差值大于 -64 但小于 -3,则 D6 符号位为 1,代表负数,D0—D5 数据位的 6 位值就是实际的差值,即

1	1	D5	D4	D3	D2	D1	D0

该条件下压缩前的数据为

| 0 | 0 | B14 | B13 | B12 | B11 | B10 | B9 | B8 | B7 | B6 | B5 | B4 | B3 | B2 | B1 |

压缩后的数据为

| 1 | D6 | D5 | D4 | D3 | D2 | D1 | D0 |

压缩前的数据大小为 16 位,而压缩后的数据大小为 8 位,数据量减少了一半。

(3) 若当前像素点值与前一像素点值差值的绝对值小于 4 且下一个像素点值与当前像素点值差值的绝对值也小于 4,则将当前像素点和下一个像素点用 1 个字节保存(这种情况下最高 2 位为 01)。若此时像素点值与前一像素点值的差值为 D,下一个像素点值与当前像素点值的差值为 E,则此字节内存中的值为

| 0 | 1 | D2 | D1 | D0 | E2 | E1 | E0 |

这种情况同样需要区分实际差值的正负。若当前像素点值与前一像素点值的差值小于 4,则 D2 符号位为 0,代表正数,D0—D1 数据位的 2 位值就是实际的差值,即

| 0 | 1 | 0 | D1 | D0 | E2 | E1 | E0 |

若当前像素点值与前一像素点值的差值大于 -4,则 D2 符号位为 1,代表负数,D0—D1 数据位的 2 位值就是实际的差值,即

| 0 | 1 | 1 | D1 | D0 | E2 | E1 | E0 |

同样地,若下一个像素点值与当前像素点值的差值小于 4,则 E2 符号位为 0,代表正数,E0—E1 数据位的 2 位值就是实际的差值,即

| 0 | 1 | D2 | D1 | D0 | 0 | E1 | E0 |

若下一个像素点值与当前像素点值的差值大于 -4,则 E2 符号位为 1,代表负数,E0—E1 数据位的 2 位值就是实际的差值,即

| 0 | 1 | D2 | D1 | D0 | 1 | E1 | E0 |

该条件下压缩前的数据为

| 0 | 0 | D14 | D13 | D12 | D11 | D10 | D9 | D8 | D7 | D6 | D5 | D4 | D3 | D2 | D1 |
| 0 | 0 | E14 | E13 | E12 | E11 | E10 | E9 | E8 | E7 | E6 | E5 | E4 | E3 | E2 | E1 |

压缩后的数据为

| 0 | 1 | D2 | D1 | D0 | E2 | E1 | E0 |

压缩前的数据大小为 32 位，而压缩后的数据大小为 8 位，数据量减少了 75%。

上述主流的 miniLZO，Huffman，QuickLZ 和 LZ4 无损压缩算法原理是基于香农-范诺编码、词典编码、滑动窗口编码，需要多次遍历数据，且算法复杂，每一次计算需要汇编转换成多个指令才能被 CPU 微处理器执行完成。这里的无损压缩算法是基于帧内像素点差值的位压缩编码，位运算时可以被 CPU 微处理器单指令执行完成，且只需要一次遍历整个数据，所以执行速度很快。将此无损压缩算法移植到无人机挂载上，实测每一帧测温数据的压缩时间和解压时间能稳定保持在 10ms 以内，虽然压缩比会因红外图像的各种场景有所差异，但基本保持在 50% 以上，大幅降低了数据量，也保障了录像帧频能够达到实时的要求。

如图 2-23 所示，20230726184158.ima 为一份红外测温原始数据文件，大小为 633 KB，经过压缩后生成的文件为 adcompress.raw，大小仅为 267 KB，压缩比高达 57.8%。

图 2-23 数据压缩示例

3 输电线路复合绝缘子现场红外检测方法

3.1 基于户外场试验的现场无人机红外测试距离选择

现场红外图片是构建红外图谱库的基础,为了确保红外图片的质量,需要对拍摄时所选用的设备参数、拍摄距离进行规定,本节即解决这一问题。

3.1.1 试品

试品包括自然缺陷绝缘子和人工缺陷绝缘子两类,所有试品芯棒规格均为Φ18,这也是 110 kV 及以上线路复合绝缘子所用芯棒的最小尺寸。芯棒尺寸越小,红外测试受背景、测试距离的影响越明显,采用最小尺寸芯棒可以保证试验条件最为严苛,利于本项目试验结果的现场应用。

1) 自然缺陷绝缘子

自然缺陷绝缘子包括 7 支 220 kV 复合绝缘子,它们的编号、缺陷类型等如表 3-1 所示。这些复合绝缘子的伞套材料均为高温硫化硅橡胶,并且运行于沿海 10 km 范围内,绝缘子爬电比距均为 28.8 mm/kV。

表 3-1 自然缺陷绝缘子信息

试品编号	运行年限/年	芯棒规格	结构高度/mm	缺陷类型
N-1	10	Φ18	2240	芯棒酥朽
N-2	6	Φ18	2240	芯棒-护套严重不粘
N-3	10	Φ18	2240	护套老化受潮
N-4	10	Φ18	2240	护套老化受潮
N-5	10	Φ18	2240	护套老化受潮
N-6	10	Φ18	2240	护套老化受潮
N-7	10	Φ18	2240	护套老化受潮

试验后对 N-1 绝缘子发热部位解剖发现,其芯棒表面已存在酥朽、碳化痕迹(见图 3-1(a));对 N-2 绝缘子发热部位解剖后发现,其芯棒-护套界面完全分离(见图 3-1(b));N-3 绝缘子护套、伞裙粉化明显,护套表面存在积污,吸潮后极易产生高压端部发热(见图 3-1(c));N-4 绝缘子至 N-7 绝缘子表面状态与 N-3 绝缘子类似。在实验室对与 N-3 至 N-7 同线路的绝缘子进行了护套表层切除前后对比试验,护套完整时高压端部存在发热,表层护套切除后发热

消失，因此这批绝缘子的发热为护套老化受潮引起。需要指出的是，图 3-1(a)为该绝缘子完成所有的实验室和户外场试验后解剖获得，图 3-1(b)为户外场试验之前解剖获得。

 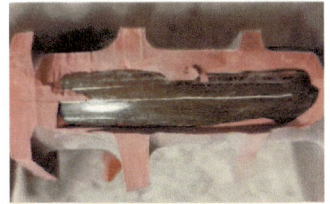 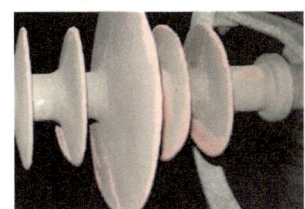

（a）N-1 绝缘子　　　　　　（b）N-2 绝缘子　　　　　　（c）N-3 绝缘子

图 3-1　自然缺陷绝缘子缺陷照片

2）人工缺陷绝缘子

绝缘子人工缺陷分三种情况，分别为端部金具-护套气隙、护套内置金属丝异物、芯棒酥朽。

端部金具-护套气隙缺陷通过控制压接环节实现，在压接时使高压端金具与芯棒间保留微小气隙，同时不涂覆密封胶（如图 3-2 所示）。在运行电场作用下，高压端金具-护套气隙将产生局部放电而引发发热。

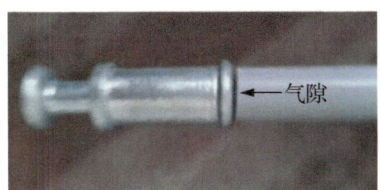

图 3-2　端部金具-护套气隙

护套内置金属丝异物缺陷通过在绝缘子高压端护套-芯棒界面植入金属丝实现。先对高压端护套开槽，然后将一根金属丝埋入护套中，且金属丝一端与端部金具接触，最后用室温硅橡胶将金属丝表面封住（如图 3-3 所示）。在运行电场作用下，金属丝端部场强集中，利用该位置产生的局部放电而引发发热。

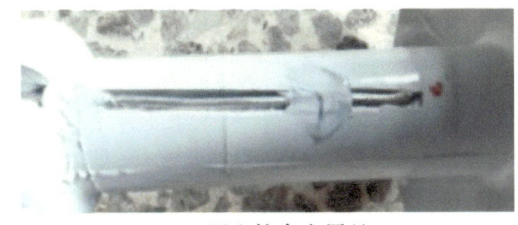 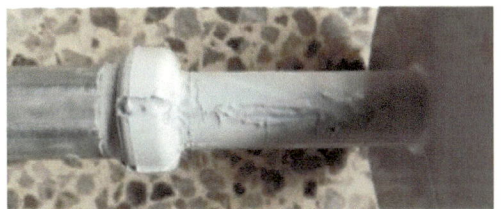

（a）埋入护套金属丝　　　　　　　　（b）金属丝表面封闭后

图 3-3　护套内置金属丝异物

芯棒酥朽缺陷通过在芯棒表面模拟高温、酸性环境实现。先对芯棒施加侧向压力，使该位置出现轻度损伤，进而对该区域进行燃烧，促使芯棒表面氧化，部分环氧树脂发生燃烧分解；随后将芯棒泡入质量百分数为 8%～10%的硝酸溶液中，经过不低于 18 天的长时间浸泡使芯棒表面氧化的环氧进一步降解，所导致的芯棒表面酥朽状态如图 3-4 所示；最后对芯棒包胶，形成芯棒模拟酥朽复合绝缘子。

人工缺陷绝缘子一共 5 支，其中 1 支为 220 kV，4 支为 500 kV，详细信息如表 3-2 所示。所有人工缺陷绝缘子芯棒规格均为 Φ18。

图 3-4 芯棒人工模拟酥朽缺陷

表 3-2 人工缺陷绝缘子信息

试品编号	电压等级/kV	芯棒规格	结构高度/mm	缺陷类型	缺陷位置
A-1	220	Φ18	2300	护套内置金属丝异物	高压端至 30 mm
A-2	500	Φ18	4050	护套内置金属丝异物	高压端至 30 mm
A-3	500	Φ18	4050	芯棒酥朽	高压端至 20 mm
A-4	500	Φ18	4050	芯棒酥朽	高压端至 20 mm
A-5	500	Φ18	4050	端部金具-护套气隙	高压端金具与护套接触位置

3.1.2 试验方法

空间分辨率是衡量红外设备测量精细程度的主要参数,通过户外场试验获得不同空间分辨率及不同测试距离下的无人机红外图谱、发热幅值,为测试参数选择奠定基础。

户外场试验回路布置模型如图 3-5 所示。为获得测试距离、无人机红外设备参数对测试的影响,试验在 5 m,10 m,15 m,20 m,25 m,30 m 距离上进行,并在相应距离位置设置地面标志物,以保证无人机测试距离受控。同时,采用 3 种不同空间分辨率无人机红外镜头进行测试,具体参数见表 3-3。

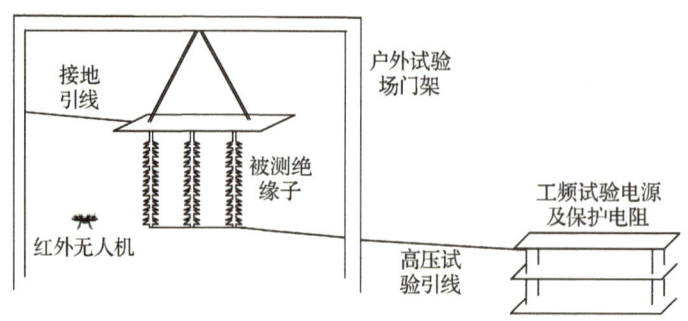

图 3-5 户外场试验布置

对被试绝缘子施加运行电压,时长为 1.5 h。根据实验室试验得到的缺陷发热幅值增长规律,在施加电压达到 30 min 后进行测试,此时绝缘子缺陷发热幅值处于稳定状态。无人机携带一个参数的红外镜头起飞后,由近及远在每个距离下进行 3 次重复拍摄。随后无人机携带另一个参数的红外镜头,完成不同距离下的拍摄,直至完成 3 个参数红外镜头在所有距离下的拍摄。试验过程中,现场温度为 22~25 ℃,相对湿度为 55%~65%,风力不超过 2 级。本部分试验涉及的绝缘子为自然缺陷绝缘子 N-1 至 N-3、人工缺陷绝缘子 A-1 至 A-5。

表 3-3 无人机红外镜头参数

测试红外镜头	焦距/mm	像元间距/μm	空间分辨率/mrad	灵敏度/mK	测温范围/℃	帧频/Hz
镜头 1	19	17	0.895	<50	-25~135	30
镜头 2	25	17	0.68	<50	-25~135	30
镜头 3	50	17	0.34	<50	-25~135	30

此外,还对 N-4 至 N-7 绝缘子,在 5 m 距离下采用 0.34 mrad 空间分辨率并在设备加压 1 h 后进行拍摄,以获得绝缘子发热位置的高清图谱,用于绝缘子发热区域温度分布均匀性的研究。

3.1.3 基于户外场试验的无人机红外测试参数选择

1)测试距离对图谱的影响

选取发热幅值较低且粘接不良缺陷绝缘子 N-2,空间分辨率为 0.895 mrad 的红外设备在不同距离得到的红外图谱、绝缘子沿芯棒的温度曲线分别见图 3-6 和图 3-7。N-2 绝缘子在户外场试验之前进行过局部解剖,因此图 3-6 中部分伞裙缺失。图 3-7 中横坐标为绝缘子自高压端起始的温度曲线测温点序号。

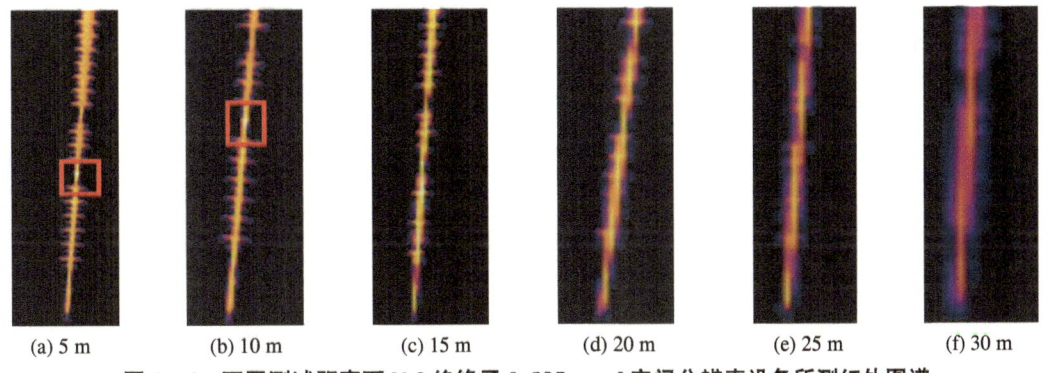

图 3-6 不同测试距离下 N-2 绝缘子 0.895 mrad 空间分辨率设备所测红外图谱

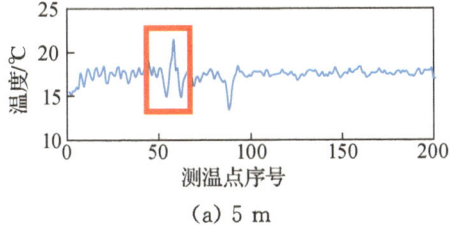

(a) 5 m

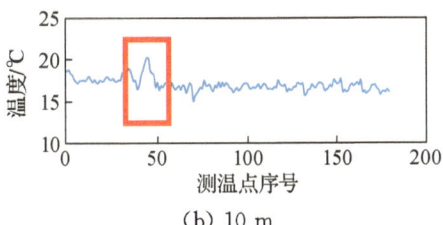

(b) 10 m

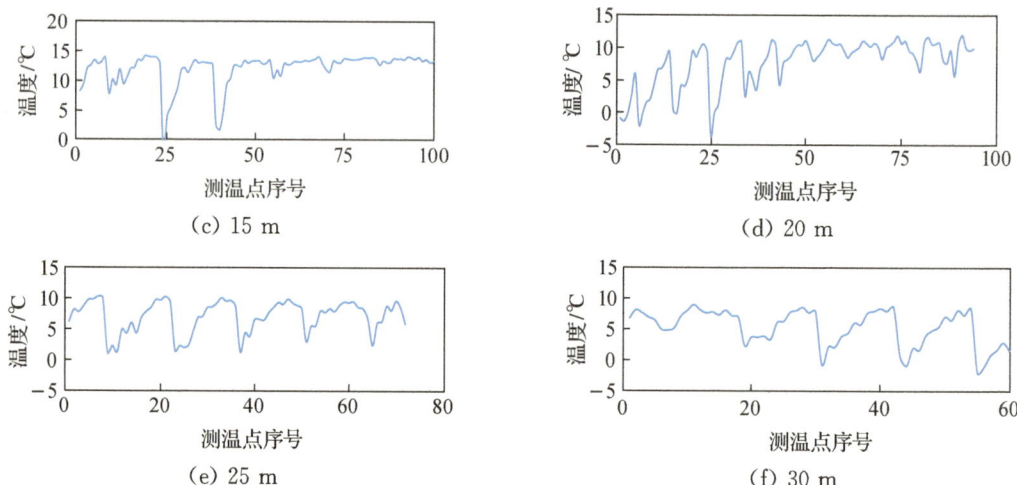

(c) 15 m

(d) 20 m

(e) 25 m

(f) 30 m

图 3-7　不同测试距离下 N-2 绝缘子 0.895 mrad 空间分辨率设备所测温度曲线

由图 3-6 和图 3-7 可知：

(1) 5 m 和 10 m 测试距离下可以清晰分辨 N-2 绝缘子的芯棒和伞裙，并且能够肉眼分辨发热区域，相应区域已用红框标出，如图 3-6(a) 和 (b) 所示。5 m 和 10 m 测试距离下的 N-2 绝缘子温度曲线中同样可以清晰分辨绝缘子的发热区域，相应区域也用红框标出，如图 3-7(a) 和 (b) 所示。

(2) 15 m 测试距离下，N-2 绝缘子的伞裙和芯棒变得模糊 (见图 3-6(c))，图 3-7(c) 中绝缘子温度曲线出现了向低温方向的震荡。由于温度震荡的存在，此时读取的绝缘子发热幅值已失真。

(3) 随着测试距离继续增大，N-2 绝缘子的红外图像变得更加模糊，此时图 3-7(d) 至图 3-7(e) 所示温度曲线出现了更多的温度震荡，同时整体温度降低。

其他绝缘子测试图谱、温度曲线随距离的变化规律与 N-2 绝缘子类似，这里不再给出。

2) 空间分辨率对图谱的影响

以发热区域最小的金属丝异物缺陷 A-2 绝缘子为对象，5 m、15 m、30 m 距离下 3 种空间分辨率设备测得的红外图谱如图 3-8 所示。

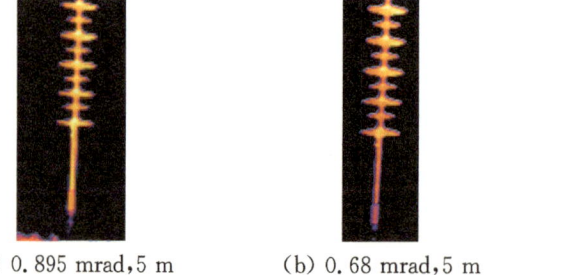

(a) 0.895 mrad, 5 m　　(b) 0.68 mrad, 5 m　　(c) 0.34 mrad, 5 m

3 输电线路复合绝缘子现场红外检测方法

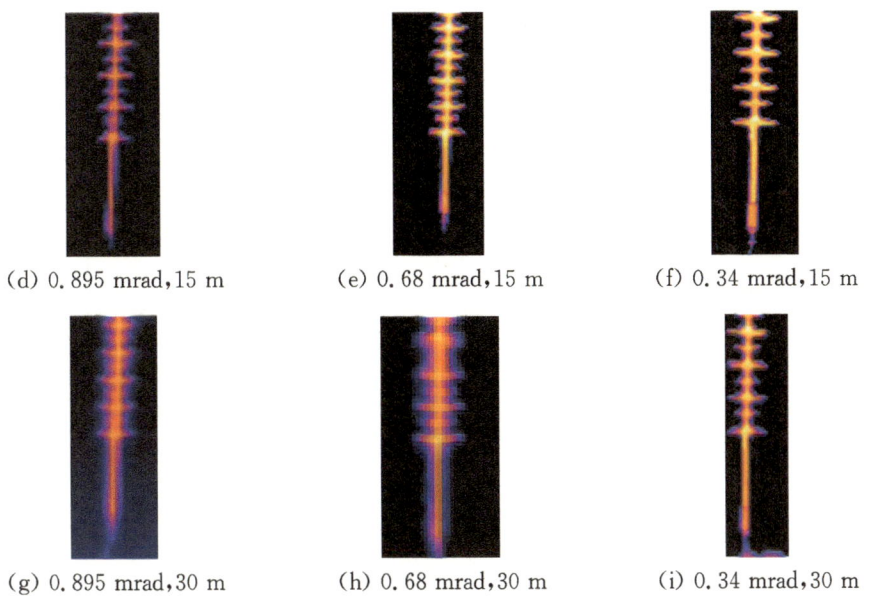

(d) 0.895 mrad,15 m　　(e) 0.68 mrad,15 m　　(f) 0.34 mrad,15 m

(g) 0.895 mrad,30 m　　(h) 0.68 mrad,30 m　　(i) 0.34 mrad,30 m

图 3-8　不同空间分辨率设备下 A-2 绝缘子红外图谱

由图 3-8 可知,相同距离下,红外设备空间分辨率越小,得到的红外图像越清晰。5 m 距离下,三种参数设备所拍摄的图像均能分辨金属丝异物产生的局部发热点;15 m 距离下,0.895 mrad 设备所拍图像无法分辨发热区域,0.68 mrad 设备所拍图像中存在发热区域,但发热点无法清晰分辨,0.34 mrad 设备所拍图像仅能分辨局部热点;30 m 距离下,三种参数设备所拍图像中绝缘子均已模糊,其中 0.34 mrad 设备所拍图像虽能勉强分辨局部发热区域,但由于图像比较模糊,很容易发生漏判。

其他绝缘子红外图谱随拍摄设备空间分辨率的变化规律一致,这里不再给出。

3) 空间分辨率及距离对发热幅值检测的影响

将各支缺陷绝缘子在不同测试距离下由不同空间分辨率设备测得的发热幅值数据列于表 3-4。发热幅值为发热区域温度最大值与基准位置温度的差值,基准点统一选取为绝缘子中部无发热区域。由图 3-8 可知,当测试距离较远时,由于绝缘子图像清晰度下降,测得的发热幅值会失真,此时对于发热幅值较高的缺陷绝缘子从图谱上仍能分辨发热的存在,发热幅值较低的缺陷绝缘子则无法分辨发热,因此对已无法分辨发热的图谱,表 3-4 中不再给出具体的发热幅值,而是用"N"表示,并将相应位置标成灰色。又由图 3-8(i) 可知,在一些测试距离下红外图谱已出现一定程度的模糊,虽然发热区域能够辨识,但较容易发生漏判,对这部分图谱,表 3-4 中给出发热幅值,并将对应位置标成橙色。

由表 3-4 可知:

(1) 随着测试距离的增加,发热幅值测试数值减小。因此,为了提升发热幅值测试的准确度,应在设备能够对焦的前提下尽量靠近被测绝缘子。

表 3-4 不同测试距离及不同空间分辨率设备发热幅值测试结果

试品	空间分辨率 0.895 mrad						空间分辨率 0.68 mrad						空间分辨率 0.34 mrad					
	5	10	15	20	25	30	5	10	15	20	25	30	5	10	15	20	25	30
N-1	14.4	11	8.4	7.7	6.7	N	19.1	13.3	10.1	8.9	8.2	N	21.7	20.1	16	16	14.1	14
N-2	2.7	2.8	N	N	N	N	5.6	3.4	2.2	2.9	N	N	7.2	6.9	5.7	5.1	5.1	5.5
N-3	1.6	1.3	N	N	N	N	2.5	2.4	1.1	1.2	N	N	3.5	2.9	1.9	1.9	1.1	0.6
A-1	2.3	1.8	1.8	1.1	N	N	4.1	2.6	2.5	1.4	N	N	5.2	3.9	3.2	3.4	3.0	1.5
A-2	3.2	2.8	N	N	N	N	4.3	4.1	2.7	N	N	N	20.7	9.9	5.9	5.5	3.7	2.5
A-3	5.9	5.0	3.6	1.7	N	N	5.9	6.0	3.4	2.5	N	N	7.2	6.1	5.2	4.9	3.6	3.4
A-4	9.6	6.0	5.4	3.8	2.3	2.8	9.9	6.5	5.5	3.1	2.5	2.6	11.1	10.6	9.0	8.2	7.9	6.7
A-5	6.1	3.5	2.3	N	N	N	6.2	3.5	1.6	N	N	N	10.7	9.4	8.2	6.2	5.3	5.1

(2) 更小空间分辨率测试设备测得的发热幅值更高。如酥朽缺陷绝缘子 N-1,在 5 m 测试距离下,0.895 mrad 红外设备测得的发热幅值为 14.4 K,而 0.34 mrad 红外设备测得的发热幅值为 21.7 K。

(3) 对于发热幅值较大的绝缘子,可以在较远距离下实现异常的检出,如酥朽缺陷绝缘子 N-1 和 A-4,0.895 mrad 红外设备在 25 m 距离下仍能分辨发热区域;而发热幅值较低的绝缘子,如 A-2,0.895 mrad 红外设备在 15 m 距离下已无法识别发热区域。

4) 参数选择讨论

合理测试距离下绝缘子表面温度不应出现震荡,否则会出现发热幅值失真。对带护套直径为 D 的芯棒,用焦距为 L_{en}、像元距离为 A_p 的红外镜头在距离 d 处进行测试,芯棒直径方向所占像素点数量 m 可按式(3-1)和式(3-2)计算:

$$S_r = \frac{A_p}{L_{en}} \tag{3-1}$$

$$m = \frac{D}{S_r \times d} \tag{3-2}$$

其中,S_r 为镜头的空间分辨率。Φ18 芯棒 220 kV 绝缘子的护套厚度一般为 4 mm,带护套芯棒直径为 26 mm,在 0.895 mrad 空间分辨率镜头下,不同距离芯棒宽度方向所占像素点数量 m 如表 3-5 所示。

表 3-5 不同距离下带护套 Φ18 芯棒在 0.895 mrad 空间分辨率镜头所占像素个数

测试距离/m	5	10	15	20	25	30
像素数量/个	5.81	2.90	1.94	1.45	1.16	0.97

由表 3-5 可知,距离为 15 m 时芯棒宽度方向占有 1.94 个像素点,局部区域两个像素点都受天空背景影响,导致温度曲线出现突降(见图 3-7(c))。距离为 10 m 时芯棒所占像

素点为 2.9 个,可保证至少一个像素点温度不受背景影响。距离超过 15 m 甚至进一步增大时,芯棒所占像素点数量越来越少,导致图 3-7(d)至图 3-7(f)中温度突降现象更为突出。

根据式(3-2)可知规格越粗的芯棒,当满足芯棒投射像素点不少于 2 个时,所对应的测试距离越大。为便于现场实施,对于 Φ18 规格芯棒的绝缘子及 0.895 mrad、0.68 mrad、0.34 mrad 三种空间分辨率设备,当芯棒投射像素点数量不少于 2 时,对应的距离分别为 14.5 m、19.1 m、38.2 m,在此距离内可避免复合绝缘子表面温度出现震荡。

从提升发热幅值测试准确度的角度出发,虽然测试距离越小越好,但测试距离过小一方面会增大测试安全风险,另一方面受外界可见光的干扰将会更强。因此在确保检出各类发热缺陷的基础上,通常选择较大的测试距离。由表 3-4 可知,当缺陷发热幅值较高时,无人机可在更远距离下检出发热,但现场相当部分缺陷的发热幅值没有超过 5 K,为了确保对复合绝缘子不同发热幅值缺陷的检出,以发热幅值较低的缺陷作为控制条件,建议对空间分辨率为 0.895 mrad 和 0.68 mrad 的无人机红外测试设备,测试距离不超过 10 m;对空间分辨率为 0.34 mrad 的设备,测试距离不超过 20 m。在此距离下,可以保证测试图像的清晰度,避免绝缘子表面温度曲线突降带来的干扰,并保证对不同发热幅值发热缺陷的有效辨识。

5) 现场测试距离的控制

目前普通的无人机无法实时确定自身到被测绝缘子的距离,这给测试距离控制带来困扰,而通过控制被测绝缘子在测试画面中的占比可实现距离的控制。当前常用的红外设备分辨率为 640×480 和 1024×768,前者测试画面高度方向为 480 个数据,后者测试画面高度方向为 768 个数据。通过式(3-3)可以确保绝缘子测试距离满足要求:

$$R \geqslant H/(S_r \cdot D_s \cdot H_r) \quad (3-3)$$

其中,R 为被试绝缘子在测试画面中的占比,H 为被测绝缘子高度,S_r 为红外镜头空间分辨率,D_s 为测试距离,H_r 为红外设备高度方向分辨率。

空间分辨率为 0.895 mrad 和 0.68 mrad 的设备,取测试距离为 10 m,空间分辨率为 0.34 mrad 的设备,取测试距离为 20 m;此外,500 kV、220 kV、110 kV 绝缘子结构高度分别选择较大的 4900 mm、2470 mm、1440 mm。此时,红外测试画面复合绝缘子高度方向推荐占比见表 3-6。

观察表 3-6 不难发现,高度占比计算结果和高度方向推荐占比部分数据大于 1,其含义为在推荐距离下,绝缘子高度方向所占据的温度测点数量超过了红外设备画面高度方向的点数,此时应控制红外设备画面,使其高度方向仅拍摄一部分绝缘子。如 0.34 mrad、分辨率为 640×480 的设备,对于 500 kV 复合绝缘子,建议使绝缘子 2/3 高度占满整个红外画面的屏幕。考虑到现场发热缺陷可能存在于绝缘子中部的情况,此时应对 500 kV 绝缘子进行两次测试,一次关注高压侧及中部,另一次关注中部及低压侧。

需要指出的是,表 3-6 中,拍摄对象画面高度方向推荐占比数据与高度占比计算结果数据相近,目的是使相应数据便于现场测试人员控制。

表 3-6 复合绝缘子红外拍摄高度方向推荐占比

绝缘子电压等级/kV	500			220			110		
结构高度/mm	4900			2470			1440		
空间分辨率/mrad	0.34	0.68	0.895	0.34	0.68	0.895	0.34	0.68	0.895
推荐测试距离/m	20	10	10	20	10	10	20	10	10
高度占比计算结果（640×480）	150.12%	150.12%	114.06%	75.67%	75.67%	57.50%	44.12%	44.12%	33.52%
拍摄对象画面高度方向推荐占比（640×480）	3/2	3/2	5/4	3/4	3/4	3/5	1/2	1/2	1/3
高度占比计算结果（1024×768）	93.83%	93.83%	71.29%	47.30%	47.30%	35.93%	27.57%	27.57%	20.95%
拍摄对象画面高度方向推荐占比（1024×768）	1	1	3/4	1/2	1/2	2/5	1/3	1/3	1/5

3.2 环境及电压对复合绝缘子缺陷发热幅值的影响

复合绝缘子的异常发热现象可能与硅橡胶和芯棒的老化、伞套表面的污秽等因素有关，但外界环境中的湿度、风速等对红外温度检测结果的影响也很显著。因此，本节在不同环境湿度、电压幅值和风速条件下对热缺陷复合绝缘子进行耐压试验，并从发热区间、发热形状、温差等方面分析不同类型热缺陷复合绝缘子的温度特征；同时，对温度曲线进行比较分析，提取不同类型热缺陷复合绝缘子的温度特征量。

3.2.1 试品

本项目采用 12 支 220 kV 热缺陷复合绝缘子进行研究，其中现场护套老化受潮复合绝缘子 6 支，芯棒酥朽复合绝缘子 6 支。由于现场运行后的绝缘子较易涂污，同时护套老化受潮复合绝缘子的发热位置仅为绝缘子高压端，且发热幅值较低，故将其中 2 支护套老化受潮复合绝缘子清洗后进行人工涂污。采用固体涂层法人工构建这 2 支表面积污复合绝缘子，盐密分别为 0.08 mg/cm² 和 0.12 mg/cm²，盐密与灰密之比为 1:6，由氯化钠模拟导电物质以及硅藻土模拟不溶性物质。

将以上热缺陷复合绝缘子试样分为 3 组，编号分别为Ⅰ，Ⅱ，Ⅲ，其中，Ⅰ组表示护套老化受潮复合绝缘子，Ⅱ组表示芯棒酥朽复合绝缘子，Ⅲ组表示表面积污复合绝缘子。每组中的试样编号用阿拉伯数字表示，即护套老化受潮复合绝缘子试样编号为Ⅰ-1~Ⅰ-4，芯棒酥朽复合绝缘子试样编号为Ⅱ-1~Ⅱ-6，表面积污复合绝缘子试样编号为Ⅲ-1~Ⅲ-2。三类热缺陷复合绝缘子试样的基本信息如表 3-7 所示，试品概况如图 3-9 所示。护套老化受潮复合绝缘子均来自 CG 线,并且为同一型号复合绝缘子。该类绝缘子伞型为一大一小结构,共 29 片大伞裙和 28 片小伞裙。由于复合绝缘子芯棒酥朽的概率较低,表中试样是从各个线路收集所得,其中Ⅱ-1 和Ⅱ-2 来自 ZJ 电网,Ⅱ-3～Ⅱ-6 来自 FJ 电网,各个试样的结构参数均不相同。

表 3-7 热缺陷复合绝缘子的基本信息

热缺陷类型	编号	绝缘子位置
护套老化受潮发热	Ⅰ-1	CG 线-21#-上相
	Ⅰ-2	CG 线-16#-上相
	Ⅰ-3	CG 线-8#-上相
	Ⅰ-4	CG 线-9#-下相
芯棒酥朽发热	Ⅱ-1	T 线-55#
	Ⅱ-2	T 线-55#
	Ⅱ-3	TQ 变
	Ⅱ-4	T 线-55#
	Ⅱ-5	CX 线-15#-中相
	Ⅱ-6	LC 线-19#-中相
表面积污发热	Ⅲ-1	人工模拟(盐密为 0.08 mg/cm^2)
	Ⅲ-2	人工模拟(盐密为 0.12 mg/cm^2)

 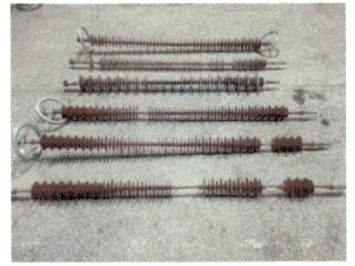 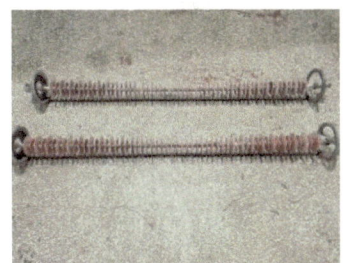

(a) 护套老化受潮　　　　(b) 芯棒酥朽　　　　(c) 表面积污

图 3-9 热缺陷复合绝缘子试品概况

3.2.2 外观检查

对护套老化受潮复合绝缘子进行外观检查发现,绝缘子的伞裙无异常破损,伞裙表面存在明显粉化现象;粉化层呈粉红色,上面存在大量的裂纹,从裂纹的深度可推断粉化层较厚,粉化较为严重;伞裙表面污秽层和粉化层共存,黑色的污秽层在粉化层上方;伞裙上表面较积污比下表面严重,颜色更深;从不同方向观察绝缘子护套表面的颜色可发现,整串绝缘子迎风侧的护套较其他方向更黑,说明迎风测的积污更严重(见图 3-10)。

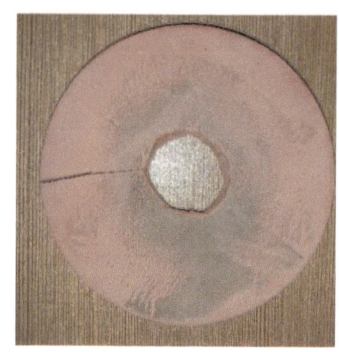

(a) 伞裙上表面　　　　(b) 整体外观　　　　(c) 伞裙下表面

图 3-10　护套老化受潮复合绝缘子外观检查

对芯棒酥朽复合绝缘子进行外观检查发现，Ⅱ-1，Ⅱ-3，Ⅱ-4 和 Ⅱ-5 护套表面都存在一侧发黑且出现明显电蚀痕迹，而另一侧表面干净且无电蚀痕迹的现象；Ⅱ-2，Ⅱ-3 和 Ⅱ-6 芯棒与护套之间严重不粘；对 Ⅱ-2 绝缘子 27#～32# 伞裙进行剥离时发现，芯棒与护套的粘接强度差，护套较容易剥离；Ⅱ-6 绝缘子 13#～15# 伞裙位置处芯棒和护套的界面已完全被破坏，当界面的气密性被破坏后该绝缘子极易在高湿度、高电场强度条件下产生局部放电；Ⅱ-1～Ⅱ-3 芯棒颜色逐渐发黑甚至碳化，其中 Ⅱ-1 和 Ⅱ-2 芯棒酥朽的程度较低，芯棒正逐渐由翠绿色向黑色转变，Ⅱ-3 芯棒酥朽的程度较为严重，护套表面出现了电蚀孔洞，且芯棒表面出现明显的碳化，质地如同朽化的木头；此外，Ⅱ-2 和 Ⅱ-4 芯棒表面还出现了丝状的纤维状物质（见图 3-11）。

综合而言，芯棒酥朽复合绝缘子的外观特征可归类如下：

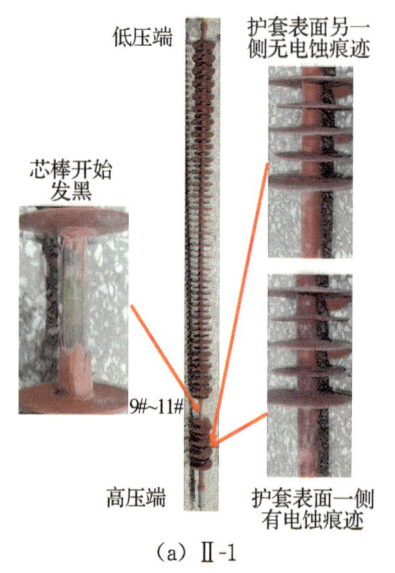
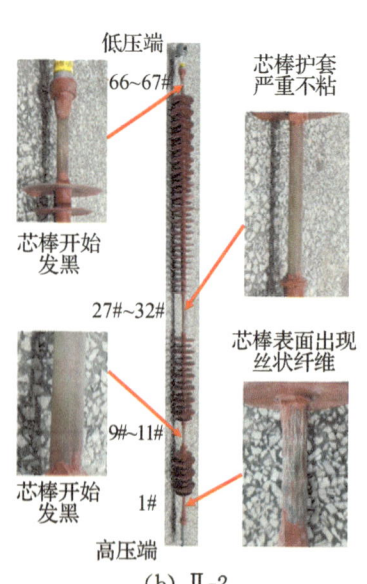

(a) Ⅱ-1　　　　　　　　　　　(b) Ⅱ-2

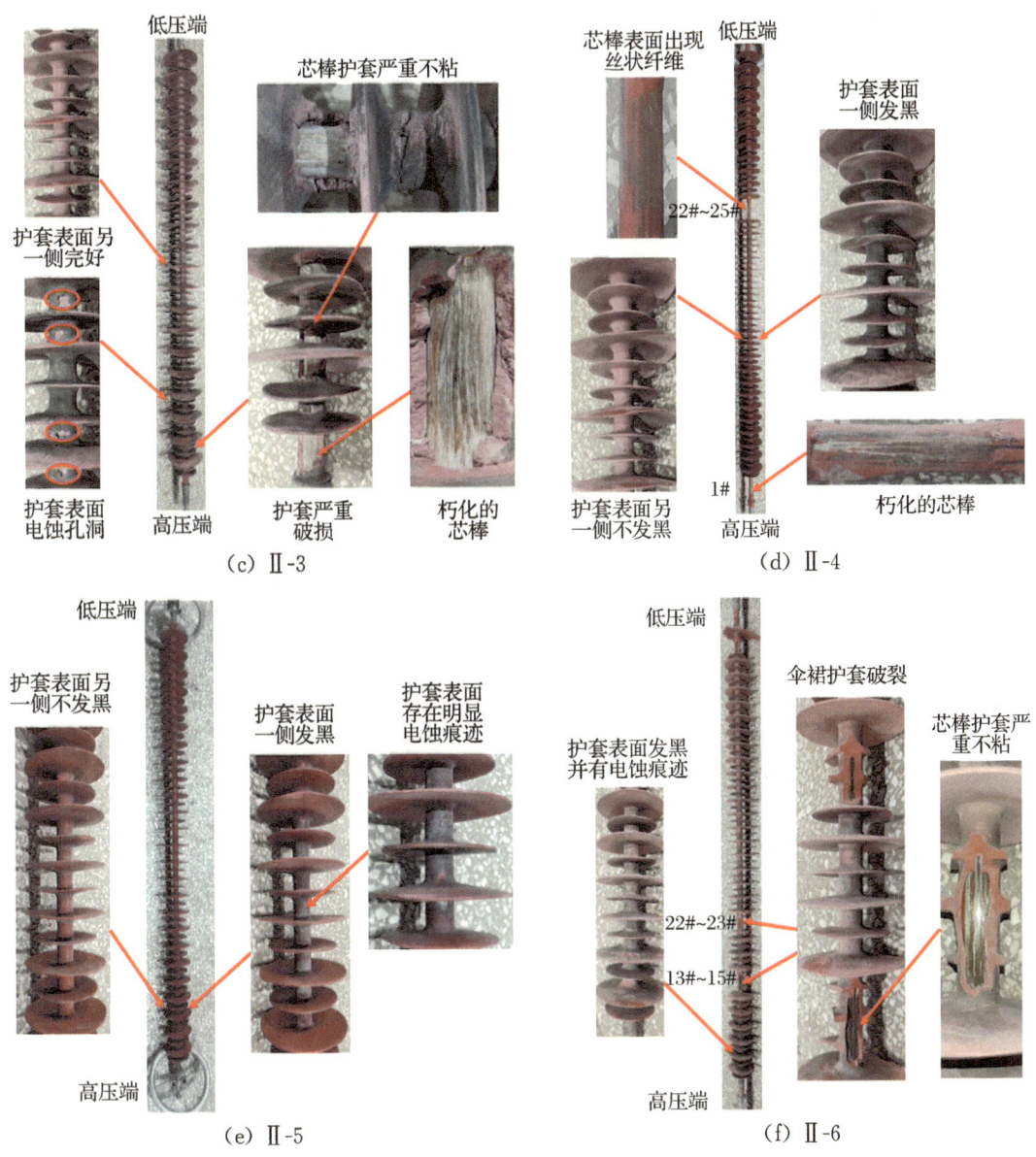

图 3-11 芯棒酥朽复合绝缘子外观检查

(1) 护套表面发黑或出现明显的电蚀痕迹,甚至出现电蚀孔洞;
(2) 芯棒与护套的粘接强度下降,界面性能被破坏;
(3) 芯棒表面颜色逐渐发黑甚至出现碳化痕迹;
(4) 芯棒表面出现丝状的纤维物质,质地如同朽化的木头。

利用固体涂层法人工模拟表面积污复合绝缘子如图 3-12 所示,不难看出污秽在绝缘子表面涂抹得较为均匀。

(a) Ⅲ-1　　　　　　　　　　　(b) Ⅲ-2

图 3‑12　表面积污复合绝缘子外观检查

3.2.3　憎水性分级和表面污秽度测量

在进行电气试验前,对护套老化受潮和芯棒酥朽复合绝缘子进行了憎水性分级试验和等值盐密测量。从每支绝缘子的高压端、中部、低压端各取一片伞裙进行测量,憎水性分级试验示意图如图 3‑13 所示,憎水性等级测量结果如表 3‑8 所示。不难看出,护套老化受潮复合绝缘子憎水性良好,除黑色污秽部分,伞裙表面均为分离的水珠;Ⅱ-1,Ⅱ-2 和 Ⅱ-4 憎水性几乎丧失,而Ⅱ-3 和 Ⅱ-6 憎水性相对良好,说明硅橡胶的制作工艺和组成成分与复合绝缘子的憎水性息息相关。

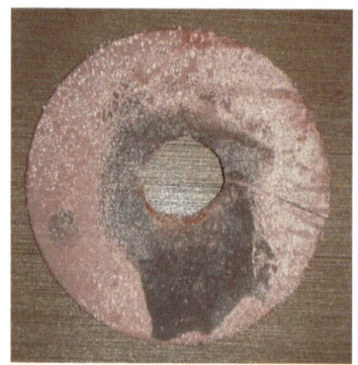
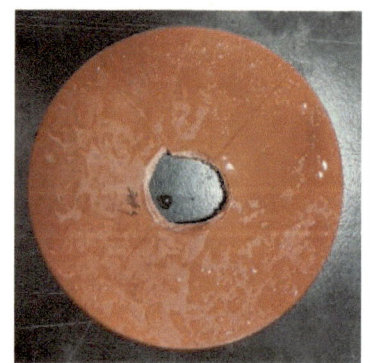

(a) Ⅰ-1　　　　　　　　　　　(b) Ⅱ-1

图 3‑13　憎水性分级试验示意图

表 3‑8　憎水性等级测量结果

复合绝缘子	憎水性等级		
	高压端	中部	低压端
Ⅰ-1	HC2	HC1	HC2
Ⅰ-2	HC2	HC2	HC2
Ⅰ-3	HC2	HC2	HC2
Ⅰ-4	HC2	HC2	HC1

续表 3-8

复合绝缘子	憎水性等级		
	高压端	中部	低压端
Ⅱ-1	HC5	HC4	HC5
Ⅱ-2	HC6	HC6	HC6
Ⅱ-3	HC3	HC2	HC2
Ⅱ-4	HC6	HC5	HC5
Ⅱ-5	HC4	HC3	HC4
Ⅱ-6	HC3	HC2	HC2

复合绝缘子等值盐密测量结果如表 3-9 所示。其中,护套老化受潮复合绝缘子的等值盐密最大值为 0.035 mg/cm², 最小值为 0.016 mg/cm²。护套老化受潮复合绝缘子憎水性良好,污秽较轻,基本可以排除表面电导损耗引起的发热。芯棒酥朽复合绝缘子表面积污程度基本大于护套老化受潮复合绝缘子,但污秽沿串分布无明显规律,由于部分芯棒酥朽复合绝缘子的憎水性基本丧失,高湿条件下表面电导损耗会逐渐增加。

表 3-9 复合绝缘子等值盐密测量结果

复合绝缘子	$\rho_{ESDD}/(\mathrm{mg \cdot cm^{-2}})$		
	高压端	中部	低压端
Ⅰ-1	0.035	0.019	0.026
Ⅰ-2	0.021	0.027	0.018
Ⅰ-3	0.032	0.025	0.021
Ⅰ-4	0.025	0.016	0.019
Ⅱ-1	0.042	0.023	0.031
Ⅱ-2	0.051	0.021	0.033
Ⅱ-3	0.031	0.025	0.020
Ⅱ-4	0.039	0.028	0.027
Ⅱ-5	0.056	0.024	0.037
Ⅱ-6	0.065	0.043	0.038

3.2.4 环境湿度对热缺陷复合绝缘子温度特性的影响

护套老化受潮方面,不同环境湿度下Ⅰ-1 和Ⅰ-2 温升稳定后的红外热像图如图 3-14 所示(Ⅰ-1 在上,Ⅰ-2 在下),Ⅰ-3 和Ⅰ-4 温升稳定后的红外热像图如图 3-15 所示(Ⅰ-3 在上,Ⅰ-4 在下)。从红外热像图可知,护套老化受潮复合绝缘子发热位置均处于高压端,而中部和低压端没有出现异常发热现象。由于发热区间较短,护套老化受潮复合绝缘子的发热区间相对于整根绝缘子的长度可视为点状发热。当相对湿度为50%时,4支复合绝缘子发热区间均为高压端金具至第一片大伞群;当相对湿度提高至90%时,4支复合绝缘子的第一片大伞群至第二片大伞群间也出现了异常发热现象,说明湿度的增加会引起护套老化受潮复合绝缘子发热区间的增加。

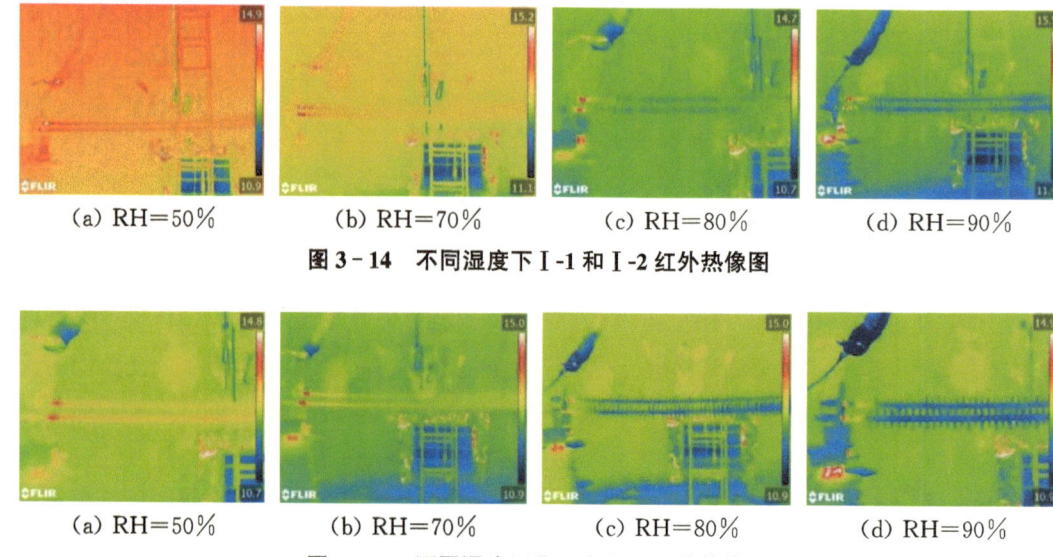

(a) RH=50%　　(b) RH=70%　　(c) RH=80%　　(d) RH=90%

图 3-14　不同湿度下Ⅰ-1 和Ⅰ-2 红外热像图

(a) RH=50%　　(b) RH=70%　　(c) RH=80%　　(d) RH=90%

图 3-15　不同湿度下Ⅰ-3 和Ⅰ-4 红外热像图

不同环境湿度下护套老化受潮复合绝缘子的温差计算结果如表 3-10 所示,温差随环境湿度变化的规律如图 3-16 所示。护套老化受潮复合绝缘子在相对湿度为 50% 时的温差分别为 0.8 ℃、0.6 ℃、0.9 ℃ 和 0.7 ℃,温差均小于 1 ℃,说明在低湿条件下,4 支复合绝缘子均符合标准 DL/T 664—2016 的要求。但随着湿度的增加,护套老化受潮复合绝缘子的发热情况愈加严重。当相对湿度提高至 90% 时,Ⅰ-1、Ⅰ-3 和Ⅰ-4 的温差均大于 2 ℃,其中Ⅰ-3 的温差高达 4.3 ℃。随着环境湿度的提高,运行老化后的硅橡胶易吸收空气中的水分而受潮,导致高压端在电场的作用下极化损耗增加,因此复合绝缘子发热加剧。

表 3-10　不同湿度下护套老化受潮复合绝缘子的温差

复合绝缘子	温差/℃			
	RH=50%	RH=70%	RH=80%	RH=90%
Ⅰ-1	0.8	1.5	1.8	2.4
Ⅰ-2	0.6	1.0	1.5	1.9
Ⅰ-3	0.9	1.5	2.7	4.3
Ⅰ-4	0.7	1.4	1.7	2.7

当相对湿度从 50% 提高至 70% 时,护套老化受潮复合绝缘子的平均温差增加了 80%,而当相对湿度从 70% 提高至 90% 时,平均温差增加了 109%。由此可说明,环境湿度对护套

老化受潮复合绝缘子的温差影响较大,且高湿度条件下绝缘子的温差增幅更加明显。运行现场湿度的变化同样对复合绝缘子发热状态有显著影响。当天气晴朗、湿度较小时,复合绝缘子极化损耗功率减少,温差降低甚至消失;当在雨天或高温环境下,复合绝缘子受潮后高压端护套极化损耗增大,温差大幅上升。因此现场红外巡检应选择在晴朗天气下开展,避免因湿度影响导致对复合绝缘子发热状态的误判。

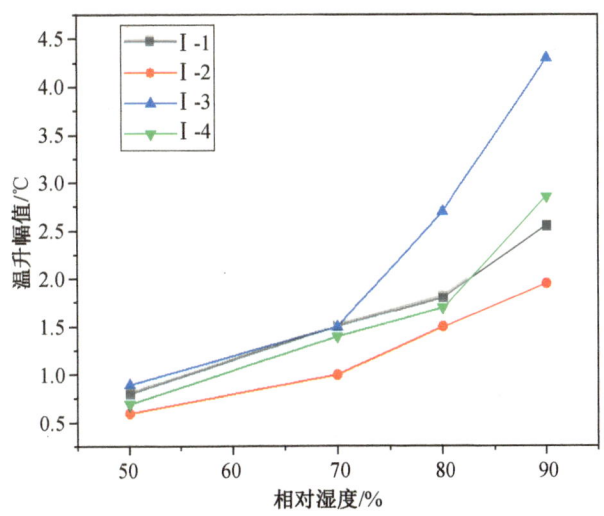

图 3-16 护套老化受潮复合绝缘子温差随环境湿度变化的规律

芯棒酥朽方面,不同环境湿度下Ⅱ-1~Ⅱ-6温升稳定后的红外热像图如图3-17、图3-18和图3-19所示,且三幅图中上方绝缘子分别为Ⅱ-1,Ⅱ-3和Ⅱ-5,下方绝缘子分别为Ⅱ-2,Ⅱ-4和Ⅱ-6。从红外热像图可知,芯棒酥朽复合绝缘子的发热区间范围较广,高压端、中部和低压端均存在异常发热现象。以 RH=70%时的芯棒酥朽复合绝缘子发热区间为例,Ⅱ-1,Ⅱ-2和Ⅱ-5发热区间约占整支绝缘子长度的1/2,且Ⅱ-2低压端也出现了异常发热情况,这与外观检查时发现其低压端芯棒发黑相互印证;而Ⅱ-3和Ⅱ-6发热区间约占整支绝缘子长度的1/3。由此可发现,芯棒酥朽复合绝缘子发热区间远远大于护套老化受潮复合绝缘子发热区间。由于发热区间较长,芯棒酥朽复合绝缘子发热形状相对于整支复合绝缘子的长度可视为段状发热。

观察图3-18(a)和(d)发现,当相对湿度为50%时,Ⅱ-3高压端金具至15#伞裙和Ⅱ-4高压端护套破损部分出现异常发热,而当相对湿度提高至90%时,Ⅱ-3的22#~38#伞裙和Ⅱ-4的3#~12#伞裙间出现了原本低湿度下不存在的异常发热现象。观察图3-19(a)和(d)发现,当相对湿度为50%时,Ⅱ-5的4#~13#伞裙区间温升较弱,但随着湿度的提高,4#~13#伞裙区间的温升愈加明显。这些现象可能是由于复合绝缘子表面污秽逐渐湿润,泄漏电流增大而引起。

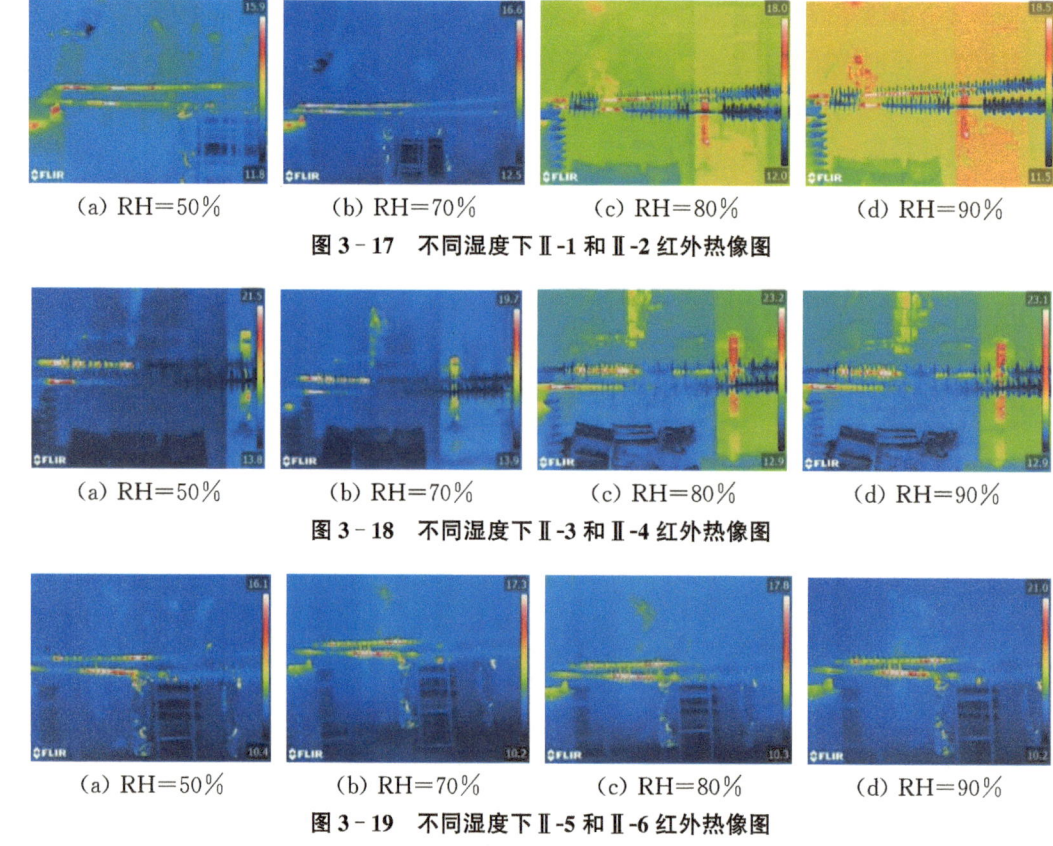

(a) RH=50%　　(b) RH=70%　　(c) RH=80%　　(d) RH=90%

图 3-17　不同湿度下Ⅱ-1 和Ⅱ-2 红外热像图

(a) RH=50%　　(b) RH=70%　　(c) RH=80%　　(d) RH=90%

图 3-18　不同湿度下Ⅱ-3 和Ⅱ-4 红外热像图

(a) RH=50%　　(b) RH=70%　　(c) RH=80%　　(d) RH=90%

图 3-19　不同湿度下Ⅱ-5 和Ⅱ-6 红外热像图

不同湿度下芯棒酥朽复合绝缘子的温差计算结果如表 3-11 所示，温差随环境湿度变化的规律如图 3-20 所示。相对湿度为 50% 条件下，芯棒酥朽复合绝缘子的发热情况已非常严重，平均温差达到了 17.9 ℃。试验中出现 5 支复合绝缘子的温差高于 10 ℃，其中Ⅱ-3 和Ⅱ-6 温差分别达到了 36.7 ℃ 和 21.7 ℃。在低湿条件下，护套老化受潮复合绝缘子温差均小于 1 ℃，而芯棒酥朽复合绝缘子发热明显，故低湿条件下的温差是芯棒酥朽复合绝缘子区别于护套老化受潮复合绝缘子的重要特征。由于低湿条件下极化损耗和泄漏电流引起的发热可忽略不计，这即说明芯棒自身缺陷是其异常发热的根本原因，而非环境湿度提高引起的虚假发热。

表 3-11　不同湿度下芯棒酥朽复合绝缘子的温差

复合绝缘子	温差/℃			
	RH=50%	RH=70%	RH=80%	RH=90%
Ⅱ-1	14.9	18.7	22.7	29.3
Ⅱ-2	6.1	9.3	15.9	20.5
Ⅱ-3	36.7	42.9	44.2	47.2
Ⅱ-4	13.8	16.2	21.5	27.4

续表 3-11

复合绝缘子	温差/℃			
	RH=50%	RH=70%	RH=80%	RH=90%
Ⅱ-5	14.2	19.2	21.6	24.9
Ⅱ-6	21.7	28.3	32.3	38.3

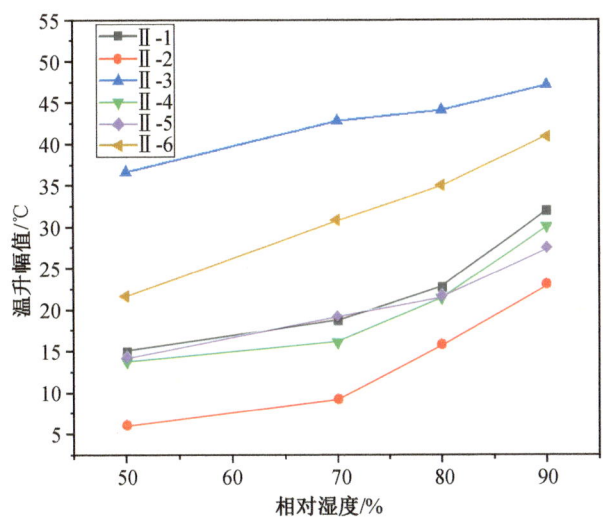

图 3-20 芯棒酥朽复合绝缘子温差随环境湿度变化的规律

当相对湿度分别提高至 70%,80% 和 90% 时,芯棒酥朽复合绝缘子的平均温差分别增加至 22.4 ℃,26.4 ℃ 和 31.3 ℃。由此可说明,随着环境湿度的提高,芯棒酥朽复合绝缘子的温差逐渐增加。当相对湿度从 50% 提高至 70% 时,芯棒酥朽复合绝缘子的平均温差增加了 25.14%;当相对湿度从 70% 提高至 90% 时,平均温差增加了 39.73%。结果表明,环境湿度对芯棒酥朽复合绝缘子的影响程度小于护套老化受潮复合绝缘子。

从表 3-11 中还可以得知,在不同环境湿度下 Ⅱ-3 的温差均为最大,而从图 3-11 芯棒酥朽复合绝缘子外观检查中也可以看出 Ⅱ-3 芯棒酥朽的程度最为严重,这说明温差是表征复合绝缘子芯棒缺陷状态的重要参量。环境湿度对不同酥朽状态的复合绝缘子温差影响程度也各不相同。对于芯棒酥朽较轻的 Ⅱ-2,当相对湿度从 50% 提高至 90% 时,温差增加了 236.07%,而对于芯棒酥朽较重的 Ⅱ-3,当相对湿度从 50% 提高至 90% 时,温差仅增加了 28.61%。由此可知,芯棒劣化程度越轻,温差更易受环境湿度的影响;芯棒劣化程度越严重,温差受环境湿度的影响越小。

表面积污方面,不同环境湿度下 Ⅲ-1 和 Ⅲ-2 温升稳定后的红外热像图如图 3-21 所示,其中上方绝缘子为 Ⅲ-1,下方绝缘子为 Ⅲ-2。从红外热像图中可知,相对湿度在 80% 及以下时,表面积污复合绝缘子的发热区间均集中在绝缘子高压侧半段,低压侧半段未出现异常发热现象;当相对湿度提高至 90% 和 100% 时,复合绝缘子各处均出现了不同程度的发热情况,这是由于相对湿度增加至90%及以上时,复合绝缘子表面污秽得到了充分湿润,表面电流急剧增大而引起发热。当相对湿度为70%时,Ⅲ-1发热区间为高压端金具至15#伞裙,Ⅲ-2发热区间为高压端金具至18#伞裙,由此可看出,同一环境湿度下,复合绝缘子表面污秽越重,其发热区间越长。从发热形状来看,表面积污复合绝缘子也可视为段状发热。

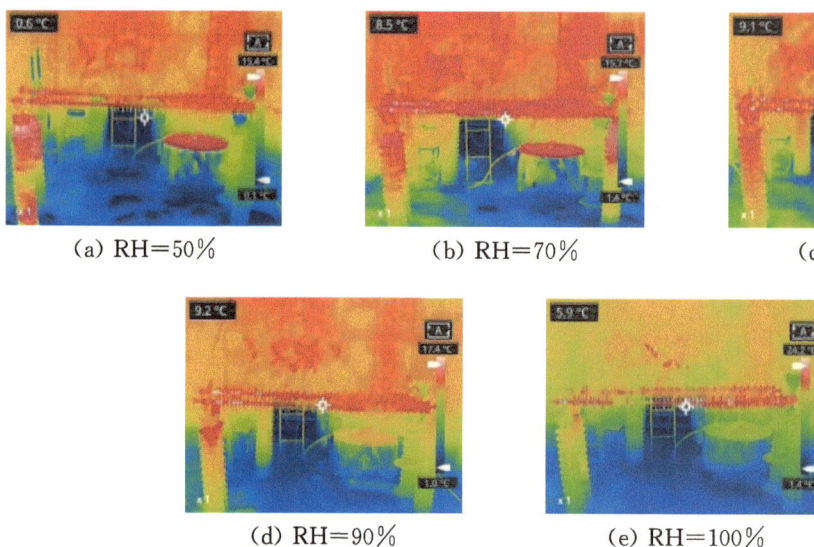

图3-21 不同湿度下Ⅲ-1和Ⅲ-2红外热像图

不同湿度条件下表面积污复合绝缘子的温差计算结果如表3-12所示,温差随环境湿度变化的规律如图3-22所示。在相同环境湿度下,Ⅲ-2温差均高于Ⅲ-1温差,说明温差会随着盐密的增大而升高。当相对湿度为50%时,表面积污复合绝缘子的温差在5℃左右,高于护套老化受潮复合绝缘子。需要指出的是,随着污秽等级的提高,表面积污复合绝缘子的温差会继续增大,当复合绝缘子表面严重积污时,其温差和芯棒酥朽复合绝缘子大抵相近。

表3-12 不同湿度下表面积污复合绝缘子的温差

复合绝缘子	温差/℃				
	RH=50%	RH=70%	RH=80%	RH=90%	RH=100%
Ⅲ-1	4.9	6.4	7.1	8.7	11.5
Ⅲ-2	5.6	8.6	9.6	12.2	17.3

随着环境湿度的提高,表面积污复合绝缘子的温差逐渐增加。当相对湿度分别提高至70%、80%、90%和100%时,表面积污复合绝缘子的平均温差分别增加至7.5℃、8.4℃、10.5℃和14.4℃。由于干燥条件下复合绝缘子表层污秽电阻较大,泄漏电流较小,因此温差较小,而湿度的增加使得空气中的水分不断侵入表层污秽,导致复合绝缘子泄漏电流增大,温差逐渐增加。

当相对湿度从50%提高至70%时,表面积污复合绝缘子的平均温差增加了41.5%;而当相对湿度从70%提高至90%时,平均温差增加了40%。结果表明,随着环境湿度的增加,表面积污复合绝缘子的温差增幅基本保持稳定,且环境湿度对表面积污复合绝缘子的影响同样小于护套老化受潮复合绝缘子。当相对湿度从90%提高至100%时,虽然环境湿度只增加了10%,但温差仍然增加了37.14%,说明空气湿度达到饱和状态时复合绝缘子表面污秽将充分湿润,此时异常发热现象最为严重。

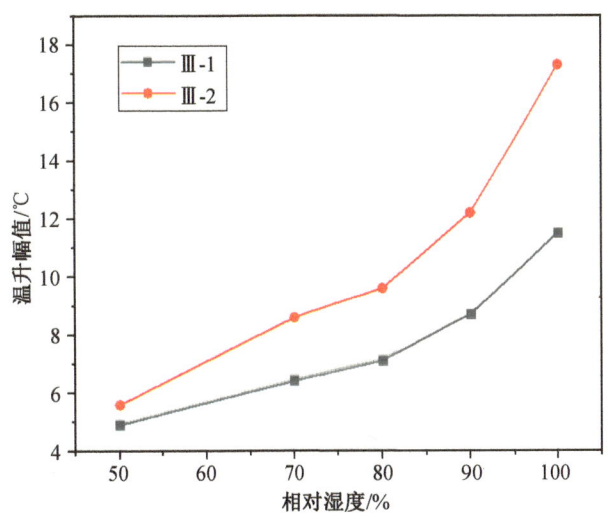

图3-22 表面积污复合绝缘子温差随环境湿度变化的规律

根据三类热缺陷复合绝缘子在不同湿度下的红外热像图像,可总结其在发热区间和发热形状上的特点。从发热区间长度来看,表面积污复合绝缘子和芯棒酥朽复合绝缘子的发热区间远大于护套老化受潮复合绝缘子。从发热区间分布来看,护套老化受潮复合绝缘子的发热区间集中在高压端金具至第二片大伞群,而芯棒酥朽复合绝缘子的高压端、中部和低压端均可能存在异常发热现象;对于表面积污复合绝缘子,在低湿条件下发热区间主要集中在复合绝缘子高压侧半段,而在高湿条件下整支复合绝缘子都会出现发热情况。同时,三类热缺陷复合绝缘子的发热区间随着湿度的提高均有着不同程度的增加。从发热形状来看,护套老化受潮复合绝缘子可视为点状发热,芯棒酥朽复合绝缘子和表面积污复合绝缘子可视为段状发热。

3.2.5 电压幅值对热缺陷复合绝缘子温度特性的影响

护套老化受潮方面,从红外热像图3-23和图3-24可知,当所施交流电压有效值为90 kV和110 kV时,4支复合绝缘子发热区间均为高压端金具至第一片大伞群间的区域;当所施交流电压有效值提高至130 kV和140 kV时,4支复合绝缘子的第一片大伞群至第二片大伞群间也逐渐出现了异常温升现象。由此说明随着电压幅值的提高,护套老化受潮复合绝缘子的发热区间逐渐增大,高压端的电场随着电压幅值的提高逐渐增强,使原本不发热的第一片大伞群间至第二片大伞群间的极化损耗增加而出现发热。

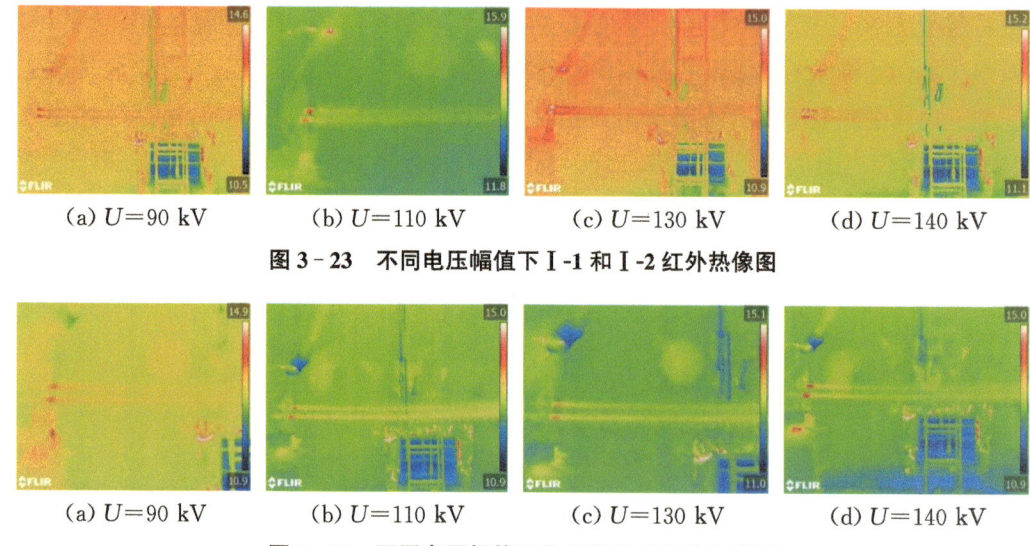

(a) $U=90$ kV　　(b) $U=110$ kV　　(c) $U=130$ kV　　(d) $U=140$ kV

图 3‑23　不同电压幅值下 I‑1 和 I‑2 红外热像图

(a) $U=90$ kV　　(b) $U=110$ kV　　(c) $U=130$ kV　　(d) $U=140$ kV

图 3‑24　不同电压幅值下 I‑3 和 I‑4 红外热像图

不同电压幅值下护套老化受潮复合绝缘子的温差计算结果如表 3‑13 所示,温差随电压幅值变化的规律如图 3‑25 所示。当输电线路的运行电压在额定电压上下±10%波动时,4 支护套老化受潮复合绝缘子的温差存在明显差异。当电压有效值为 110 kV(约为 0.9 倍额定电压)时,温差分别为 1.0 ℃,0.6 ℃,0.9 ℃和 0.8 ℃,此时 I‑2~I‑4 温差均小于 1 ℃,符合标准 DL/T 664—2016 的要求;当电压有效值提高至 140 kV(约为 1.1 倍额定电压)时,温差分别为 1.5 ℃,1.1 ℃,1.5 ℃和 1.4 ℃,绝缘子温差均超出标准范围。由此可看出,输电线路运行电压的波动将会严重影响工作人员对护套老化受潮复合绝缘子判断。

表 3‑13　不同电压幅值下护套老化受潮复合绝缘子的温差

复合绝缘子	温差/℃			
	90 kV	110 kV	130 kV	140 kV
I‑1	0.7	1.0	1.2	1.5
I‑2	0.4	0.6	0.8	1.1
I‑3	0.7	0.9	1.1	1.5
I‑4	0.7	0.8	1.1	1.4

从图 3‑25 可以看出,随着电压幅值的提高,护套老化受潮复合绝缘子的温差逐渐增加。运行老化后的硅橡胶吸湿受潮后极化损耗增加是导致护套老化受潮复合绝缘子发热的主要原因。交变电场作用下复合绝缘子的极化效应引起的介质损耗发热功率 P_1 可以用式(3‑4)表示:

$$P_1 = \omega U_d^2 C \tan\delta \tag{3-4}$$

其中,ω 为电压角频率,单位为 rad/s;U_d 表示复合绝缘子的分布电压,单位为 V;C 为复合绝缘子的等值电容,单位为 F;$\tan\delta$ 为工作温度下的介质损耗因数。

电压幅值的提高使得复合绝缘子高压端的 U_d 增大,导致介质损耗发热功率增加,从而引起温差的升高。由表 3-13 可知,当电压有效值从 110 kV 提高至 140 kV 时,Ⅰ-1～Ⅰ-4 平均温差提升了 66.67%,说明电压幅值提高引起的电场增强对护套老化受潮复合绝缘子异常发热至关重要。

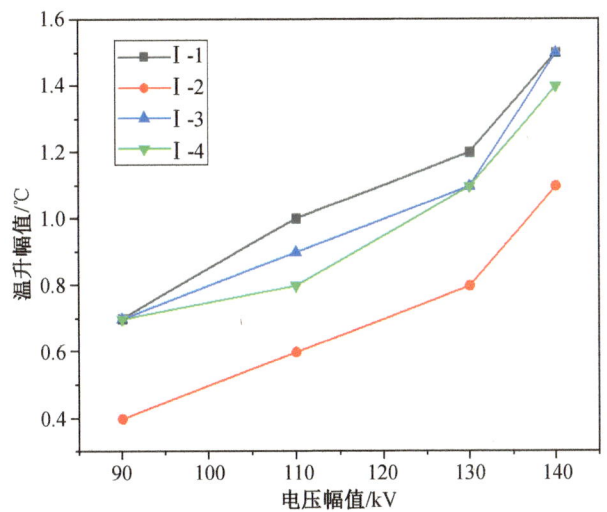

图 3-25　护套老化受潮复合绝缘子温差随电压幅值变化的规律

芯棒酥朽方面,从红外热像图 3-26、图 3-27 和图 3-28 可知,随着电压幅值的逐渐提高,芯棒酥朽复合绝缘子的发热区间基本保持不变。以 Ⅱ-1 和 Ⅱ-2 为例,当所施交流电压有效值为 90 kV 时,Ⅱ-1 高压端金具至 31♯伞裙和 Ⅱ-2 高压端金具至 27♯伞裙间出现了异常发热;当电压有效值提高至 140 kV 时,Ⅱ-1 和 Ⅱ-2 发热区间仍然相同。但要指出的是,随着电压幅值的逐渐增大,芯棒酥朽复合绝缘子异常发热更加严重。仍以 Ⅱ-1 和 Ⅱ-2 为例,当所施交流电压有效值为 90 kV 时,红外图像中 Ⅱ-1 的 6♯～12♯伞裙间颜色呈黄绿色,Ⅱ-2 高压端金具至 3♯伞裙间颜色呈红色包围白色,可知 Ⅱ-1 发热幅值较低,Ⅱ-2 发热区域中间温度高并向四周逐渐递减;当电压有效值提高至 140 kV 时,红外图像中 Ⅱ-1 的 6♯～12♯伞裙间颜色呈红色,Ⅱ-2 高压端金具至 3♯伞裙间颜色全为白色,这说明 Ⅱ-1 和 Ⅱ-2 轻度发热区间的温度明显升高。

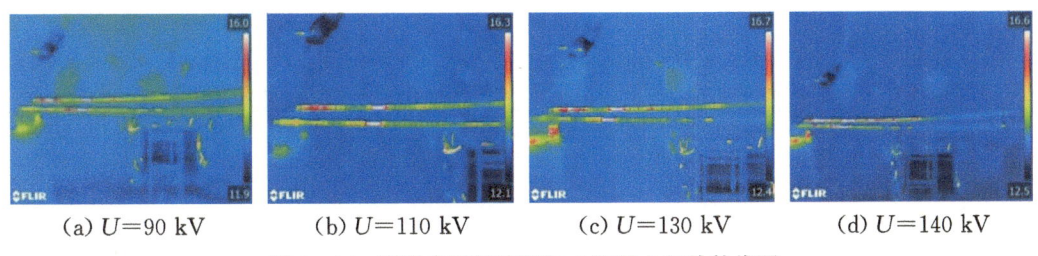

(a) $U=90$ kV　　(b) $U=110$ kV　　(c) $U=130$ kV　　(d) $U=140$ kV

图 3-26　不同电压幅值下 Ⅱ-1 和 Ⅱ-2 红外热像图

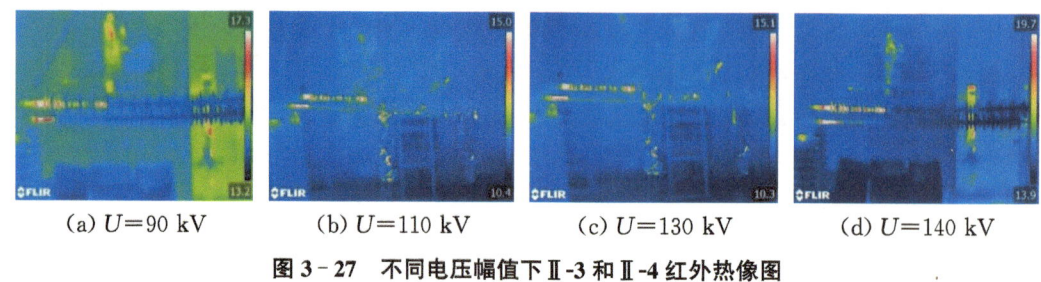

(a) U=90 kV　　(b) U=110 kV　　(c) U=130 kV　　(d) U=140 kV

图 3-27　不同电压幅值下 Ⅱ-3 和 Ⅱ-4 红外热像图

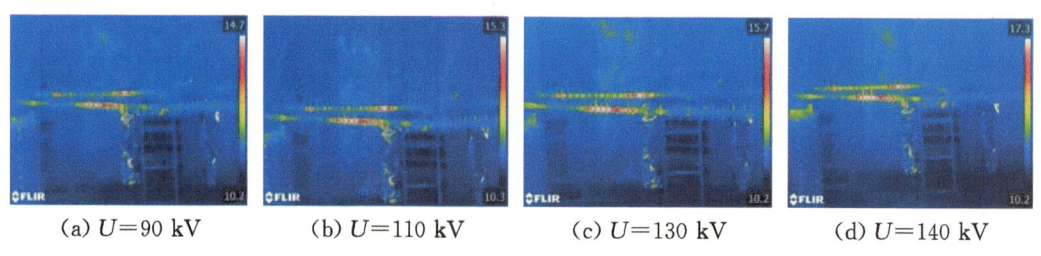

(a) U=90 kV　　(b) U=110 kV　　(c) U=130 kV　　(d) U=140 kV

图 3-28　不同电压幅值下 Ⅱ-5 和 Ⅱ-6 红外热像图

不同电压幅值下芯棒酥朽复合绝缘子的温差计算结果如表 3-14 所示,芯棒酥朽复合绝缘子温差随电压幅值变化的规律如图 3-29 所示。当电压有效值为 110 kV 时,芯棒酥朽复合绝缘子的发热情况非常严重,平均温差达到了 14 ℃。试验中出现了 4 支复合绝缘子的温差大于 10 ℃,其中 Ⅱ-3 温差达到了 30.6 ℃。当电压有效值提高至 140 kV 时,温差平均提高了 60.24%。对于酥朽最为严重的 Ⅱ-3,当电压幅值从 110 kV 提高至 140 kV 时,Ⅱ-3 温差提升最低,仅为 40.2%。由于 Ⅱ-3 芯棒酥朽最为严重,护套和芯棒的界面被严重破坏,空气中的水分极易侵入界面,导致该绝缘子在低电压下也能产生强烈的局部放电,从而引起较高的温升。

表 3-14　不同电压幅值下芯棒酥朽复合绝缘子的温差

复合绝缘子	温差/℃			
	90 kV	110 kV	130 kV	140 kV
Ⅱ-1	7.1	8.3	15.5	18.7
Ⅱ-2	5.8	6.2	7.3	9.3
Ⅱ-3	18.6	30.6	39.8	42.9
Ⅱ-4	5.0	10.3	13.6	16.2
Ⅱ-5	9.4	12.5	14.9	19.2
Ⅱ-6	12.5	16.1	20.6	28.3

表面积污方面,观察红外热像图 3-30 可知,随着电压幅值的逐渐提高,表面积污复合绝缘子的发热区间也在逐渐变大。当所施交流电压有效值为 90 kV 时,Ⅲ-1 和 Ⅲ-2 仅在高压端金具至 1#伞裙间出现较弱温升;随着电压升至 110 kV 和 130 kV,Ⅲ-1 高压端金具至

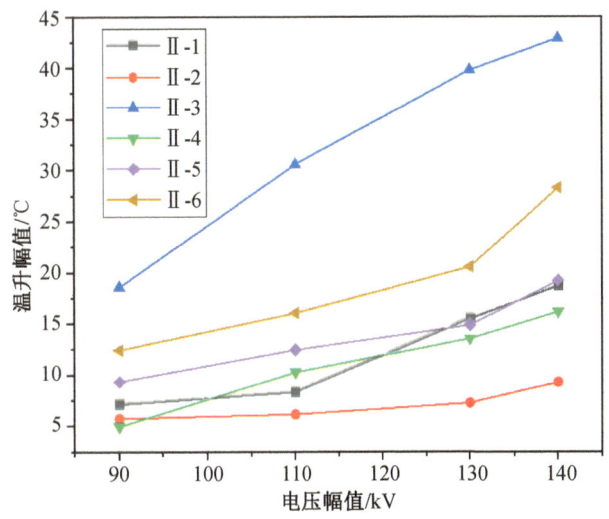

图3-29 芯棒酥朽复合绝缘子温差随电压幅值变化的规律

1#伞裙间发热明显增强且1#～3#伞裙间出现发热,同时Ⅲ-2高压端金具至1#伞裙发热幅值也逐渐提升且1#～5#伞裙间出现明显发热;当电压升至140 kV时,Ⅲ-1高压端金具至15#伞裙以及Ⅲ-2高压端金具至18#伞裙间均出现异常发热,发热形状逐渐从点状发展为柱状。

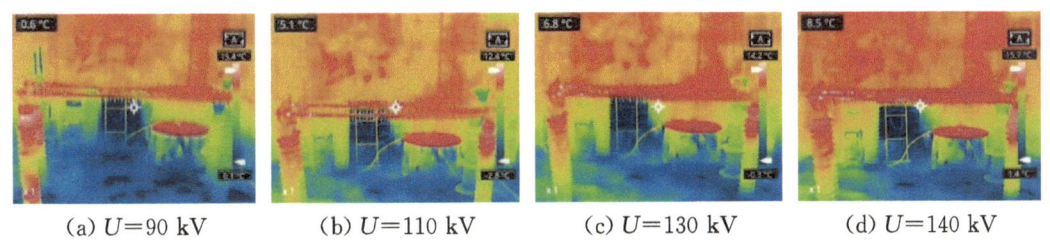

(a) $U=90$ kV　　(b) $U=110$ kV　　(c) $U=130$ kV　　(d) $U=140$ kV

图3-30 不同电压幅值下Ⅲ-1和Ⅲ-2红外热像图

不同电压幅值下表面积污复合绝缘子的温差计算结果如表3-15所示,表面积污复合绝缘子温差随电压幅值变化的规律如图3-31所示。当所施电压有效值为110 kV时,表面积污复合绝缘子的平均温差为4.7 ℃。当电压升至140 kV时,平均温差提高了59.57%,达到了7.5 ℃,说明表面积污复合绝缘子的温差受电压幅值的影响较大。从图3-31可以看出,随着电压幅值的提高,表面积污复合绝缘子的温差逐渐增加。表面污秽湿润引起泄漏电流增大是表面积污复合绝缘子发热的主要原因。交变电场作用下复合绝缘子表面泄漏电流引起的发热功率P_2可用式(3-5)表示:

$$P_2 = U_d I_g \tag{3-5}$$

其中,U_d表示复合绝缘子的分布电压,单位为V;I_g为复合绝缘子的泄漏电流,单位为A。

随着电压幅值的提高,复合绝缘子表面的泄漏电流I_g会随之增大,同时还会引起绝缘子各处分布电压U_d的增大,故发热功率大幅度提升,从而复合绝缘子的温差逐渐增大。

表 3-15　不同电压幅值下表面积污复合绝缘子的温差

复合绝缘子	温差/℃			
	90 kV	110 kV	130 kV	140 kV
Ⅲ-1	2.6	3.6	5.9	6.4
Ⅲ-2	3.9	5.8	6.9	8.6

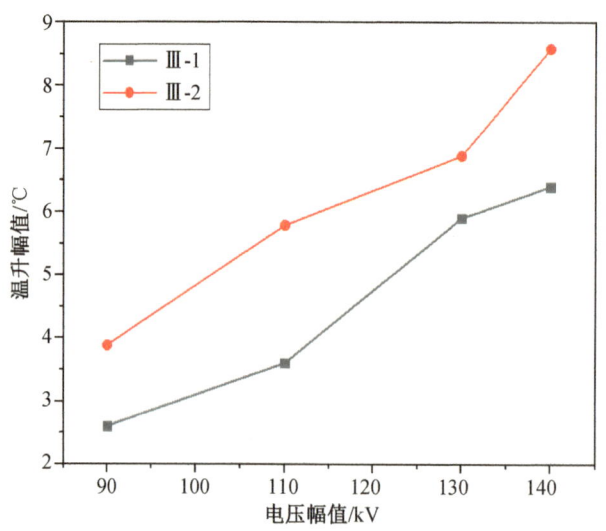

图 3-31　表面积污复合绝缘子温差随电压幅值变化的规律

3.2.6　风速对热缺陷复合绝缘子温升特性的影响

护套老化受潮方面,从红外热像图 3-32 和图 3-33 可知,护套老化受潮复合绝缘子发热受风速影响较大。以Ⅰ-1 和Ⅰ-2 为例,当处于无风状态时,Ⅰ-1 和Ⅰ-2 发热区间均为高压端金具至第二片大伞群;而当风速增加至 1 m/s 时,Ⅰ-1 和Ⅰ-2 第一片大伞群至第二片大伞群间的发热现象消失不见。由此说明,随着风速的增加,护套老化受潮复合绝缘子的发热区间略有减少。当护套老化受潮复合绝缘子处于无风状态时,红外图像中Ⅰ-1 和Ⅰ-2 高压端金具至第一片大伞群间的颜色为红色;随着风速增加至 1 m/s 和 2 m/s 时,图 3-32(b) 和(c)中发热区域红色逐渐变为橙色;当风速为 3 m/s 时,发热区域内的红色几乎褪去。由此说明,随着风速的增加,护套老化受潮复合绝缘子的异常发热现象逐渐消失。

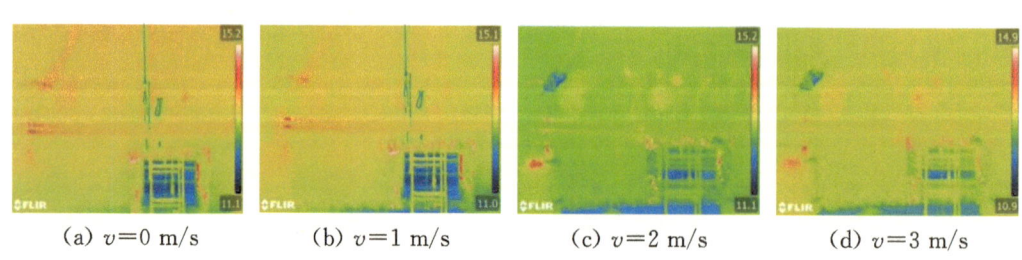

图 3-32　不同风速下Ⅰ-1 和Ⅰ-2 红外热像图

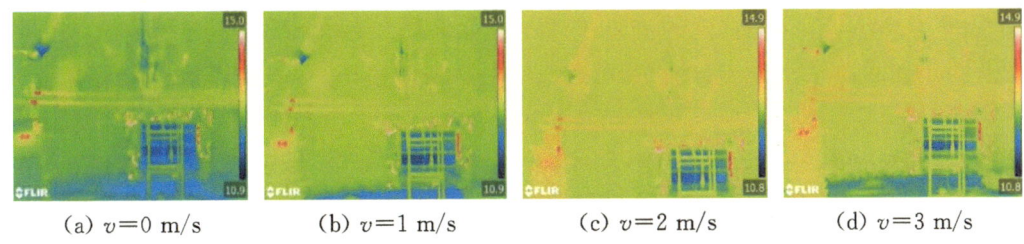

(a) $v=0$ m/s　　(b) $v=1$ m/s　　(c) $v=2$ m/s　　(d) $v=3$ m/s

图 3-33　不同风速下 I-3 和 I-4 红外热像图

不同风速下护套老化受潮复合绝缘子的温差计算结果如表 3-16 所示,温差随风速的变化的规律如图 3-34 所示。当风速从 0 m/s 增加至 3 m/s 时,护套老化受潮复合绝缘子的平均温差从 1.35 ℃降至 0.4 ℃,下降了 70.37%。由此可知,护套老化受潮复合绝缘子的发热幅值极易受环境风速的影响。当环境风速为 3 m/s 时,4 支护套老化受潮复合绝缘子的温差降至 0.5 ℃及以下,此时根据红外热像仪的测量结果应将其判为绝缘良好,无需进行处理。但在无风状态下,4 支复合绝缘子的温差均不低于 1 ℃,故在有风条件下对复合绝缘子进行测温很可能会造成漏检。

表 3-16　不同风速下护套老化受潮复合绝缘子的温差

复合绝缘子	温差/℃			
	0 m/s	1 m/s	2 m/s	3 m/s
I-1	1.5	1.0	0.8	0.5
I-2	1.0	0.6	0.4	0.2
I-3	1.5	1.0	0.7	0.4
I-4	1.4	0.8	0.6	0.5

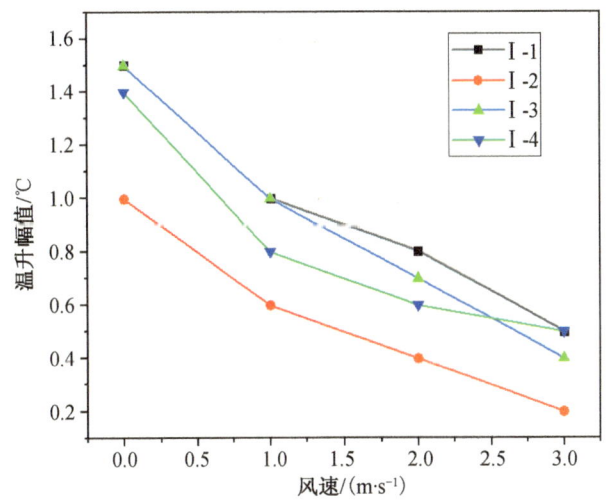

图 3-34　护套老化受潮复合绝缘子温差随风速变化的规律

由图 3-34 可知，随着风速的增加，护套老化受潮复合绝缘子的温差逐渐降低。空气与复合绝缘子表面进行对流传热的过程可近似用牛顿冷却定律进行表示，即

$$Q = qA = Ah(T_w - T_f) \quad (3-6)$$

其中，Q 为传热功率，指单位时间内通过传热面的热量，单位为 W；A 为传热面积，单位为 m^2；h 为对流换热系数，单位为 $W/(m^2 \cdot K)$；T_w 为物体表面的温度，T_f 为流体的温度，单位均为 K，且 $T_w > T_f$。

在不考虑辐射换热系数的影响下，假设风力方向垂直于复合绝缘子中轴线，此时近似认为对流换热系数 h 与风速 v 呈线性关系，可用式 (3-7) 进行表示：

$$h = 5.0 + 4.7v \quad (3-7)$$

随着风速的增加，复合绝缘子护套表面的对流换热系数逐渐增加，导致单位时间内空气对流散失的热量也增加，从而复合绝缘子温度逐渐降低。

芯棒酥朽方面，从红外热像图 3-35、图 3-36 和图 3-37 可知，随着风速的逐渐升高，芯棒酥朽复合绝缘子的发热区间基本保持不变。以Ⅱ-5 和Ⅱ-6 为例，当风速为 0 m/s 时，Ⅱ-5 高压端金具至 20#伞裙以及Ⅱ-6 的 4#~18#伞裙和 20#~22#伞裙间出现了异常发热现象；当风速升至 3 m/s 时，Ⅱ-5 和Ⅱ-6 发热区域仍然相同。随着风速的逐渐增大，芯棒酥朽复合绝缘子部分发热区域温度逐渐降低。以Ⅱ-3 和Ⅱ-4 为例，当风速为 0 m/s 时，红外图像中Ⅱ-3 的 1#~12#伞裙间颜色呈明亮的白色，Ⅱ-4 高压端金具至 3#伞裙间颜色也呈明亮的白色，可知该区域温度较高；当风速升至 3 m/s 时，红外图像中Ⅱ-3 的 1#~12#伞裙间颜色为暗淡的黄绿色夹杂着些许红色，Ⅱ-4 高压端金具至 3#伞裙间颜色为橙黄色包围着一点红色，可知该发热区域温度随着风速的升高逐渐降低。若风速继续增加，该区域的异常发热现象可能会消失，造成芯棒酥朽复合绝缘子发热区间的减小。

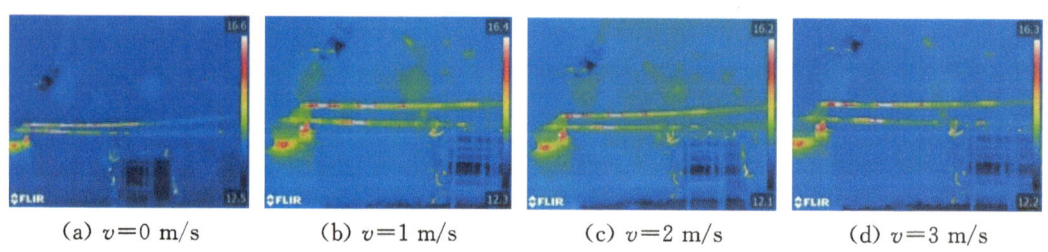

图 3-35　不同风速下Ⅱ-1 和Ⅱ-2 红外热像图

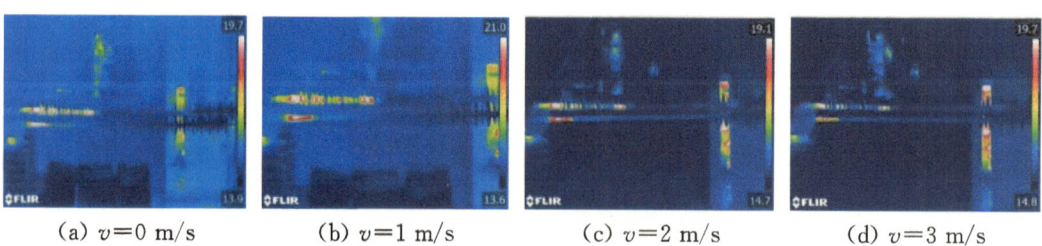

图 3-36　不同风速下Ⅱ-3 和Ⅱ-4 红外热像图

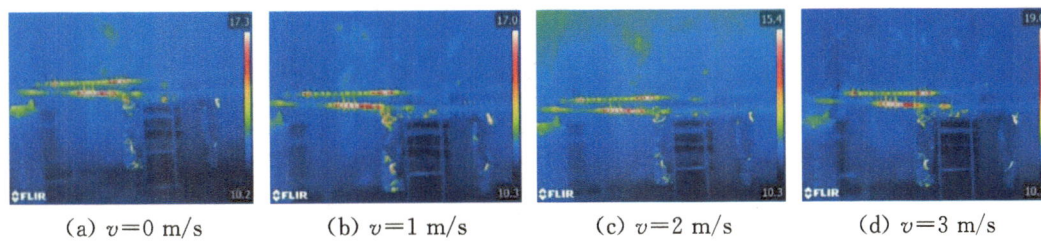

(a) $v=0$ m/s　　(b) $v=1$ m/s　　(c) $v=2$ m/s　　(d) $v=3$ m/s

图 3-37　不同风速下Ⅱ-5 和Ⅱ-6 红外热像图

不同风速下芯棒酥朽复合绝缘子的温差计算结果如表 3-17 所示，芯棒酥朽复合绝缘子温差随风速变化的规律如图 3-38 所示。当风速为 0 m/s 时，复合绝缘子的发热情况异常严重，有 5 支芯棒酥朽复合绝缘子的温差超过了 15 ℃；当风速为 3 m/s 时，芯棒酥朽复合绝缘子的平均温差为 12.9 ℃，且仅有Ⅱ-3 和Ⅱ-6 温差超过了 15 ℃。尤其Ⅱ-3，当风速从 0 m/s 增加至 3 m/s 时，Ⅱ-3 的温差从 42.9 ℃下降至 22.6 ℃，降低了 47.32%。由此可见，随着环境风速的增加，芯棒酥朽复合绝缘子的温差逐渐降低。

表 3-17　不同风速下芯棒酥朽复合绝缘子的温差

复合绝缘子	温差/℃			
	0 m/s	1 m/s	2 m/s	3 m/s
Ⅱ-1	18.7	15.6	14.6	13.7
Ⅱ-2	9.3	7.4	6.9	6.0
Ⅱ-3	42.9	34.2	28.4	22.6
Ⅱ-4	16.2	11.1	9.7	6.2
Ⅱ-5	19.2	16.6	14.6	12.3
Ⅱ-6	28.3	23.2	19.5	16.5

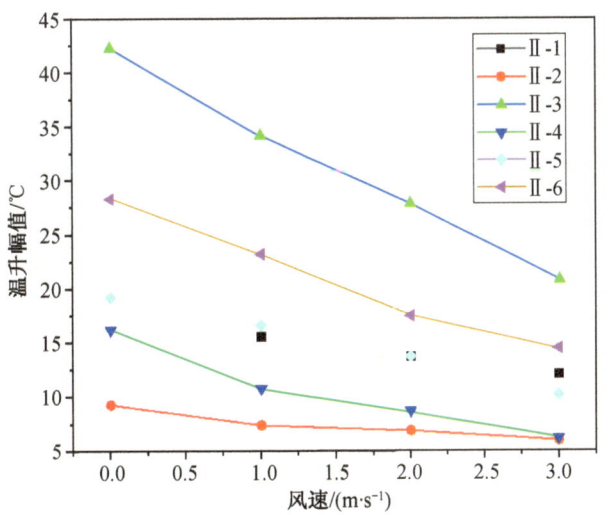

图 3-38　芯棒酥朽复合绝缘子温差随风速变化的规律

表面积污方面,从红外热像图 3-39 可知,随着风速的逐渐升高,表面积污复合绝缘子的发热区间逐渐减小。当风速为 0 m/s 时,Ⅲ-1 高压端金具至 15♯伞裙和Ⅲ-2 高压端金具至 18♯伞裙间出现了异常发热现象;当风速升至 3 m/s 时,Ⅲ-1 的 5♯~15♯伞裙和Ⅲ-2 的 9♯~18♯伞裙间发热现象消失。随着风速的逐渐增大,表面积污复合绝缘子部分发热区间的发热幅值降低。当风速为 0 m/s 时,红外图像中Ⅲ-1 和Ⅲ-2 高压端金具至 1♯伞群呈明亮的白色,可知该区域的发热幅值较高;当风速升至 3 m/s 时,红外图像中Ⅲ-1 和Ⅲ-2 高压端金具至 1♯伞群的颜色为粉红色,可知该发热区域的温度随着风速的增加逐渐降低。

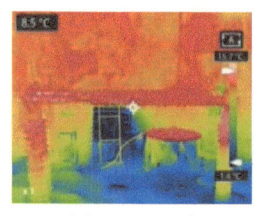 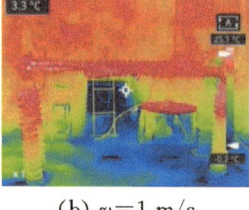 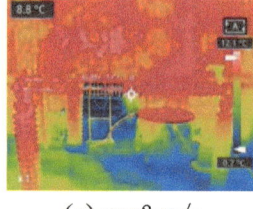 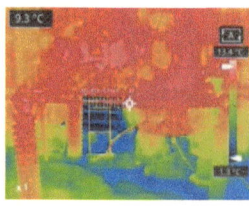

(a) $v=0$ m/s　　(b) $v=1$ m/s　　(c) $v=2$ m/s　　(d) $v=3$ m/s

图 3-39　不同风速下Ⅲ-1 和Ⅲ-2 红外热像图

不同风速下表面积污复合绝缘子的温差计算结果如表 3-18 所示,温差随风速的变化的规律如图 3-40 所示。当风速为 0 m/s 时,表面积污复合绝缘子的平均温差为 7.5 ℃;当风速为 3 m/s 时,表面积污复合绝缘子的平均温差降低至 2.5 ℃。由此可见,随着风速的增加,表面积污复合绝缘子的温差逐渐降低。当风速从 0 m/s 升至 3 m/s 时,表面积污复合绝缘子平均温差下降了 66.67%,介于护套老化受潮复合绝缘子平均温差下降比例和芯棒酥朽复合绝缘子平均温差下降比例之间。由此可知,温差最低的护套老化受潮复合绝缘子更容易受风速影响而发生漏检,表面积污复合绝缘子次之,芯棒酥朽复合绝缘子由于温差较高,受风速的影响最小。

表 3-18　不同风速下表面积污复合绝缘子的温差

复合绝缘子	温差/℃			
	0 m/s	1 m/s	2 m/s	3 m/s
Ⅲ-1	6.4	4.6	3.6	2.3
Ⅲ-2	8.6	6.6	3.8	2.6

根据不同环境湿度和风速下异常发热复合绝缘子的温差规律,可发现 DL/T 664—2016 中所规定的温差不超过 1℃ 的要求过于严苛,许多正常复合绝缘子在高湿度条件下温差也可能超过该要求而被误判为异常发热复合绝缘子。而在风速较大的情况下,护套老化受潮复合绝缘子的异常发热现象可能会消失,导致漏判而影响后续的跟踪。故本项目根据热缺陷复合绝缘子的温度特性测量结果给出现场红外诊断时的湿度和风速要求:① 现场红外测温需在相对湿度 65%、风速 1 m/s 以下展开;② 当复合绝缘子的温差大于 2 ℃ 时即可判定为异常发热复合绝缘子,并对其进行跟踪或更换处理。

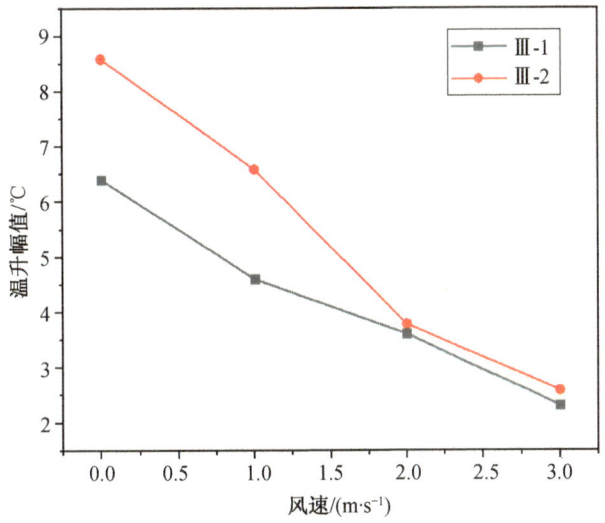

图 3-40 表面积污复合绝缘子温差随风速变化的规律

本项目提出的现场红外诊断要求中留有观测异常发热复合绝缘子临界温度差,既为现场环境因素的干扰留有一定裕度,还能保证对芯棒酥朽复合绝缘子不发生漏判。

3.2.7 热缺陷复合绝缘子的紫外放电特性

护套老化受潮复合绝缘子Ⅰ-1~Ⅰ-4在相对湿度为50%,70%和90%下的紫外成像图如图3-41所示。从紫外成像图可知,护套老化受潮复合绝缘子高压端无明显放电现象,但存在部分杂散电晕,且随着湿度的增加,杂散电晕略有增加。由此可推测,护套老化受潮复合绝缘子的异常发热与局部放电无关。

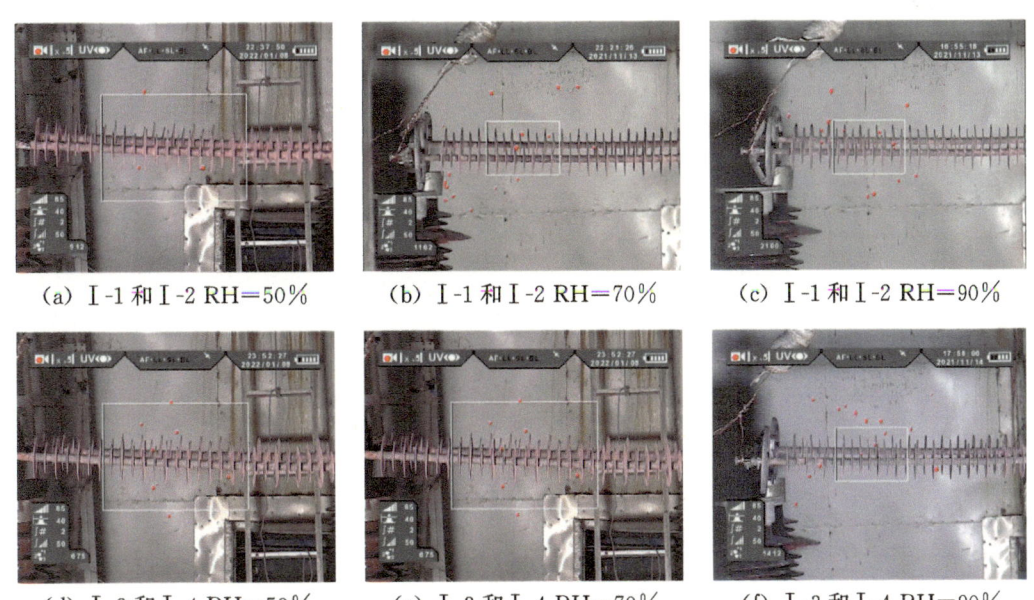

(a) Ⅰ-1 和 Ⅰ-2 RH=50%　　(b) Ⅰ-1 和 Ⅰ-2 RH=70%　　(c) Ⅰ-1 和 Ⅰ-2 RH=90%

(d) Ⅰ-3 和 Ⅰ-4 RH=50%　　(e) Ⅰ-3 和 Ⅰ-4 RH=70%　　(f) Ⅰ-3 和 Ⅰ-4 RH=90%

图 3-41 不同湿度下Ⅰ-1~Ⅰ-4紫外成像图

芯棒酥朽复合绝缘子Ⅱ-1～Ⅱ-6在相对湿度为50%,70%和90%下的紫外成像图如图3-42所示。从紫外成像图可知,芯棒酥朽复合绝缘子出现了明显的局部放电现象,且局部放电严重处芯棒酥朽复合绝缘子的发热现象最为严重。以RH=70%下的芯棒酥朽复合绝缘子发热情况为例,Ⅱ-1和Ⅱ-2发热最严重处位于9♯～11♯伞裙,Ⅱ-3和Ⅱ-4发热最严重处位于高压端护套附近,Ⅱ-5和Ⅱ-6发热最严重处分别为9♯～13♯伞裙和14♯～17♯伞裙。观察紫外成像图中红色光斑位置可知,在复合绝缘子发热最严重位置处均出现了明显的局部放电现象,说明局部放电是造成芯棒酥朽复合绝缘子发热的主要原因。

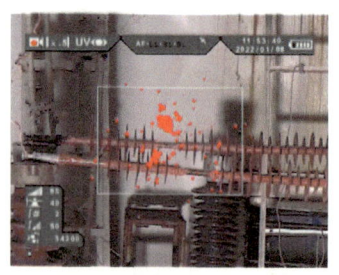
(a) Ⅱ-1和Ⅱ-2 RH=50%

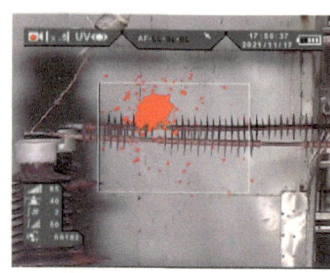
(b) Ⅱ-1和Ⅱ-2 RH=70%

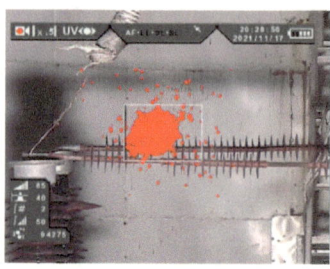
(c) Ⅱ-1和Ⅱ-2 RH=90%

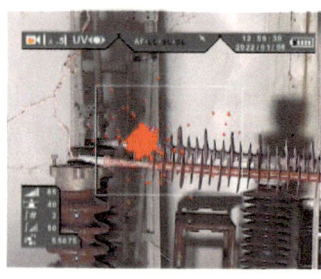
(d) Ⅱ-3和Ⅱ-4 RH=50%

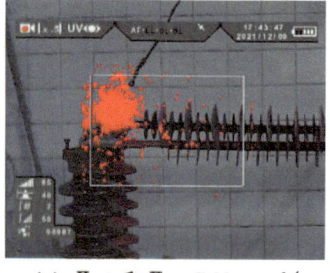
(e) Ⅱ-3和Ⅱ-4 RH=70%

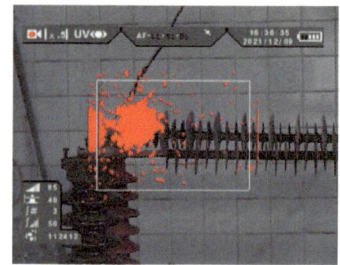
(f) Ⅱ-3和Ⅱ-4 RH=90%

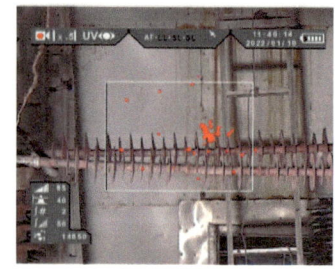
(g) Ⅱ-5和Ⅱ-6 RH=50%

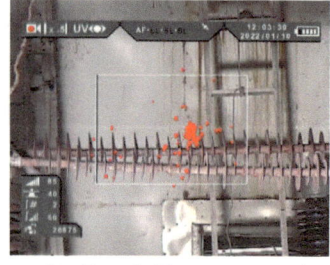
(h) Ⅱ-5和Ⅱ-6 RH=70%

(i) Ⅱ-5和Ⅱ-6 RH=90%

图3-42 不同湿度下Ⅱ-1～Ⅱ-6紫外成像图

芯棒酥朽复合绝缘子Ⅱ-1～Ⅱ-6的紫外光子平均数如表3-19所示。随着环境湿度的提高,紫外光子数逐渐增加,局部放电现象愈加强烈。以Ⅱ-3和Ⅱ-4为例,相对湿度为50%条件下,紫外光子平均数为47663,当相对湿度提高至70%和90%时,紫外光子平均数分别增至72257和112267。随着环境湿度的提高,局部放电逐渐增强,放电产生的热量导致芯棒酥朽复合绝缘子发热愈加严重,温度逐渐升高。

表 3-19　不同湿度下芯棒酥朽复合绝缘子紫外光子平均数

复合绝缘子	紫外光子平均数		
	RH=50%	RH=70%	RH=90%
Ⅱ-1 和 Ⅱ-2	38240	68576	113680
Ⅱ-3 和 Ⅱ-4	47663	72257	112267
Ⅱ-5 和 Ⅱ-6	15378	27294	30122

表面积污复合绝缘子Ⅲ-1～Ⅲ-2在相对湿度为50%,70%和100%下的紫外成像图如图 3-43所示。从紫外成像图可知,相对湿度为50%时,表面积污复合绝缘子7#～9#伞裙间出现了微弱的局部放电现象;当相对湿度提高至70%时,局部放电现象明显增强。从前面的红外热像图可看出,该处护套出现了异常发热现象,但并非温差最大处,说明局部放电只是表面积污复合绝缘子发热的原因之一,并非最根本的原因。

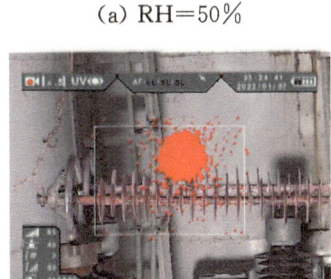
(a) RH=50%

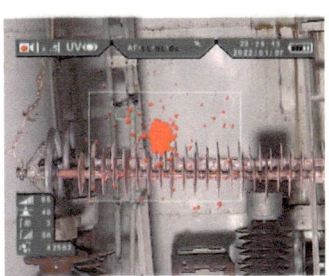
(b) RH=70%

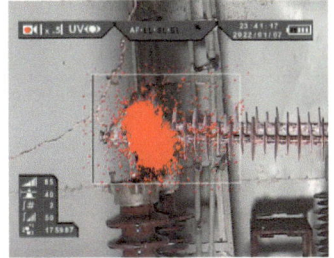
(c) RH=100% 加压 1 min

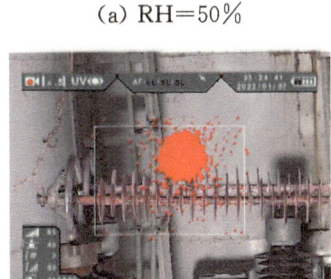
(d) RH=100% 耐压 3 min

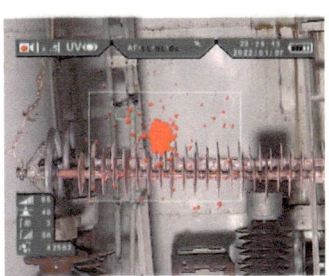
(e) RH=100% 耐压 7 min

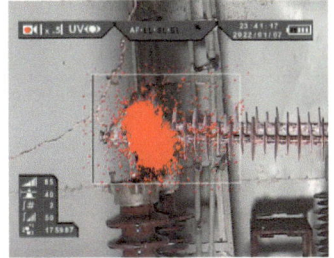
(f) RH=100% 耐压 10 min

图 3-43　不同湿度下Ⅲ-1和Ⅲ-2号紫外成像图

当相对湿度提高至100%时,不同时间下的局部放电现象各不相同。如图 3-43(c)所示,加压 1 min 后,表面积污复合绝缘子表面并没有出现放电现象,但此时复合绝缘子表面的污秽充分湿润,泄漏电流急剧增大;耐压 3 min 后,如图 3-43(d)所示,表面积污复合绝缘子7#～10#伞裙间出现了干区,在电场的作用下产生了明显的局部放电现象;继续耐压 4 min 后,图 3-43(e)显示 7#～10#伞裙间的放电现象明显减弱,可能是复合绝缘子表面其他区域也产生了干区,削弱了 7#～10#伞裙间的电场;耐压 10 min 后,如图 3-43(f)所示,表面积污复合绝缘子的高压端护套处出现了明显的局部放电现象,而 7#～10#伞裙间的放电现象消失。此后,表面积污复合绝缘子的放电区域一直维持在高压端护套处。从温度曲线来看,在相对湿度为100%的条件下,复合绝缘子高压端护套为温差最大处,说明局部放电现象加剧了表面积污复合绝缘子的异常发热。

3.2.8 湿度对典型原因发热复合绝缘子发热状态影响差异

在低湿无风条件下,护套老化受潮复合绝缘子的发热幅值均在2℃以下,发热位置集中在高压端金具至第二片大伞群间。表面积污和芯棒酥朽复合绝缘子的温升幅值均远超过2℃,发热区间长度也远大于护套老化受潮复合绝缘子。芯棒酥朽复合绝缘子在高压端、中部和低压端均可能存在异常发热现象,表面积污复合绝缘子则主要集中在高压侧半段,都与护套老化受潮复合绝缘子的发热位置大不相同。此外,护套老化受潮复合绝缘子未出现局部放电现象,芯棒酥朽和表面积污复合绝缘子放电现象明显,故在低湿度条件下,根据异常发热复合绝缘子的温升幅值、发热位置和紫外放电情况较容易识别出由护套老化受潮引起异常发热的复合绝缘子。

2020年8月24—25日、2020年9月8—16日分别对500kV LC/LX线表面积污复合绝缘子开展了一次测试。2020年8月24—25日正好为台风过境之后,测试时间为清晨6:00至7:00,环境相对湿度为80%至90%,500 kV LC/LX线表面积污复合绝缘子大面积发热,并且大部分绝缘子高压端、中部出现多处发热,温升幅值最大为18 K(大部分位于5～12 K之间);同时,大部分耐张塔可见耐张串盘型悬式绝缘子表面存在明显的发热。2020年9月8—16日测试期间天气晴好干燥,测试时间为下午17:00至18:00,环境相对湿度为60%至70%,绝缘子非高压端区域大部分发热消失,高压端发热幅值降低至5 K左右。两次测试典型红外图谱如图3-44所示。

(a) 第一次测试(8月24—25日)
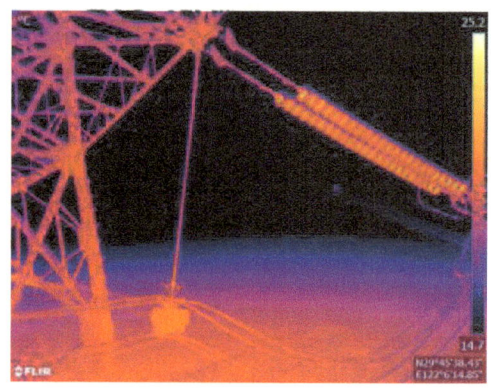
(b) 第二次测试(9月8—16日)

图3-44 500 kV LC/LX线表面积污复合绝缘子发热图谱

由前文实验室红外测试结果可知,随着环境湿度的增加,表面积污绝缘子发热幅值显著上升,这一规律与现场测试情况相吻合。在相对湿度为50%时,图谱中绝缘子高压端端部发热幅值仍然大于2 K,非高压端无发热区域;当相对湿度达到70%时,在高压侧附近出现了局部亮区,但发热幅值较低,未超过3 K;当相对湿度达到80%时,非高压区域发热幅值出现了将近一倍的增幅,此时发热幅值超过3 K;当相对湿度达到90%时,高压端、非高压端出现了多处发热幅值超过 5 K 的区域。综合上述分析可知,当环境湿度下降时,表面积污复合绝缘子高压端端部仍然存在发热,但其他部位的发热将消失。

对 220kV CX 线(15#)和 220kV LC 线的芯棒酥朽复合绝缘子开展了多次现场跟踪测试,各次测试的现场环境湿度及红外图谱如图 3-45 所示,对应发热幅值见表 3-20。

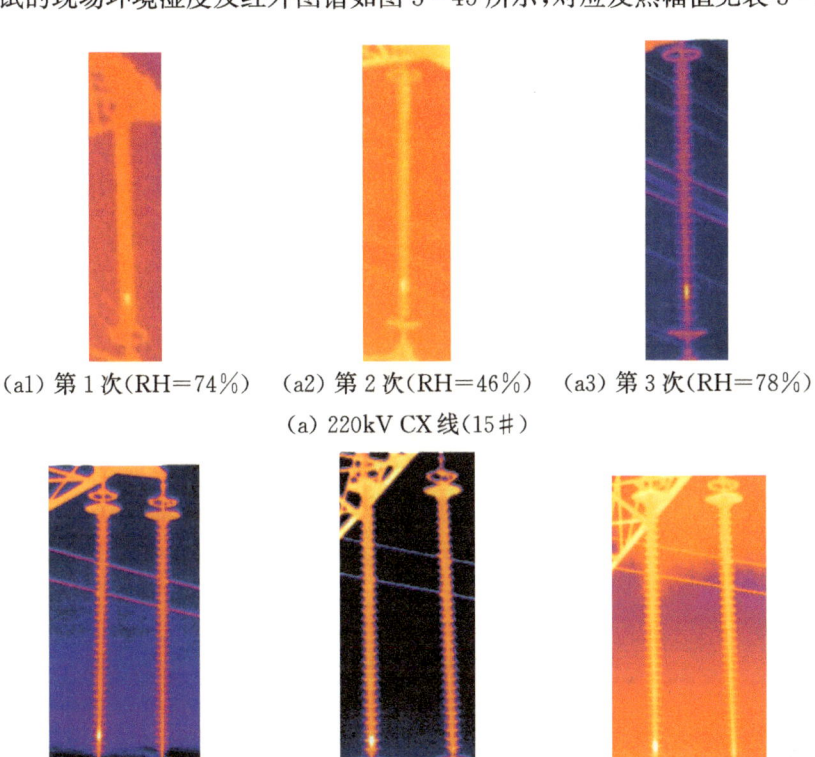

(a1) 第 1 次(RH=74%)   (a2) 第 2 次(RH=46%)   (a3) 第 3 次(RH=78%)

(a) 220kV CX 线(15#)

(b1) 第 1 次(RH=75%)   (b2) 第 2 次(RH=55%)   (b3) 第 3 次(RH=80%)

(b) 220kV LC 线

图 3-45 芯棒酥朽复合绝缘子发热跟踪测试红外图谱

表 3-20 芯棒酥朽复合绝缘子发热跟踪测试结果

热缺陷绝缘子	发热幅值/K		
	第 1 次	第 2 次	第 3 次
220 kV CX 线(15#)	2.8	3.5	5.2
220 kV LC 线	3.1	4.9	7.2

对于 220kV CX 线(15#)案例,图 3-45(a)中(a2)(a3)的拍摄角度和拍摄时间接近,在 46%,78% 相对湿度下发热幅值分别为 3.5 K,5.2 K;对于 220kV LC 线案例,图 3-45(b)中(b2)(b3)的拍摄角度和拍摄时间接近,在 55%,80% 相对湿度下发热幅值分别为 4.9 K,7.2 K。可见对于复合绝缘子内部缺陷,在相对湿度降低时发热幅值有所下降,但发热幅值仍超过 2 K,因此不同环境湿度下现场红外图谱均存在明显发热。

由前文实验室红外测试结果可知,不同环境湿度下复合绝缘子内部缺陷发热均非常明显。220 kV CX线(15#)复合绝缘子存在两处明显发热,环境湿度下降时发热范围有所缩小,发热幅值也随之下降,但没有出现因湿度下降导致某一处发热消失的情况,即环境湿度下降时发热缺陷仍然明显存在。这一规律与前文现场测试结果一致。

对比复合绝缘子不同原因发热幅值、发热位置及区段长度、发热幅值受环境湿度的影响,可以得到以下结论:

(1) 不同原因发热的幅值存在较宽的重叠区域,难以作为区分发热原因的手段。

(2) 发热位置及区段长度可以区分护套老化受潮与其他两类缺陷,但芯棒酥朽、表面积污引发的发热在发热位置、区段长度方面高度相似,仅凭发热位置与区段长度难以区分。护套老化受潮引发的发热一般集中在绝缘子端部,且区段长度较短,一般不会超过端部第一片大伞;芯棒酥朽、表面积污引发的发热则不仅限于端部,且两者均可能出现连续区段发热或者多处点状发热。

(3) 利用湿度对发热幅值的影响可以区分芯棒酥朽与其他两类缺陷。现场与实验室测试均表明,湿度下降至50%时,芯棒酥朽引发的各位置发热仍然存在,但发热幅值有所下降;对于护套老化受潮发热,湿度降至70%以下时,发热幅值将低于2 K;对于表面积污发热,湿度降至70%时,高压端部发热仍然存在,但绝缘子非高压端部分区域发热消失。

综上,对于芯棒酥朽、表面积污、护套老化受潮引发的复合绝缘子发热,可按表3-21总结的特征进行区分。

表3-21 现场复合绝缘子发热原因判断

发热原因	发热位置及区段特征	发热幅值随湿度变化特征
护套老化受潮	发热集中在端部,一般不超过第一片大伞	湿度下降,发热幅值显著下降甚至消失
表面积污	发热不仅限于端部,并且呈现多处点状发热或区段发热	湿度下降,发热幅值显著下降,绝缘子非高压端部分区域发热消失
芯棒酥朽	以区段发热为主,部分可产生点状发热,最长发热区段一般不短于一个伞裙单元	湿度下降,发热幅值有所下降,但各部位发热均不会消失

3.2.9 现场红外检测策略建议

红外热像检测是一种获取绝缘子表面温度快速有效的方法。必须指出的是,绝缘子表面温度并不是直接测量得到的,而是接收其投射到热像仪上的红外辐射能量,由于这种辐射能量与设备温度之间具有一定的函数关系,根据测量到的红外线辐射能量即可间接计算出绝缘子表面温度。

在现场实际测量中,红外线热像仪接收到的辐射能量不仅来自绝缘子表面,也有来自周围环境、大气层及邻近设备等的辐射能量。影响检测结果的因素很多,诸如绝缘子表面发射率、风速、太阳光辐射、风力及邻近设备热辐射等。由于检测条件的影响和变化,可能导致对同一绝缘子串在不同时期进行检测而得到不同的结果,进而造成对绝缘子状态的错误诊断。因此,下面给出现场红外检测的一些策略和建议。

1) 太阳辐射和背景辐射

在户外进行绝缘子红外热像检测时,红外热像仪接收到的红外辐射中除被测绝缘子的辐射外,还包括背景辐射以及直接入射或经背景反射与散射的太阳辐射。这些来自被测绝缘子以外的辐射会给绝缘子的红外检测与诊断带来误差。为减小太阳辐射和背景辐射对绝缘子红外热像检测与诊断的影响,可以采取以下应对措施:

(1) 尽量选择在无阳光照射的阴天,或在晴朗天气日出前或日落一段时间后进行线路复合绝缘子的检测。这样,既可避免直接入射或经背景反射和散射的太阳辐射的影响,也可减小太阳照射引起的绝缘子"附加温升"以及过强背景辐射的影响。此外,日落后也不宜立刻进行红外测试,尽管此时阳光辐射不强烈,但绝缘子在日间受阳光辐射引起的"附加温升"尚未完全消退,因此需等上一段时间。

(2) 选择镜头焦距适宜的红外热像仪,保障被测目标部位充满仪器视场,尽量减少背景辐射的干扰。

2) 气象条件

不良气象条件如雾、雨、雪和大风等会给绝缘子红外热像检测带来不利影响。例如,在高湿环境下,正常运行的复合绝缘子也会出现温度上升现象,导致红外测温检测技术的误检;在风速较大情况下,护套老化受潮复合绝缘子的温差会降至红外检测标准范围内,导致对异常发热复合绝缘子的漏检。为减小气象条件对绝缘子红外热像检测与诊断的影响,可以采取以下应对措施:

(1) 选择无雾、无雨雪天气进行检测;
(2) 选择无风或风速小于 1 m/s 的天气做定量检测;
(3) 尽量避免在潮湿环境下进行检测,相对湿度不宜超过 70%;
(4) 在保证安全距离的条件下,尽量缩小检测距离。

如果上述条件难以满足,需要对检测结果进行修正。

3) 周围环境温度

周围环境温度过高或过低对红外测温结果均有影响。一方面,当周围环境温度高时(如在炎热的夏季),在热平衡状态下,即使绝缘子未投入运行也会有较高温度,此时红外检测技术可能会发生对异常发热复合绝缘子的误判;另一方面,当周围环境温度低时(如在严寒的冬季),在对流散热作用下,绝缘子与环境的温差越大,绝缘子散热也越快,因而缩小了异常发热复合绝缘子与正常绝缘子之间的温差,不利于劣化绝缘子的识别。为减小周围环境温度对绝缘子红外热像检测与诊断的影响,可以采取以下应对措施:

(1) 避开环境温度过高或过低的时间段进行检测。对线路复合绝缘子进行红外检测,可选择在日出前或日落后进行检测。这样,既可避免太阳辐射的影响,又可保证相对比较稳定的环境温度。

(2) 选择理想的环境温度参照体。环境温度变化是不可避免的,检测时可选择不发热的相似物或未投运的同类绝缘子表面来采集环境温度参数,这在一定程度上可弥补因环境温度变化带来的检测误差。

4) 绝缘子表面发射率

红外热像仪是通过测量绝缘子表面红外辐射功率来获取绝缘子表面温度信息的。需要指出的是,不同的绝缘子表面状态,其对应的表面发射率是不同的。此时,若红外热像仪接收到相同的红外辐射功率,将会得到不同的温度测量结果,而且表面发射率越低的绝缘子,显示的温度越高。为减小绝缘子表面发射率对绝缘子红外热像检测与诊断的影响,可以采取以下应对措施:

(1) 对于设有"发射率修正"功能的红外热像仪,在检测之前应先根据被测绝缘子的表面状况确定绝缘子表面的发射率值,以备检测中用作发射率修正,这样可以直接检测出被测绝缘子表面的真实温度。

(2) 若红外热像仪本身没有"发射率修正"功能,则应利用发射率值对检测结果进行修正处理,以便获得被测绝缘子表面的真实温度。

4 输电线路复合绝缘子红外图谱库及发热智能识别方法

4.1 基于无人机的复合绝缘子图像多光谱融合及复杂背景下关键部位提取技术

4.1.1 复合绝缘子可见光和红外图像采集预处理技术

无人机采集的复合绝缘子可见光图像和红外图像背景颜色空间完全不同,为了减少环境因素对配准目标的影响,提升图像的整体清晰度,需要采用灰度归一化、直方图均衡化、红外图像高反差的方式对可见光图像和红外图像进行背景去噪和特征量增强处理。图像预处理流程如图 4-1 所示。

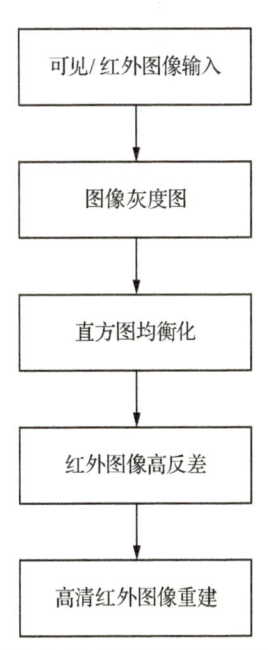

图 4-1 图像预处理流程

1) 灰度归一化处理

将彩色图像转化成灰度图像的过程即图像的灰度化处理。图像在经过灰度变换后每个像素有着对应的灰度级,在直方图中 0 为纯黑,255 为纯白,依次进行由深至浅灰度的渐变。

彩色图像中的每个像素的颜色由 R,G,B 三个分量决定,而每个分量又有 255 种值可取,这样一个像素点的颜色变化范围可以有 1600 多万种(255×255×255)。而灰度图像是 R,G,B 三个分量相同的一种特殊的彩色图像,其一个像素点的颜色变化范围为 255 种。因此先将各种格式的图像转变成灰度图像,再将图像放在一个通道上使后续的计算量变得少一些。灰度图像的描述与彩色图像一样,能够反映一幅图像整体和局部的色度及亮度等级的分布和特征。

归一化灰度组合法(NGC)的基本思想是基于基准图和实时图灰度的相关性。和传统的灰度相关法不同的是,NGC 是通过灰度组合矩阵来计算灰度的相关性。

令灰度相关法计算公式为

$$P(i,j) = \frac{1}{MN}\sum_{f,g=1}^{G} ICM_{i,j}(f,g) \times |in(f)-in(g)|^2 \quad (4-1)$$

其中,$ICM_{i,j}$ 为在当前匹配像素处的灰度组合矩阵,G 为最大灰度级数,$in(x)$ 为级数 x 所代表的灰度值。$ICM(x,y)$ 表示两幅图像中共有多少对像素,它们的灰度组合是 (x,y)。约定 ICM 矩阵中行代表实时图的灰度,列代表基准图的灰度,则

$$\frac{1}{MN}\sum_{f,g=1}^{G} ICM_{i,j}(f,g) = 1 \qquad (4-2)$$

因此灰度相关法可以用 ICM 统一表示为

$$P(i,j) = \sum_{f,g=1}^{G} ICM(f,g)W(in(f),in(g)) \qquad (4-3)$$

其中，$W(\cdot)$ 为加权函数。不同的加权函数产生不同的灰度相关法。例如，绝对差相关法是取 $W=|in(f)-in(g)|$，乘积相关法是取 $W=in(f)\times in(g)$。

令式(4-3)中的 $W=ICM$，再经过归一化，就得到了 NGC 的计算公式为

$$p(i,j) = \frac{\dfrac{\sum_{f,g=1}^{G} ICM_r^2(f,g)}{S(i,j)} - \dfrac{S(i,j)}{(MN)^2}}{1 - \dfrac{S(i,j)}{(MN)^2}} \qquad (4-4)$$

其中，$S(i,j)$ 的公式为

$$S(i,j) = \left[\sum_{g=1}^{G} ICM_r^2(g) \sum_{g=1}^{G} ICM_e^2(g)\right]^2 \qquad (4-5)$$

上面 ICM_r 和 ICM_e 分别是矩阵按行和列求和的结果，而

$$ICM_r(g)\Big|_g = 1-G \quad 和 \quad ICM_e(g)\Big|_g = 1-G$$

分别是两幅图像的灰度直方图。图 4-2 为可见光图像灰度化前后对比，图 4-3 为红外图像灰度化前后对比。

(a) 可见光图像　　　　　　　　(b) 灰度化后

图 4-2　可见光图像灰度化前后对比

(a) 红外图像　　　　　　　　　(b) 灰度化后

图 4-3　红外图像灰度化前后对比

2) 直方图均衡化

直方图均衡化是一种有效的图像增强技术,通过改变图像的直方图来改变图像中各像素的灰度可以增强动态范围偏小的图像的对比度。由于原始图像的灰度分布可能集中在较窄的区间,造成图像不够清晰[1]。例如,过曝光图像的灰度级集中在高亮度范围内,而曝光不足将使图像灰度级集中在低亮度范围内。采用直方图均衡化,可以把原始图像的直方图变换为均匀分布(均衡)的形式,这样就增加了像素之间灰度值差别的动态范围,从而达到增强图像整体对比度的效果。也就是在图像中对像素个数多的灰度值(即待配准目标物的灰度值)进行展宽,而对像素个数少的灰度值(即图像背景的灰度值)进行归并,从而增大对比度,使图像清晰,达到增强的目的。

提高图像对比度的变换函数 $f(x)$ 需要满足以下条件:

(1) 函数 $f(x)$ 在区间 $[0, L-1]$ 上单调增加(不要求严格单调增加),其中 L 表示灰度级($L=256$);

(2) 函数 $f(x)$ 的取值范围也是 $[0, L-1]$。

当图像直方图完全均匀分布时图像的熵是最大的(随机变量每个值的概率都相同时熵最大),此时图像对比度也是最大的。所以,理想情况下图像经过变换函数 $f(x)$ 变换后,如果直方图能够均匀分布,则此时图像对比度最大[2]。

变换函数公式如式(4-6)所示:

$$y = f(x) = (L-1) \int_0^x p_r(w) \mathrm{d}w \qquad (4-6)$$

其中,$p_r(w)$ 中表示概率密度函数,在离散的图像中则表示直方图的每个灰度级的概率(在图像中,灰度级可以看成是一个随机变量,而直方图就是该随机变量的概率密度函数)。由概率论的知识可以知道,变换函数其实就是连续型随机变量 x 的分布函数,表示的是函数下方的面积。

将变换函数转换为图像中的表达,可以使用求和代替积分,差分代替微分,所以上述的变换函数如式(4-7)所示:

$$y = f(x) = (L-1) \sum_{x'=0}^{x} \frac{h(x')}{w \times h} \qquad (4-7)$$

其中,$h(x')$ 为直方图中每个灰度级像素的个数,w 和 h 分别为图像的宽和高。

均衡化处理后的图像对比如图 4-4、图 4-5 和图 4-6 所示。从均衡化处理前后的直方图和累计直方图不难看出,直方图均衡灰度变换可以增强对比度以增强纹理效果,对于一些光线较暗的场景,该算法能增强亮度,增加细节。

3) 高反差保留

红外图像预处理中采用的高反差保留算法就是将图像的高频和低频互换。因为红外图像经过灰度化后还是处于高频,所以要将图像的细节(绝缘子的区域)进行反差计算,而具体的计算方法只需要用 255 减去原始像素点即可[3]。高反差效果如图 4-7 所示。

(a) 可见光图像灰度图　　　　　　　　(b) 均衡化后

图 4-4　可见光灰度图像均衡化前后对比

(a) 红外图像灰度图　　　　　　　　(b) 均衡化后

图 4-5　红外灰度图像均衡化前后对比

(a) 灰度均衡化前　　　　　　　　(b) 灰度均衡化后效果

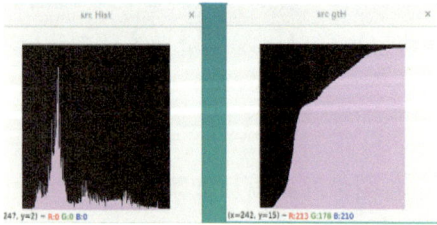 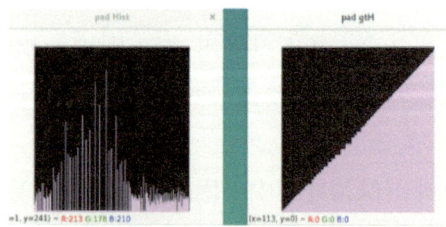

(c) 均衡化前直方图和累计直方图　　　　(d) 均衡化后直方图和累计直方图

图 4-6　灰度图像均衡化前后效果及直方图和累计直方图

4 输电线路复合绝缘子红外图谱库及发热智能识别方法

(a) 红外图像　　(b) 灰度化

(c) 均衡化　　(d) 高反差

图 4-7　红外图像灰度化、均衡化与高反差效果

4) 高分辨率红外图像重建

高分辨率重建就是对红外采集的低分辨率图像进行重建,即在不影响绝缘子实际温度分布状态的情况下制定出相应的高分辨率红外图像数据。双三次插值是高分辨率重建中常用的高阶插值算法,该法计算复杂度低,运行时间短,并且重建后效果较好[4]。

双三次插值算法不仅考虑到 4 个直接邻点灰度值的影响,还考虑到各邻点间灰度值变化率的影响,即利用周围邻近的 16 个像素点进行插值计算[5]。该方法的三次多项式 $S(w)$ 的数学表达式为

$$S(w)=\begin{cases}1-2.5|w|^2+1.5|w|^3, & 0\leqslant|w|<1;\\ 2-4|w|+2.5|w|^2-0.5|w|^3, & 1\leqslant|w|<2;\\ 0, & |w|\geqslant 2\end{cases} \quad (4-8)$$

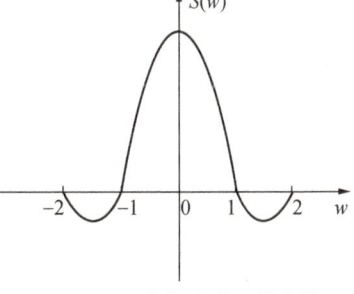

图 4-8　三次多项式函数曲线

该函数的曲线图如图 4-8 所示。

插值公式为

$$f(u,v)=ABC \quad (4-9)$$

其中，A, B, C 分别如式(4-10)、式(4-11)、式(4-12)所示：

$$A = [S(1+d_x) \quad S(d_x) \quad S(1-d_x) \quad S(2-d_x)] \qquad (4-10)$$

$$B = \begin{bmatrix} I(i-1,j-1) & I(i-1,j) & I(i-1,j+1) & I(i-1,j+2) \\ I(i,j-1) & I(i,j) & I(i,j+1) & I(i,j+2) \\ I(i+1,j-1) & I(i+1,j) & I(i+1,j+1) & I(i+1,j+2) \\ I(i+2,j-1) & I(i+2,j) & I(i+2,j+1) & I(i+2,j+2) \end{bmatrix} \qquad (4-11)$$

$$C = \begin{bmatrix} S(1+d_y) \\ S(d_y) \\ S(1-d_y) \\ S(2-d_y) \end{bmatrix} \qquad (4-12)$$

由于双三次插值算法考虑了更多的像素点，因此插值得到的像素值更接近真实的像素值，并且还能消除锯齿现象。红外图像重建后的效果如图 4-9 所示。

图 4-9 红外图像灰度化-高分辨率重建效果示意图

4.1.2 复合绝缘子可见光和红外图像融合技术

复合绝缘子可见光和红外图像融合技术是将可见光与红外摄像头传感器采集到的同一场景、同一时间或不同时间的图像数据，经过特定的图像处理算法，最大限度地提取红外图像绝缘子串温度信息以及可见光绝缘子串图像边缘高分辨特性，最后综合成高质量的图像的一项技术。该技术可以降低和去除各源图像之间的错误和冗余信息，提高图像信息的利用率,改善图像的空间分辨率和光谱分辨率,从而增强图像的清晰度。

图像融合可分为 3 个不同的层次,即像素级、特征级和决策级。像素级图像融合是比较基础的融合,也是目前实际应用中使用最广泛的融合方法,它是在图像的原始数据上进行融合,而不对原始数据进行综合处理和分析,其工作原理如图 4-10 所示。像素级图像融合对原始信息丢失较少,相对于其他两个层次的融合,它可以更多地保留图像的原始信息,细节信息也更加准确、详细、丰富,有利于下一步进行更深层次的分析和处理。由于在红外诊断检测中要保留红外热像中热目标的温度信息,因此像素级图像融合方法比较适合用于电力系统的红外检测[6]。

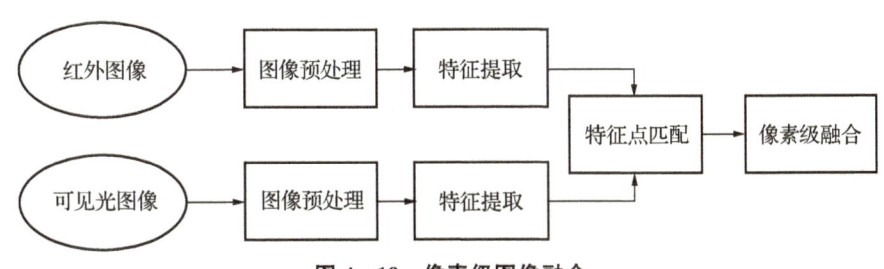

图 4-10 像素级图像融合

无人机搭载可见光相机和红外相机采集的图像像素在数量级上存在较大差异,其中可见光图像像素均在 2000 万以上,红外相机的像素仅为 20 万~30 万,因此通过像素点匹配的方式进行直接融合,配准速度和配准效果均不理想。同时,红外摄像头和可见光摄像头镜头参数不一致会导致不同形式的桶形畸变或枕形畸变,尤其可见光图像会发生严重的桶形畸变(红外图像畸变很小,可以忽略不计)。如图 4-11 所示为可见光与红外光原图。

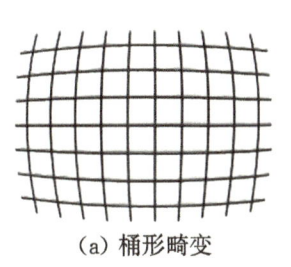  

(a) 桶形畸变　　　　(b) 可见光原图(桶形畸变)　　　　(c) 红外光原图

图 4-11 可见光与红外光原图

由于可见光和红外光畸变结果不一致,所以进行匹配融合后会造成中心区域匹配良好、边缘区域误差很大的现象[7]。针对上述可见光图像和红外图像存在的问题,为了实现两类图像的有效融合,本项目采用尺度不变特征变换(Scale-Invariant Feature Transform,简写为 SIFT)算法进行全局图像匹配。该算法可以很好地采集杆塔和绝缘子串边缘信息,利用杆塔各个部件相连形成的三角区域和绝缘子串边界信息提取的角点以及亮度梯度信息构建具有一定尺度不变性的特征进行融合,从而在红外和可见光图像分辨率差距很大的时候依然能够准确匹配相应的点。再利用 KNN 算法进行匹配计算得出红外光图像 SIFT 特征点与可见光图像 SIFT 特征点的对应关系,通过相应特征的位置计算红外光与可见光的缩放比例和偏移量,将可见光图像采用双线性插值算法缩放并叠加至红外图像上形成复合绝缘子双光融合图像[8]。

可见光图像和红外图像融合时涉及以下关键步骤。

1) 特征点识别

传统的 SIFT 算法是在不同的尺度空间上查找关键点(特征点),并计算出关键点的方向。这些关键点要求比较突出,且不因光照、仿射变换和噪音等因素而发生变化,如角点、边缘点、暗区的亮点及亮区的暗点等。由于绝缘子串本身存在的角点较少,而电力杆塔结构角点较多,且三角形结构类似,因此容易导致特征识别错误甚至无法识别。基于此,项目组对 SIFT 算法进行了改进,在基于传统灰度高斯金字塔的基础上添加了多层梯度高斯金字塔(见图 4-12),使得图像特征识别的敏感性增强,对于质量不好的图像也能够找到足够多的特征点。此外,由于该金字塔是一个四维的金字塔,使得算法能够获取较深的图像特征信息。

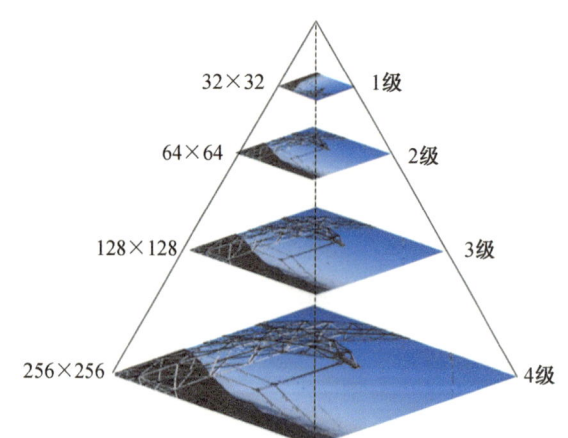

图 4-12 复合绝缘子串可见光图像多层梯度高斯金字塔

基于梯度金字塔(Gradient Pyramid,简写为 GP)分解的图像融合算法是一种基于高斯金字塔的多尺度分解算法。通过对高斯金字塔每层图像进行梯度算子运算,即可获得图像的 GP 表示。GP 每层分解图像都包含水平、垂直和两个对角线共 4 个方向的细节信息,能更好地提取出图像的边缘信息,提高了图像的稳定性和抗噪性。

对图像的高斯金字塔的各分解层(最高层除外)分别进行方向梯度滤波,便可得到梯度塔形分解如下:

$$D_{Lk} = d_k(G_L + w_0 G_L), \quad 0 < L < N, K = 1, 2, 3, 4 \quad (4-13)$$

其中,D_{Lk} 表示第 L 层第 k 个方向梯度塔形图像;G_L 为图像的高斯金字塔的第 L 层图像;d_k 表示第 k 个方向梯度滤波算子,定义如下:

$$d_1 = \begin{bmatrix} 1 & -1 \end{bmatrix}, \quad d_2 = \frac{1}{\sqrt{2}} \begin{bmatrix} 0 & -1 \\ 1 & 0 \end{bmatrix}, \quad d_3 = \begin{bmatrix} -1 \\ 1 \end{bmatrix}, \quad d_4 = \frac{1}{\sqrt{2}} \begin{bmatrix} -1 & 0 \\ 0 & 1 \end{bmatrix} \quad (4-14)$$

经过 d_1, d_2, d_3, d_4 对高斯金字塔各层进行方向梯度滤波,在每一分解层上(最高层除外)均可得到包含水平、垂直以及两个对角线方向细节信息的 4 个分解图像。由此可见图像的梯度塔形分解不仅是多尺度、多分辨率分解,而且每一分解层(最高层除外)又由分别包含 4 个方向细节信息的图像组成。

梯度是一个矢量,指向边缘法线方向上取得局部最大值的方向,并和图像的边缘方向总是正交(垂直)。图像经梯度滤波器滤波后,突出了相邻点间灰度级的变化,达到增强边缘的目的。以区域各点灰度值之和为特征量进行源图像分解层的融合时,来自哪个区域的特征量的值大,就将该区域中心像素点的灰度值作为融合后图像分解层上该位置的像素灰度值,这样就能很好地提取图像的边缘信息。如图 4-13 所示为传统 SIFT 算法及改进 SIFT 算法查找的关键点对比。

(a) 传统 SIFT 算法　　　　　　　　(b) 改进 SIFT 算法

图 4-13　传统 SIFT 算法及改进 SIFT 算法查找的关键点

2) 特征匹配

结合提取的图像特征点效果,本项目采用基于灰度统计的局部特征匹配方法去局部统计特征向量相同的特征点,使得特征匹配得更加准确。

目前,传统的特征匹配算法通常采用 KNN(K-Nearest Neighbors,即 K 近邻)分类算法或者暴力求解法对图像特征的距离进行描述,并根据特征点找到合适的配对,再通过单应性矩阵获取变换矩阵,而复合绝缘子串局部相似区域及杆塔支架等都会对特征提取造成非常大的影响。局部不变特征检测是局部不变特征描述的基础,同时也是基于局部特征统计的特征匹配算法的必要步骤。其中,Harris 角点检测算法具有较高的可靠性和准确性,而且对图像的光照变化以及旋转变化也都具有良好的不变性。该方法采用了一个较为平滑的高斯函数窗口,通过计算像素点邻域内灰度值的一阶差分法进行检测,根据局部自相关矩阵的一对特征值之间的关系辨别该点是不是角点。

Harris 算法的主要过程如下:设定图像 $I(x,y)$ 中的点 (x,y) 经过高斯窗口平移 (u,v) 后的灰度变化可以根据自相关函数表示为

$$E(u,v) = \sum_{x,y} w(x,y)[I(x+u,y+v) - I(x,y)]^2 \qquad (4-15)$$

根据泰勒展开,当窗口的平移量非常小时,灰度变化式可近似表示为

$$E(u,v) = \sum_{x,y} w(x,y)[I_x u + I_y v + O(u^2,v^2)]^2 \approx \sum_{x,y} w(x,y)(I_x u + I_y v)^2$$
$$(4-16)$$

又因为

$$(I_x u + I_y v)^2 = \begin{bmatrix} u & v \end{bmatrix} \begin{bmatrix} I_x^2 & I_x I_y \\ I_x I_y & I_y^2 \end{bmatrix} \begin{bmatrix} u \\ v \end{bmatrix} \qquad (4-17)$$

从而得到

$$E(u,v) \cong \begin{bmatrix} u & v \end{bmatrix} M \begin{bmatrix} u \\ v \end{bmatrix} \qquad (4-18)$$

$M(x,y)$ 的两个特征矢量直接决定了检测出的是不是角点。而两个特征值的大小与角点的关系的判断依据为:只有当两个特征值都比较大的时候才为角点。

为避免光源的线性变化导致图像灰度值发生变化,采用灰度梯度作为图像的灰度特征。在边缘点检测方向,以各边缘点作为脊点,求取其两边有限长像素的灰度梯度,形成一个二维的灰度梯度矩阵。在待配准图像中,选取与样本图像初始矩阵同样空间坐标的行或列作为待配准图像的初始矩阵,再用同样的方法构建一个二维灰度梯度矩阵。将待配准图像的灰度梯度矩阵与样本图像的灰度梯度矩阵进行对比,两者差异最小时就可以获得配准的最佳偏移量。

设图像中的第 i 行穿过目标区,以该行作为初始矩阵并检测边缘点。令检测到的边缘点 $E(i,j)$ 的坐标为 (i,j),其灰度值为 $I(i,j)$,再以 $E(i,j)$ 点为中心,对其两侧像素构建一个长为 l 且为奇数的灰度梯度分布向量 $G_{(i,y)}$,y 的取值范围为 $\left(j - \frac{l-2}{2}, j + \frac{l+2}{2}\right)$,则

$$G_{(i,y)} = \left(\left(I\left(i,j - \frac{l-3}{2}\right) - I\left(i,j - \frac{l-1}{2}\right)\right), \left(I\left(i,j - \frac{l-5}{2}\right) - I\left(i,j - \frac{l-3}{2}\right)\right), \cdots,\right.$$
$$\left.\left(I\left(i,j + \frac{l-3}{2}\right) - I\left(i,j + \frac{l-5}{2}\right)\right), \left(I\left(i,j + \frac{l-1}{2}\right) - I\left(i,j + \frac{l-3}{2}\right)\right)\right) \qquad (4-19)$$

分别求取

$$G_{(-h+i,y)}, G_{(-h+1+i,y)}, \cdots, G_{(i-1,y)}, G_{(i+1,y)}, \cdots, G_{(i+h-1,y)}, G_{(i+h,y)} \qquad (4-20)$$

其中,h 是在 l 的正交方向所取灰度梯度分布向量的个数。构建二维灰度梯度矩阵

$$T_{(x,y)} = (G_{(-h+i,y)}, G_{(-h+1+i,y)}, \cdots, G_{(i+h-1,y)}, G_{(i+h,y)})^{\mathrm{T}} \qquad (4-21)$$

其中,x 的取值范围是 $(i-h, i+h)$。

从样本图像和待配准图像中获取的二维灰度梯度矩阵分别为 $T_S(x,y)$ 和 $T_A(x,y)$,其中 $T_S(x,y)$ 中 x 的取值范围为 $(i-h, i+h)$,$T_A(x,y)$ 中 x 的取值范围为 $(i-h', i+h')$;y 的取值范围一致。为了提高配准的精度和效率,在求取二维灰度梯度矩阵时要求 $h > h'$。

在 $T_S(x,y)$ 中选取一个与 $T_A(x,y)$ 同样尺度的窗 $T'_S(x,y)$,则有
$$S(x,y)=T_A(x,y)-T'_S(x,y)$$
对 $S(x,y)$ 的每个元素取绝对值,并对每一列进行逐行求和运算,得到一个一维矩阵:

$$L_{(y)}=\left[\left(\sum_{i-h'}^{i+h'}S\left(x,j-\frac{l-1}{2}\right)\right) \quad \cdots \quad \left(\sum_{i-h'}^{i+h'}S\left(x,j+\frac{l-1}{2}\right)\right)\right] \tag{4-22}$$

再对 $L_{(y)}$ 逐列求和即得

$$H=\sum_{j-\frac{l-1}{2}}^{j+\frac{l-1}{2}}L_{(y)} \tag{4-23}$$

其中,H 称为 $T'_S(x,y)$ 与 $T_A(x,y)$ 的配准评价参数,理想情况下,若 $T'_S(x,y)$ 与 $T_A(x,y)$ 完全匹配,则 $H=0$。$T'_S(x,y)$ 在 $T_S(x,y)$ 上从 $i-h$ 行开始到 $i+h-2h'$ 行逐行滑动,每滑动一行就与 $T_A(x,y)$ 作一次对比运算,并求得一个 H 值。对所有 H 值,绝对值最小值所对应的 (x,y) 位置就是两幅图像配准最佳的位置。此位置相对于第 i 行的差值和边缘点空间行坐标的差值就是两幅图像空间坐标的偏移量,再对待配准图像的像素作一次平移就实现了目标区的配准。

改进后的特征匹配效果如图 4-14 所示。可以看到,采用传统方式进行匹配后红外图像和可见光图像中的关键点位对应关系出现了大量的错位(大量连线交叉),匹配效果并不理想;匹配方法改进后,两幅图中的关键点位连线之间全部呈现平行关系,因此对应关系完全一致,能够满足图像匹配的要求。

(a) 传统特征匹配　　　　　　　　　　(b) 改进后的匹配

图 4-14　传统特征匹配和改进后的匹配效果对比

3) 双线性插值

根据两幅图像相应点的匹配结果对可见光图像进行插值计算,将可见光图像处理成与红外图像位置对应的图像,之后即可进行图像叠加输出融合图像。

常见的插值算法包括最邻近插值、双线性插值、双三次插值、兰索思插值等,其中,双线性插值算法由于折中的插值效果和运算速度而运用比较广泛,其应用场景也比较适合本项目。在数学上,双线性插值是基于两个变量的插值方法,也是线性插值在二维的扩展,其核心思想是在两个方向分别进行一次线性插值。双线性插值算法模型如图 4-15 所示。

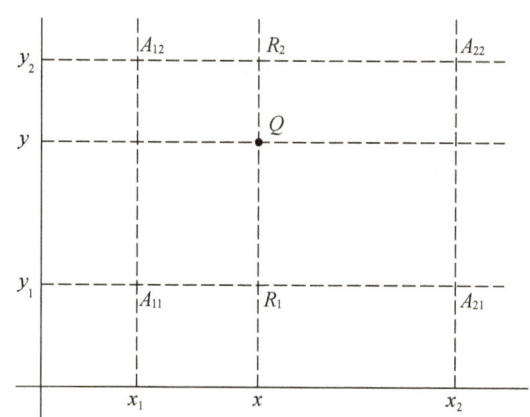

图 4-15 双线性插值算法模型

假设已知像素值函数 $f(x,y)$ 在

$$A_{11}(x_1,y_1),\quad A_{12}(x_1,y_2),\quad A_{21}(x_2,y_1),\quad A_{22}(x_2,y_2)$$

四个点的值。首先在 x 方向进行插值,即

$$\begin{cases} f(R_1)=\dfrac{x_2-x}{x_2-x_1}f(A_{11})+\dfrac{x-x_1}{x_2-x_1}f(A_{21}), \\ f(R_2)=\dfrac{x_2-x}{x_2-x_1}f(A_{12})+\dfrac{x-x_1}{x_2-x_1}f(A_{22}) \end{cases} \quad (4-24)$$

再在 y 方向进行插值,即

$$f(Q)=\frac{y_2-y}{y_2-y_1}f(R_1)+\frac{y-y_1}{y_2-y_1}f(R_2) \quad (4-25)$$

综合计算,即得 Q 点的值为

$$\begin{aligned} f(x,y)=&\frac{f(A_{11})}{(x_2-x_1)(y_2-y_1)}(x_2-x)(y_2-y) \\ &+\frac{f(A_{21})}{(x_2-x_1)(y_2-y_1)}(x-x_1)(y_2-y) \\ &+\frac{f(A_{12})}{(x_2-x_1)(y_2-y_1)}(x_2-x)(y-y_1) \\ &+\frac{f(A_{22})}{(x_2-x_1)(y_2-y_1)}(x-x_1)(y-y_1) \end{aligned} \quad (4-26)$$

如图 4-16 所示,可见光图像经双线性插值算法处理后将与红外图像位置匹配,之后即可进行图像叠加融合。

4 输电线路复合绝缘子红外图谱库及发热智能识别方法

(a) 可见光图像位置　　　　　　　　　(b) 红外图像位置

图 4-16　可见光和红外图像位置匹配示意图

4) NSCT 变换

红外图像与可见光图像融合的主要目的是在保存可见光图像的基础上,更好地嵌入红外目标部分。目标的红外辐射强度与其周围自然背景的辐射强度无关,且一般都高于背景的辐射强度[9]。可认为背景处于信号的低频部分,而目标处于图像的高频部分,红外目标的基本特征表现出多尺度性和较强的方向性,因而基于 NSCT 变换的红外与可见光图像融合方法可以实现较好的融合效果。

NSCT 变换过程如图 4-17 所示。首先采用非下采样的拉普拉斯金字塔分解实现图像的多尺度分解,得到图像的低频子图像和高频子图像;再利用非下采样的方向滤波器对各个高频子图像进行分解,得到多方向子带图像。

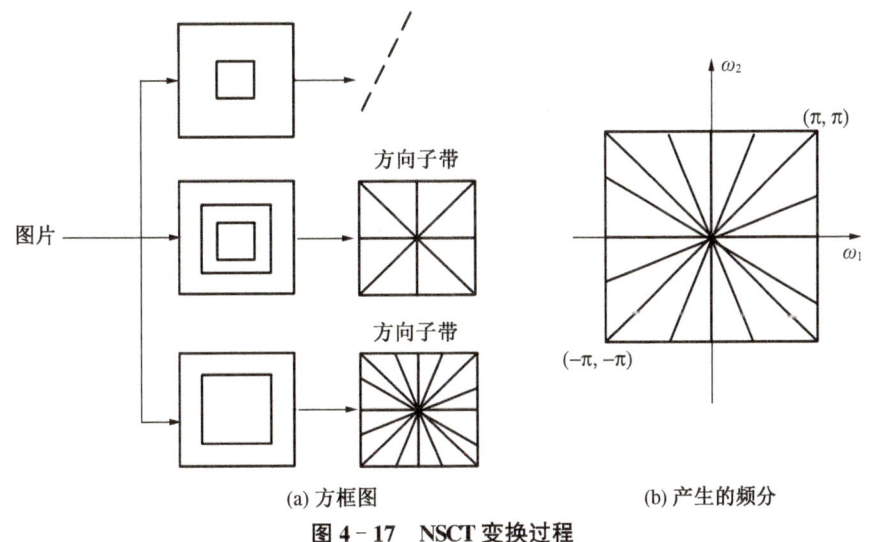

(a) 方框图　　　　　　　(b) 产生的频分

图 4-17　NSCT 变换过程

图像经 N 级 NSCT 分解后,可得到 1 个低频子图像和 $\sum_{j=1}^{N} 2^{l_j}$ 个高频子图像,其中 l_j 为尺度 j 下的方向分解级数,低频子图像代表着图像的轮廓信息,高频子图像代表着图像的细节信息。因而,图像经过 NSCT 变换后可得到 $1+\sum_{j=1}^{N}2^{l_j}$ 个子图像,并且每个子图像的大小与原始输入图像的大小一样。从子图像中可以看出原始图像各个像素点的特点,这有利于图像融合算法的设计及取得较好的结果。具体的融合步骤如下:

(1) 对可见光图像 V、红外图像 I 分别进行 NSCT 变换,分解层数为 J,可得

$$V(x,y)=L_J^V(x,y)+\sum_{j=1}^{J}H_{j,r}^V(x,y) \quad (4-27)$$

$$I(x,y)=L_J^I(x,y)+\sum_{j=1}^{J}H_{j,r}^I(x,y) \quad (4-28)$$

其中,j 和 r 分别代表分解尺度和方向数。

(2) 原图像经 NSCT 分解后,低频代表图像的基本轮廓信息,其占据着图像的大部分能量,即红外图像与可见光图像的背景信息。由于可见光图像中背景区域较为清晰,而红外图像中目标部分具有较大的能量和灰度值,为了较好地保存红外目标信息和可见光背景图像,采用如下简单的最大值方法进行融合:

$$L_J^F(x,y)=\begin{cases} L_J^V(x,y), & L_J^V(x,y) \geqslant L_J^I(x,y); \\ L_J^I(x,y), & 其他 \end{cases} \quad (4-29)$$

(3) NSCT 分解后得到的各个高频子带图像背景能量比较低,但却包含了主要的目标能量。当像素点为目标点时,局部离散性较大同时熵值也较大;当像素点为边缘点时,局部离散性适中但熵值较小。此时,背景点却表现出局部离散性小但熵值较大的现象,主要原因是,虽然背景处于图像的低频信息中,但是高频中仍有部分弱小的能量残留,背景点在各个方向中的小波系数以一致性的弱小值的形式存在,因此呈现出熵偏高的现象。考虑到目标点局部离散性远远大于背景点,因而采用根据区域能量匹配度进行判断的高频融合算法。

① 在高频子图像 $H_{j,r}^V(x,y)$,$H_{j,r}^I(x,y)$ 中分别以点 (x,y) 为中心,取 3×3 大小的子块,并计算两低频子块的区域能量,得到 $E_{j,r}^V(x,y)$ 和 $E_{j,r}^I(x,y)$,即

$$E_{j,r}(x,y)=\sum_{x'=-1}^{1}\sum_{y'=-1}^{1}H_{j,r}(x+x',y+y')^2 \quad (4-30)$$

② 计算点高频子图像各点 (x,y) 的能量匹配度 m,即

$$m(x,y)=\frac{2E_{j,r}^I(x,y)E_{j,r}^V(x,y)}{[E_{j,r}^I(x,y)]^2+[E_{j,r}^V(x,y)]^2} \quad (4-31)$$

③ 计算高频子图像的能量匹配度判断阈值 T,即

$$T=m+S^2(m) \quad (4-32)$$

其中,m 表示平均值,$S^2(m)$ 表示标准方差。

④ 在高频子图像 $H_{j,r}^V(x,y)$ 和 $H_{j,r}^I(x,y)$ 中,融合图像的高频子图像为 $H_{j,r}^F(x,y)$。当 $m(x,y) \geqslant T$ 时,说明两高频分量都对应于背景部分,采用的融合规则为

$$H_{j,r}^F(x,y)=\frac{H_{j,r}^V(x,y)E_J^V(x,y)+H_{j,r}^I(x,y)E_J^I(x,y)}{E_J^V(x,y)+E_J^I(x,y)} \quad (4-33)$$

当 $m(x,y)<T$ 时,采用的融合规则为

$$H_{j,r}^F(x,y)=\begin{cases}H_{j,r}^I(x,y), & E_{j,r}^I(x,y)\geqslant E_{j,r}^V(x,y);\\ H_{j,r}^V(x,y), & 其他\end{cases} \quad (4-34)$$

对融合处理后得到的低频和高频系数进行逆变换,融合后的图像如图 4-18 所示。

图 4-18 基于 NSCT 的红外与可见光图像融合

4.1.3 复合绝缘子可见光和红外图像融合性能

1) 配准核心区域对齐误差指标

这里的核心区域应理解为绝缘子。任取一张融合图像,其绝缘子的边缘对齐误差应不超过 3 pixels。一般可分为红外/可见光绝缘子边缘平行或交叉两种情况(见图 4-19)。

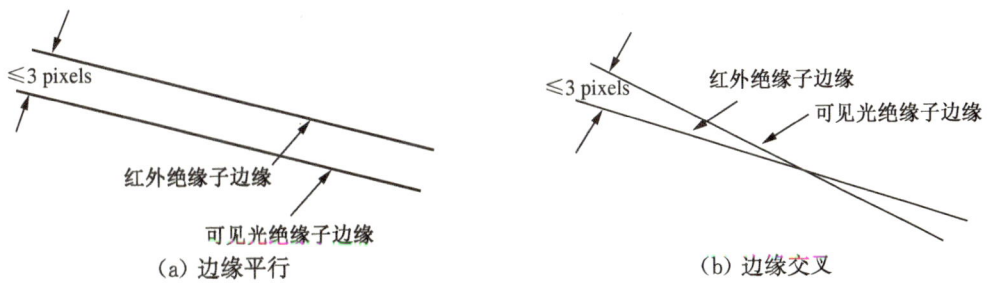

(a) 边缘平行 (b) 边缘交叉

图 4-19 对齐误差验证方法

2) 配准空间分辨率指标

通常要求双光融合后相角不大于 2 mrad。如图 4-20 所示,由

$$\tan\theta=\frac{\Delta L}{L} \Rightarrow \Delta L=L\cdot\tan\theta$$

若视距 L 为 10 m,可得

$$\Delta L\leqslant 10\cdot\tan\frac{0.002\cdot 360}{2\pi}\approx 0.02\ (m)$$

即双光融合中可见光与红外光的融合误差应不大于 2 cm。

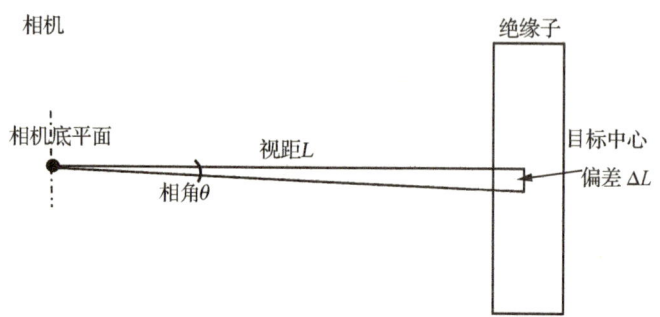

图 4-20 配准空间分辨率验证方法

随机选取 200 组图片(包括单串复合绝缘子、多串复合绝缘子及不完整复合绝缘子三类场景)进行融合,并按照上述评价指标进行统计,部分图片的融合效果如图 4-21、图 4-22 和图 4-23 所示。结果表明,这 200 组图片绝缘子融合的对齐误差均不超过 3 pixels,其中对齐误差为 0 pixels 的有 12 组,对齐误差为 1 pixel 的有 116 组,对齐误差为 2 pixels 的有 45 组,对齐误差为 3 pixels 的有 27 组。

图 4-21 单串复合绝缘子融合效果

图 4-22　多串复合绝缘子融合效果

图 4-23　不完整复合绝缘子融合效果

4.1.4 复合绝缘子融合图像中关键部位的提取方法

复合绝缘子关键部位提取研究内容包括复合绝缘子中心线提取、复合绝缘子伞裙芯棒分割两大部分,其中复合绝缘子中心线提取还将对高/低压侧进行自动识别标注。本项目主要采用深度学习的方式开展提取方法研究工作,具体的技术研究思路如图 4-24 所示。

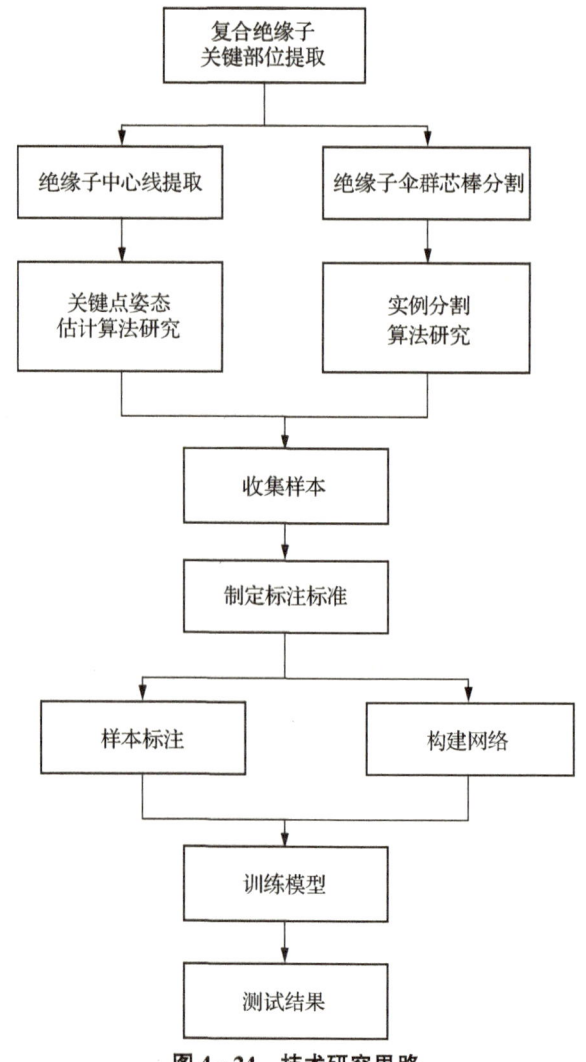

图 4-24 技术研究思路

1) 复合绝缘子中心线提取

绝缘子串中心线实质就是绝缘子区域芯棒中轴线,因此只需检测绝缘子串两个端点,然后将端点连接即可得到最终绝缘子串中心线。而要找出复合绝缘子串两个端点,就需要识别绝缘子串高压侧、低压侧关键点。该步骤与经典姿态估计算法(OpenPose)在逻辑上有很大的相似之处,将经典的姿态估计类算法进行适当改进,即可满足本项目研究的技术需求。

算法的基本思路是先检测图片中所有目标物的关键点,然后将这些关键点对应到不同的区域个体,其中每个像素点用一个 2D 向量分别表征位置信息和方向信息。考虑到可见光图像质量高于红外图像,因此对双光红外载荷拍摄的可见光图像,首先在可见光图像中对复合绝缘子进行关键点定位和中心线提取,随后通过可见光图像和红外图像的融合,将可见光图像中的中心线映射到红外图像中,即得红外图像中复合绝缘子的中心线。对单红外载荷拍摄的图片,则利用前文介绍的预处理技术,首先改善红外图像质量,强化复合绝缘子边缘信息,再利用 OpenPose 算法进行中心线提取。OpenPose 算法流程如图 4-25 所示。

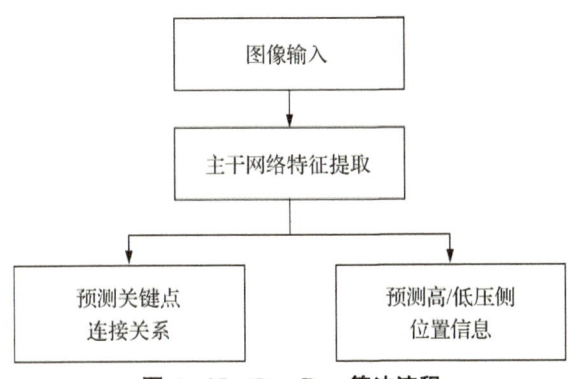

图 4-25 OpenPose 算法流程

(1) 样本标注

姿态估计算法需要对绝缘子的高压侧、低压侧进行标注,并将高压侧命名为"high",低压侧命名为"low"。因为样本中包含多个绝缘子串,而每个绝缘子串都有高、低压侧,相同的标注标签无法区分单个绝缘子串的连接关系(即 A 绝缘子串的高压点只能与其本身的低压点相连,B 绝缘子串的高压点只能与其本身的低压点相连,不能出现交叉的情况),所以采用分组(Group ID)方式确定同一图片中不同绝缘子串的连接关系。特别地,标注高、低压侧关键点时,标注的位置位于末端伞裙和芯棒中轴的交叉点处。如图 4-26 所示,其中黄色点表示高压侧,绿色点表示低压侧。

图 4-26 绝缘子串高、低压侧关键点标注

（2）基于 OpenPose 算法的高低压侧关键点提取

OpenPose 算法通过编码绝缘子串高低压侧位置和连接方向信息二维矢量场来解决一张图中多个绝缘子串交叉连接的问题，通过自底向上的方法达到高质量检测结果。

如图 4-27 所示为 OpenPose 算法网络框架。其中，S 表示绝缘子串每个关键点的置信度图（Confidence Maps），L 表示每个绝缘子串高压侧和低压侧的连接关系二维矢量场，同一个类别出现在同一个空间中。F 为 VGG-16 网络前 10 层组成的特征图集合，然后进入多阶段网络。在第二阶段时，可以看到这个 F 与第一阶段的 S,L 集合会连接在一起并送到下一阶段。

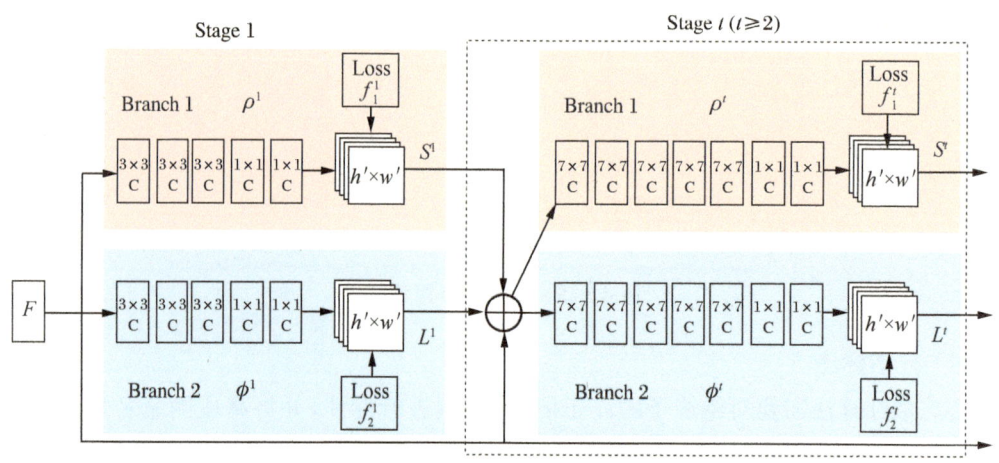

图 4-27 OpenPose 算法网络框架

在对 OpenPose 算法网络进行训练时，为保证网络能够收敛，损失函数的应用是关键一步[10]。在网络训练每个阶段都会产生损失，为避免梯度消失，损失函数 f_L^t 和 f_S^t 的计算如式（4-35）所示：

$$\begin{cases} f_L^{t_i} = \sum_{c=1}^{C} \sum_p W(p) \cdot \| L_c^{t_i}(p) - L_c^*(p) \|_2^2, \\ f_S^{t_i} = \sum_{j=1}^{J} \sum_p W(p) \cdot \| S_j^{t_i}(p) - S_j^*(p) \|_2^2, \\ f = \sum_{t=1}^{T_p} f_L^t + \sum_{t=T_p+1}^{T_p+T_C} f_S^t \end{cases} \quad (4-35)$$

其中，L,S 为置信度图；W 为像素 p 处注释缺失时 $W(p)=0$ 的二元掩码（如果某个关键点标注缺失，则不计算该点损失），该掩码可避免在训练过程中惩罚真实的正向预测。算法迭代流程如图 4-28 所示。

损失函数的作用就是计算神经网络每次迭代的前向计算结果与真实值的差距，从而指导下一步的训练向着正确的方向进行。训练中使用损失函数的具体步骤如下：

① 用随机值初始化前向计算公式的参数；

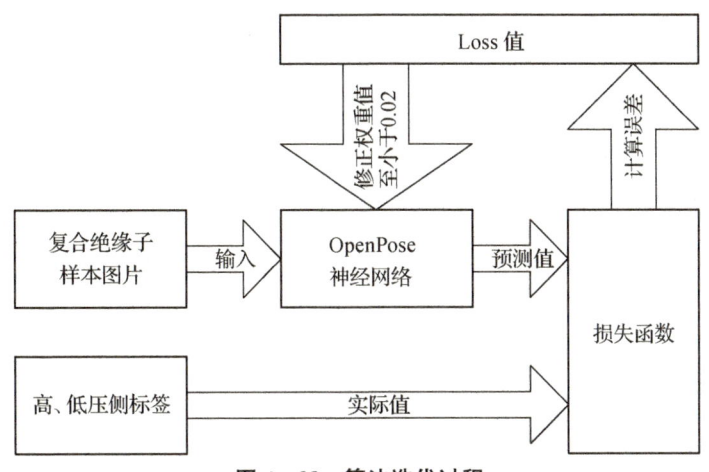

图 4-28 算法迭代过程

② 代入样本,计算输出的预测值;

③ 用损失函数计算预测值和标签值(真实值)的误差;

④ 根据损失函数的导数,沿梯度最小方向将误差回传,修正前向计算公式中的各个权重值;

⑤ 跳转至②,当损失函数值小于 0.02 就停止迭代。

(3) OpenPose 算法测试及调优

选取单串、Ⅱ型串、V 型串三种类型复合绝缘子样本作为训练集或测试集,其中训练集 441 张,测试集 182 张,总计 623 张。

第一阶段采用原始参数训练,部分测试结果如图 4-29 所示。不难发现,图片中对复合绝缘子中心线的检测存在位置偏移、漏检情况,整体的准确率为 54%。

OpenPose 算法输入图像尺寸越大则感知能力越强,但计算量呈指数倍增长。为了让深度学习网络发挥最大特性,综合算法的感知能力和平台计算能力并结合多次调试经验,将输入尺寸设置为 2^n 像素,将输入网络的图片尺寸改为 512×512。

同时,Openpose 算法中需要用到网格控制参数,对该参数调优也是提高算法准确率的关键。网格控制参数值越大意味着有更多的神经元参与预测该点,虽然可以提升关键点的检出能力,但带来的负面影响是该点的定位精度会随之下降。如果训练样本中关键点分布比较密集,可以将该参数调小,提升关键点的定位精度。最终将网格控制参数由 0.025 调整为 0.0125,部分测试结果如图 4-30 所示。

采用优化后的参数进行重新训练,对测试集的 182 张图片进行中心线定位准确率统计,中心线定位准确率由 54% 提升至 82%,尤其当采用空间分辨率为 0.895 mrad 的红外设备拍摄、测试距离控制在 5 m 时,复合绝缘子中心线定位准确率达到 95%,中心线定位精度得到有效提升。另外,对于山地、杆塔、地面等复杂背景,网格控制参数调优还能实现良好的分割效果(见图 4-31)。

图 4-29　网格参数为 368×368(std=0.025)测试结果

图 4-30　网格参数为 512×512(std=0.0125)测试结果

4 输电线路复合绝缘子红外图谱库及发热智能识别方法

(a) 低压侧杆塔背景

(b) 整只绝缘子杆塔背景

(c) 杆塔-山体背景

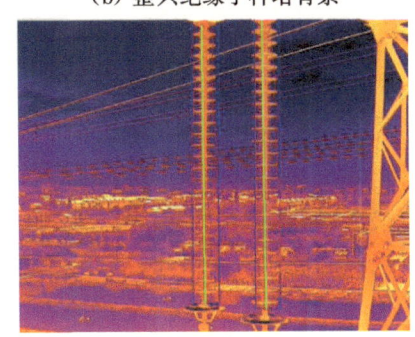
(d) 地面背景

图 4-31 复杂背景中心线提取效果

2) 复合绝缘子伞裙芯棒分割技术

除开展中心线提取外,本项目还尝试通过轮廓分割技术获取复合绝缘子轮廓,进而将伞裙和芯棒进行分离,从而获得芯棒的温度。

(1) 样本标注策略

为获取图片中的绝缘子串,需要对已有的样本数据进行清理。本项目收集的样本数据中,绝缘子串存在多个种类,其中可见光中玻璃绝缘子串类别和复合绝缘子串类别在外形结构上有很大相似之处,虽然颜色上存在很大区分度,然而红外图像中两者区分度却很小,同时可见光和红外光中相同的绝缘子串颜色上的差异也非常大。因此,将绝缘子串类别分为可见光玻璃绝缘子串、可见光复合绝缘子串、红外绝缘子串这三类进行标注,其中后两类分别如图 4-32 和图 4-33 所示。

图 4-32 可见光复合绝缘子串标注图

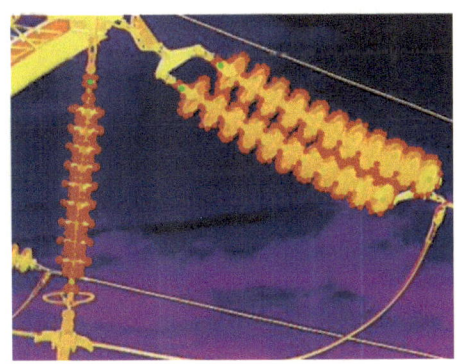
图 4-33 红外绝缘子串标注图

117

在创建绝缘子串实例标注数据集时,需要为每个绝缘子单独分配一个 Mask 区域,标注时需要得到每个复合绝缘子独立完整的分割区域。

(2) 改进 Mask R-CNN 算法

本项目采用基于改进的 Mask R-CNN 算法中的特征金字塔网络(FPN)进行目标检测,即通过添加额外分支进行语义分割(额外分割分支和原检测分支不共享参数)。相较于经典 Mask-CNN 算法的两个分支,改进的 Mask R-CNN 算法就有了三个输出分支——分类、坐标回归、分割。

同时,对经典 Mask R-CNN 算法敏感区域池化(Region of Interest Pooling)进行了优化,通过双线性插值使候选区域和卷积特征对齐,不因量化而损失信息[11]。分割时,改进的 Mask R-CNN 算法将判断类别和输出模板(Mask)这两个任务解耦合,采用 Sigmoid 激活函数替换对数损失函数(Logistic Loss)对每个类别的模板单独处理,比经典 Mask 检测算法中用 Softmax 函数让所有类别一起竞争效果更好。

对于绝缘子 Mask 的提取,改进算法在经典 Mask R-CNN 算法的基础上加入多尺度训练以及神经网络注意力机制,这两大改进点能够有效提高 Mask 区域边界的准确性。

实际应用中要求卷积层的输入尺寸可以是任意(本项目主要采用 608×608、416×416 和 320×320 三种尺寸),考虑到传统 CNN 构架输入图像的尺寸都是固定的(如 256×256),这种人工改变输入图像尺寸的行为破坏了图像的大小和长宽比例,但全连接层的输入可以是固定不变。

改进的 Mask R-CNN 算法应用包括以下四步:

① 将整张图片送入 CNN,进行特征提取;

② 在最后一层卷积特征图(Feature Map)上,通过区域生成网络(Region Proposal Network,简写为 RPN)生成 RoI,每张图片大约 300 个建议窗口;

③ 通过 RoI Align 层使得每个建议窗口生成固定大小的 Feature Map(RoI Align 是生成 Mask 预测的关键);

④ 得到三个输出向量,第一个是 Softmax 分类,第二个是每一类的 Bounding Box 回归,第三个是每一个 RoI 由全连接卷积网络(Fully Convolutional Networks,简写为 FCN)层生成二进制 Mask。

(3) 算法测试及调优

将单串、II 串、V 串三种类型的复合绝缘子共计 441 张图像采用 epoch 训练方式(一个完整的数据集通过神经网络一次并且返回一次,这一过程即称为一个 epoch)进行训练。随着 epoch 次数的增加,神经网络中的权重的更新次数也将增加。因为 epoch 值过大会出现过拟合情况,所以本项目分别选取 epoch=100,epoch=300,epoch=500 三个值进行测试,结果分别见图 4-34、图 4-35 和图 4-36。

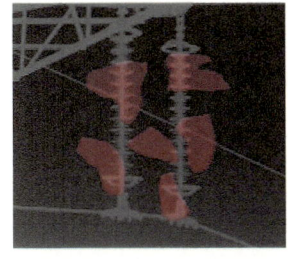
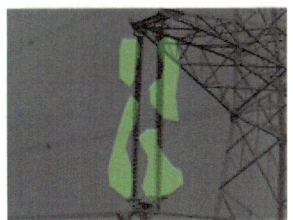

图 4-34 epoch=100

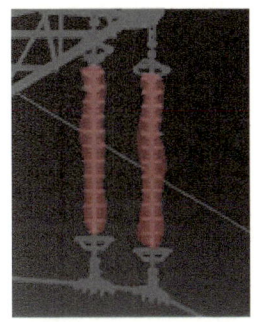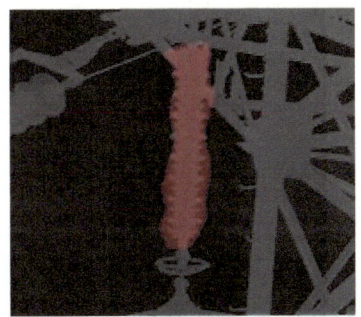
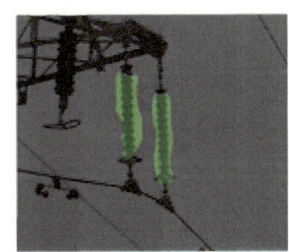

图 4-35 epoch=300

通过迭代训练可以发现,Mask 区域检测效果随着迭代次数的增加逐渐提高,但当 epoch 值超过 300 后,Mask 区域检测效果提升缓慢并与最终结果差别不大,且实际测试结构与标签相比在细节上表现得不是很理想,需要进一步优化处理。

基于现有样本,将改进后的 Mask R-CNN 算法进行训练得到模型后,复合绝缘子 Mask 提取效果如图 4-37 所示。

(4) 伞裙芯棒分割

伞裙芯棒分割流程如图 6-38 所示,具体的分割步骤有以下六步。

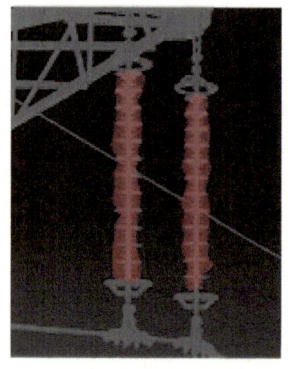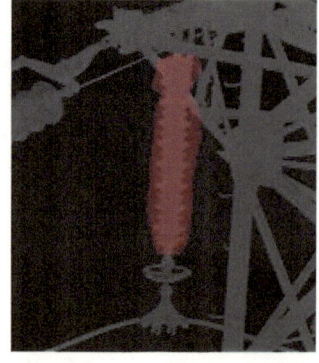
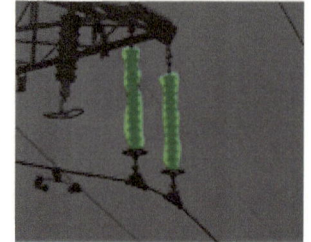

图 4-36 epoch=500

图 4-37 优化后的 Mask R-CNN 算法 Mask 提取效果

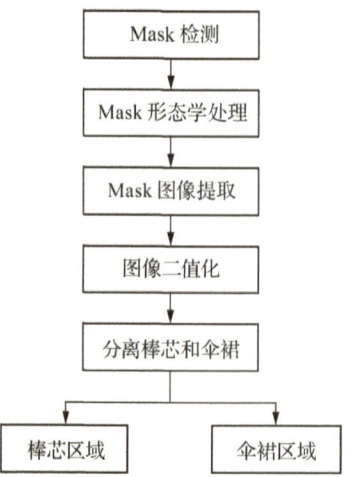

图 4-38 伞裙芯棒分割流程图

步骤1：原图灰度化。对红外图像灰度化,得到单通道灰度图像如图4-39所示。

图4-39 灰度化图像

步骤2：形态学处理。利用Mask R-CNN算法对绝缘子串区域检测的结果进行形态学处理,扩大Mask区域,得到滤波后的绝缘子串图像如图4-40所示。

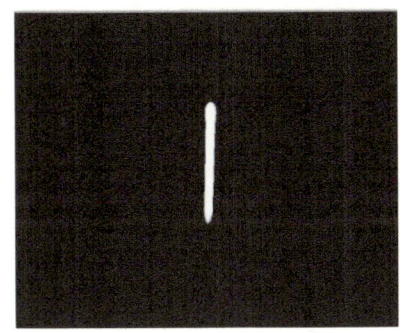 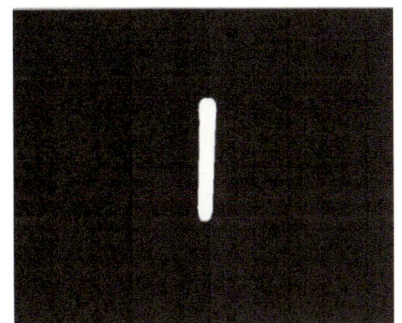

(a) 深度学习Mask检测结果　　　　　　(b) 形态学处理结果

图4-40 绝缘子串图像

步骤3：Mask提取。结合上面两步从Mask区域提取得到绝缘子串,效果如图4-41所示。这一步实现了图4-39对应的绝缘子区域空间图像的提取,但此时绝缘子仍存在背景导线等物体,需要做进一步的精细化处理。

 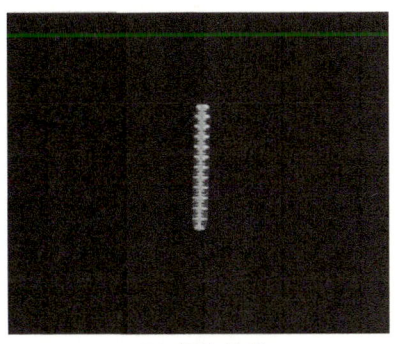

(a) 灰度图　　　　　　(b) 提取效果

图4-41 灰度图及绝缘子区域提取效果

步骤 4：图像二值化。采用 OTSU 算法（大津法/最大类间方差法）进行图像二值化分割，实现背景与目标的区分，从而提取精细的绝缘子串区域，再通过统计整个图像的直方图特性来实现全局阈值 T 的自动选取。该算法的核心在于前景图像与背景图像的类间方差最大，其实施流程如图 4-42 所示。

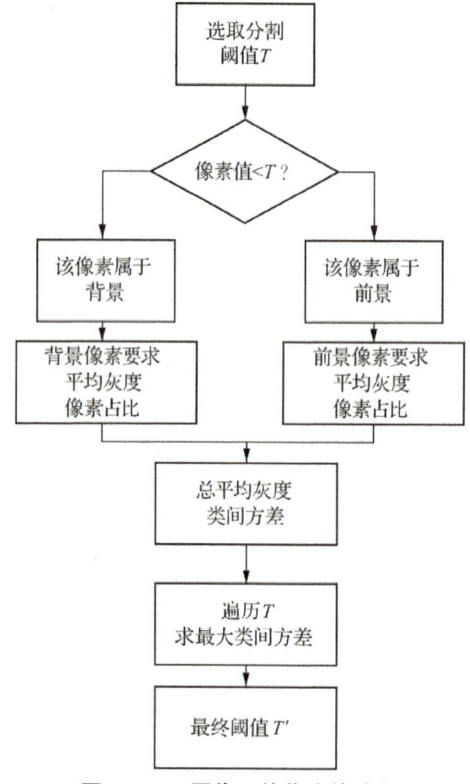

图 4-42　图像二值化实施流程

OTSU 算法具体的实施步骤如下：

① 先计算图像的直方图，即将图像所有的像素点按照 0～255 共 256 个离散灰度值统计落在每个灰度值上的像素点数量。

② 归一化直方图，也即将每个灰度值上的像素点数量除以总的像素。

③ 点 T 表示分类的阈值，也即一个灰度级，从 0 开始迭代。

④ 通过归一化的直方图，统计 0～T 灰度级的像素（假设像素值在此范围的像素叫作前景像素）所占整幅图像的比例 w_0，并统计前景像素的平均灰度 u_0；统计 T～255 灰度级的像素（假设像素值在此范围的像素叫作背景像素）所占整幅图像的比例 w_1，并统计背景像素的平均灰度 u_1。

⑤ 计算前景像素和背景像素的方差，公式为 $g = w_0 \cdot w_1 \cdot (u_0 - u_1)^2$。

⑥ T++；转到④，直到 T=256 时结束迭代。

如图 4-43 所示是精细绝缘子串分割效果图。

 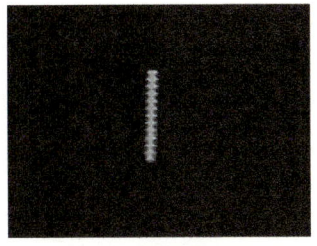

(a) 红外原图　　　　　(b) Mask 提取结果　　　(c) 二值化后的精细绝缘子串分割效果

图 4-43　精细绝缘子串分割效果

步骤 5：分离芯棒。首先在二值化后的精细绝缘子串分割图上将绝缘子串由一侧到另一侧计算逐行 Mask 宽度，排列生成绝缘子串宽度直方图（如图 4-44 所示为其中一段伞裙和芯棒区域宽度直方图）；然后遍历直方图中的波峰和波谷，计算波峰的平均值和波谷的平均值；最后计算绝缘子芯棒和伞裙宽度分割阈值 T_r，公式为

$$T_r = \frac{l_{at} + l_{ab}}{2} \tag{4-36}$$

其中，l_{at} 为波峰平均值，l_{ab} 为波谷平均值。

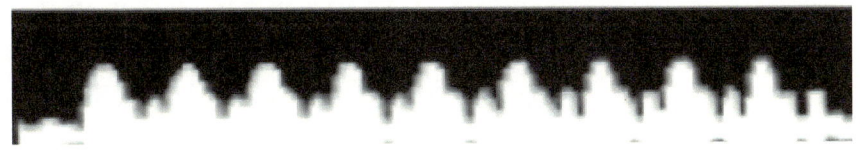

图 4-44　伞裙和芯棒区域宽度直方图

直方图中高度小于 T_r 的部分为芯棒，大于 T_r 的部分为伞裙，将芯棒和伞裙对应的区域提取后的效果如图 4-45 所示。

图 4-45　芯棒分离效果

步骤 6：分离伞裙。将步骤 5 得到的芯棒区域与步骤 3 得到的绝缘子区域进行减法操作，即可分离出伞裙区域。伞裙分离效果如图 4-46 所示。

为了验证伞裙芯棒分割算法，对测试集 182 张图片进行推理测试，能够完好分割芯棒和伞裙的图片占 85%，局部分割不完整的图片占 9%，整体分割效果不佳的图片占 6%，可见相对识别率较高，因此具备较好的识别效果。部分图片分割效果不佳的主要原因是这些图片

图 4-46　伞裙分离效果

拍摄距离较远,导致伞裙、芯棒清晰度不足。芯棒伞裙完好分割样例如图 4-47 所示,未能正常分割样例如图 4-48 所示。

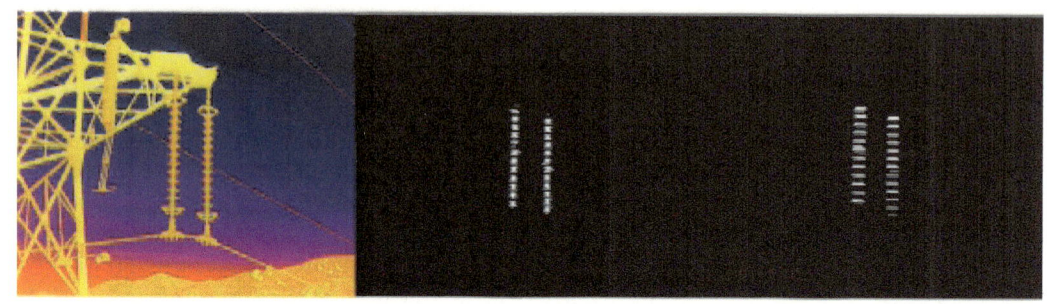

图 4-47　芯棒伞裙完好分割样例

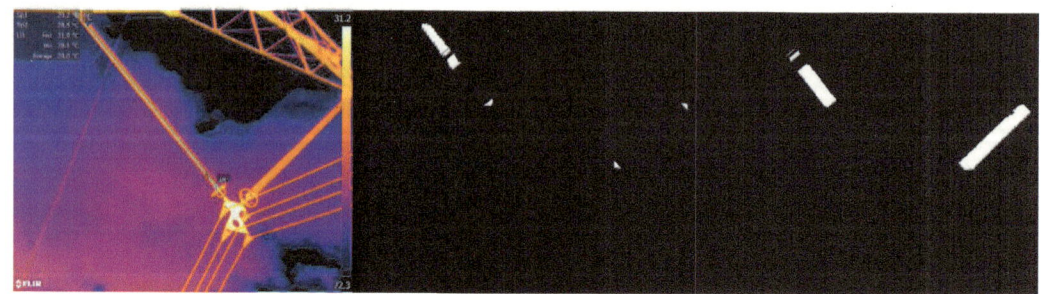

图 4-48　芯棒伞裙未能正常分割样例

需要指出的是,外部光照会导致复合绝缘子表面温度产生波动,而当伞裙和芯棒分离后再提取芯棒温度时,芯棒和伞裙交界位置的温度实际上仍然受到伞裙的影响。在分离提取各段芯棒的情况下,其温度处理变得更为困难,因此最终仍然选择利用复合绝缘子中心线温度进行下一步的发热缺陷分析。

4.2 架空输电线路在运复合绝缘子红外特征及发热判断方法

4.2.1 图谱样本来源

1) 现场在运复合绝缘子

现场在运复合绝缘子红外图谱来源于某省 110 kV 至 500 kV 架空输电线路挂网,包括不同生产厂家和不同运行年限的复合绝缘子,以及正常、发热两种不同状态。

在手动调节温宽后,正常复合绝缘子的红外图谱中芯棒、伞裙表面红外图像无明显的色差(本项目以此筛选现场拍摄图谱中的正常绝缘子)。现场典型正常复合绝缘子红外谱图如图 4-49 所示。

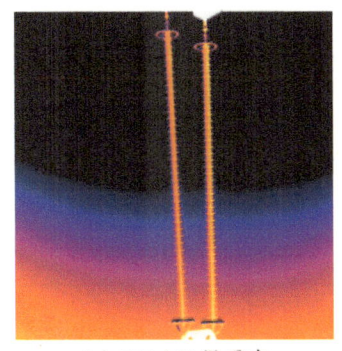  

(a) 500 kV 悬垂串　　　　(b) 500 kV V 型串塔身内侧　　　　(c) 220 kV 悬垂串

图 4-49　现场典型正常复合绝缘子红外图谱

发热绝缘子发热原因主要包括端部护套老化受潮、表面严重积污、内部缺陷三类,所有发热绝缘子均通过实验室试验重现了发现现象,证明现场发热确实存在,同时通过实验室试验确定了发热原因。现场端部护套老化受潮、严重积污、内部缺陷三类缺陷的典型发热复合绝缘子红外图谱如图 4-50 所示。

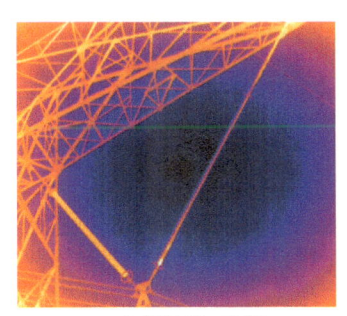 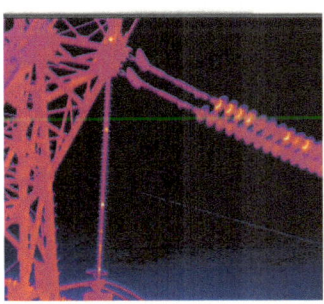 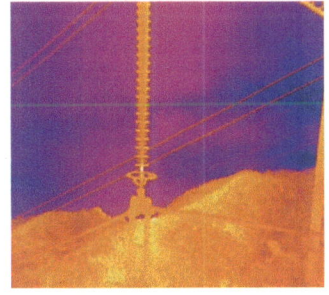

(a) 内部缺陷(酥朽)　　　　(b) 表面严重积污　　　　(c) 端部护套老化受潮

图 4-50　现场典型发热复合绝缘子红外图谱

现场在运复合绝缘子红外图谱拍摄线路明细如表 4-1 所示,其中存在发热绝缘子的线路标成灰色。

表 4-1　现场在运复合绝缘子红外图谱拍摄线路明细

序号	地市公司	电压等级	线路	复合绝缘子投运时间	复合绝缘子厂家	绝缘子状态
1	ZS 公司	220 kV	LC 线	2015 年	GZM	正常
2	ZS 公司	220 kV	LS 线	2015 年	GZM	1 支绝缘子内部缺陷发热
3	ZS 公司	110 kV	ZL 线	2010 年	GZM	正常
4	ZS 公司	110 kV	DL 线	2010 年	GZM	部分绝缘子护套老化受潮发热
5	NB 公司	500 kV	TX 线	2005 年	GZM	正常
6	NB 公司	500 kV	YC 线	2005 年	GZM	正常
7	NB 公司	500 kV	TM 线	2019 年	JSX	正常（2019 年更换投运绝缘子）
8	NB 公司	500 kV	TH 线	2019 年	JSX	正常（2019 年更换投运绝缘子）
9	WZ 公司	500 kV	CW 线	2019 年	XYG	正常
10	WZ 公司	500 kV	YT 线	2015 年	XYG	正常
11	WZ 公司	220 kV	WS 线	2018 年	XYG	正常
12	WZ 公司	220 kV	ZC 线	2009 年	XYG（防风偏绝缘子）	正常
13	WZ 公司	220 kV	ZC 线	2009 年	XYG	正常
14	WZ 公司	220 kV	JT 线	2007 年	XYG	正常
15	WZ 公司	220 kV	YH 线	2018 年	XYG	正常
16	WZ 公司	110 kV	RWA 线	2014 年	XYG（防风偏绝缘子）	正常
17	WZ 公司	110 kV	ZB 线	2010 年	XYG（防风偏绝缘子）	正常
18	WZ 公司	110 kV	BQ 线	2006 年	XYG	正常
19	WZ 公司	110 kV	KLY 线	2014 年	XYG	正常
20	WZ 公司	110 kV	ZZ 线	2015 年	XZS	正常
21	WZ 公司	220 kV	NZ 线	2012 年	XYG	正常
22	WZ 公司	220 kV	DW 线	2013 年	SHH	正常
23	ZS 公司	220 kV	CG 线	2011 年	GZM	正常
24	ZS 公司	220 kV	CX 线	2011 年	GZM	正常

续表 4-1

序号	地市公司	电压等级	线路	复合绝缘子投运时间	复合绝缘子厂家	绝缘子状态
25	ZS公司	220 kV	CP线	2019年	GZM	2020年8月因严重积污出现发热
26	ZS公司	220 kV	LD线	2019年	GZM	部分绝缘子存在阳光直射发热
27	ZS公司	220 kV	LY线	2004年	GZM	正常
28	ZS公司	110 kV	CD线	2004年	XYG	部分绝缘子存在阳光直射发热
29	ZS公司	110 kV	JF线	2011年	HZT	正常
30	ZS公司	110 kV	PQ线	2009年	GZM	部分绝缘子存在阳光直射发热
31	ZS公司	110 kV	ZQ线	2012年	JSH	部分绝缘子护套老化受潮发热
32	ZS公司	110 kV	ZX线	2014年	JSX	部分绝缘子护套老化受潮发热
33	ZS公司	500 kV	LC线	2014年	GZM	正常
34	ZS公司	500 kV	LX线	2014年	GZM	正常
35	ZS公司	500 kV	LC线	2014年	JSX	2020年8月因严重积污出现发热，之后又出现护套老化受潮发热
36	ZS公司	500 kV	LX线	2010年	JSX	
37	ZS公司	220 kV	LD线	2010年	GZM	正常
38	ZS公司	220 kV	GD线	2009年	GZM	正常

2）实验室缺陷复合绝缘子

以 500 kV TH 线和 TM 线更换的绝缘子作为实验室缺陷复合绝缘子，其中包括 2 支内部酥朽绝缘子、11 支护套老化绝缘子。2 支内部酥朽绝缘子酥朽缺陷位于高压侧区段，芯棒已出现发白、发黑及毛刺等酥朽缺陷；11 支护套老化绝缘子在端部电场较强时会出现高压端端部发热。2 支内部酥朽绝缘子缺陷状态和红外图像及典型护套老化受潮绝缘子红外图像如图 4-51 所示。

3）现场测试方法

利用无人机搭载红外摄像装备开展复合绝缘子现场红外测试，现场测试无人机红外参数见表 4-2。这些参数都是目前现场测试时最常用的设备参数，其中 500 kV TH/TM 线测试设备空间分辨率为 0.68 mrad，其他线路测试设备空间分辨率均为 0.895 mrad。

 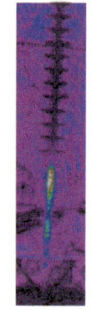   

(a) 1#绝缘子缺陷状态　(b) 1#绝缘子红外图像　(c) 2#绝缘子缺陷状态　(d) 2#绝缘子红外图像　(e) 典型护套老化受潮绝缘子红外图像

图 4-51　缺陷绝缘子发热状态及红外图像

表 4-2　现场测试无人机红外参数

测试线路	焦距 /mm	测温灵敏度 /mK	测温范围 /℃	测试帧频 /Hz	像元间距 /μm	空间分辨率 /mrad
500 kV TH/TM 线	25	<50	-25～135	30	17	0.68
其他线路	19	<50	-25～135	30	17	0.895

为了防止绝缘子表面凝露或其他液态水对发热产生影响，测试均在晴朗干燥天气下进行，风速不超过二级，环境相对湿度不超过80%，环境温度不低于0℃。测试以天空为背景，增加被测绝缘子与背景的对比，以利于测试对象的识别。测试反射率设置为0.95，测试距离均为10 m。测试时确保绝缘子伞裙未对芯棒产生遮挡，以避免因遮挡导致发热区域漏测。

4) 实验室测试方法

对各支护套老化受潮缺陷绝缘子施加运行电压，并在加压时长为30 min时进行红外拍摄，共获取11幅红外图谱；对2支内部酥朽缺陷绝缘子施加$1.0 U_0$、$0.5 U_0$两种电压，并在不同加压时长下进行红外拍摄，共获得31幅不同温升幅值红外图谱。测试时控制实验室环境温度为20 ℃，相对湿度为50%。

试验回路见图4-52(a)，实际试验布置见图4-52(b)。图4-52(a)中，T_1为500 kVA

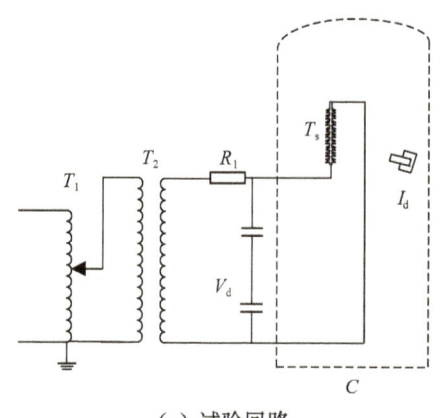

(a) 试验回路　　　　　　　　(b) 试验布置

图 4-52　室内实验室试验回路及布置

容量调压器，T_2 为 1000 kV/0.5 A 试验变压器，V_d 为分压器，T_s 为被试绝缘子，I_d 为试验用红外设备。试验所用红外测试设备的测试焦距为 49 mm，像元间距为 17 μm，空间分辨率为 0.347 mrad，测试反射率设置为 0.95，测试距离为 10 m。试验时，为了使护套老化受潮绝缘子发热更为明显，加压时不带均压环。测试时红外仪高度与缺陷高度接近，以获得缺陷处无遮挡红外图像。

4.2.2 复合绝缘子温度曲线形态特征

1) 正常绝缘子

通过对大量正常绝缘子温度曲线进行比较，发现正常绝缘子温度曲线存在高频、低频两种变化分量，其中高频变化分量包括伞裙-芯棒单元温差、温度曲线局部震荡两种类型。

2) 伞裙-芯棒温差

选取 500 kV TH 线中一支典型正常复合绝缘子，其红外图像及温度曲线如图 4-53 所示。

 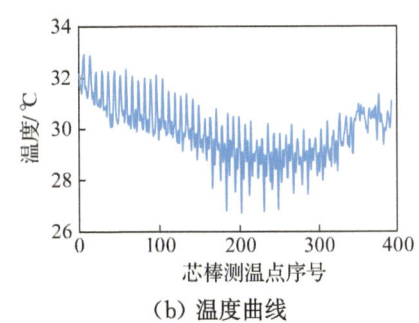

(a) 绝缘子红外图像　　　　　　　　(b) 温度曲线

图 4-53　典型复合绝缘子红外图像及温度曲线

由图 4-53 不难发现，复合绝缘子芯棒温度曲线存在一系列温度尖峰（共 52 个），且尖峰数量与大伞数量相同。将图 4-53 中复合绝缘子高压端 4 个伞裙单元的红外图像及温度曲线重新作图，其中每个伞裙单元的芯棒位置、小伞位置、大伞位置分别设置测温点。测温点位置及温度曲线如图 4-54 所示，测点温度见表 4-3。

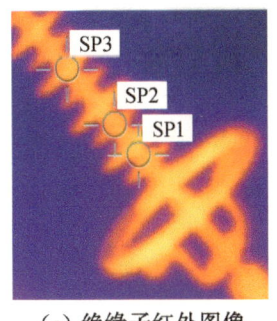 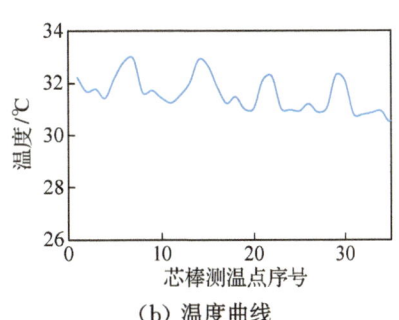

(a) 绝缘子红外图像　　　　　　　　(b) 温度曲线

图 4-54　高压端附近区段红外图像及温度曲线

表 4-3 高压端附近典型位置测点温度(单位:℃)

伞裙单元序号	测点位置		
	芯棒	小伞	大伞
1	32.2	31.8	32.9
2	31.7	31.2	32.9
3	31.8	31.0	32.2
4	31.0	31.2	32.2
对应图中测点位置	SP1	SP2	SP3

结合表 4-3 和图 4-54 可知,该支复合绝缘子大伞位置温度较高,对应图 4-54(b)中的 4 个温度高点。该支绝缘子大伞与芯棒温差可达 1.2 K。

3) 温度曲线局部震荡

部分复合绝缘子图像拍摄距离过远,导致图像清晰度不足,温度曲线存在局部温度突然降低的震荡现象。以一支 500 kV 复合绝缘子为例,其红外图像及温度曲线见图 4-55。

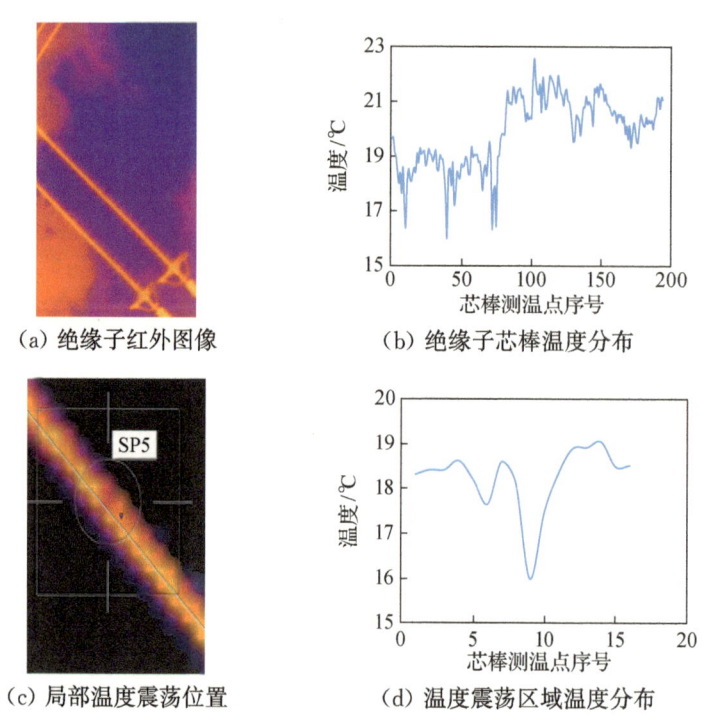

(a) 绝缘子红外图像　　(b) 绝缘子芯棒温度分布

(c) 局部温度震荡位置　　(d) 温度震荡区域温度分布

图 4-55　清晰度不足绝缘子红外图像及温度曲线

图 4-55(b)所示温度曲线对应图 4-55(a)中右侧绝缘子,存在多处向低温方向的震荡。将其中一处放大,对应绝缘子部位红外图像见图 4-55(c),因图像温宽进行了适当调整以突出芯棒的温度变化,导致伞裙在图中难以分辨。图 4-55(c)中 SP5 为局部温度最低位置,对应的温度曲线见图 4-55(d),该位置局部温差达 3.03 K,其原因在于红外图像模糊造成局

部温度失真。温度的局部震荡亦将造成对现场红外测试的误判。

图谱库构建中,此类拍摄距离过远导致复合绝缘子局部温度过低的图片均予以筛除。

4) 温度曲线低频分量

复合绝缘子温度曲线中,除了前文所述伞裙和芯棒的温差、芯棒温度局部震荡产生的高频温度变化分量外,还存在较为缓慢的变化分量,典型形态为 U 型,即绝缘子自高压端到低压端出现温度先减小、后上升的现象(见图 4-56(a));还有一部分绝缘子的芯棒温度 U 型曲线的左侧下降段较短,右侧上升段较长(见图 4-56(b))。

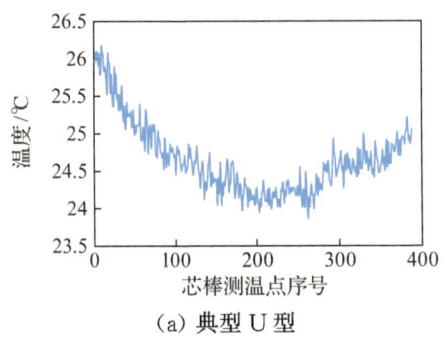
(a) 典型 U 型

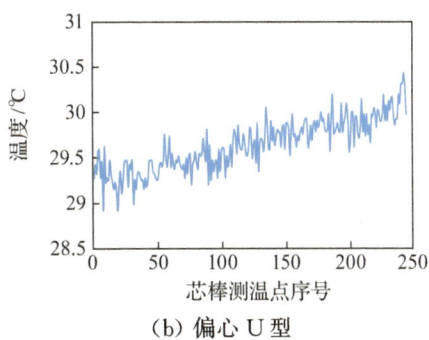
(b) 偏心 U 型

图 4-56 复合绝缘子芯棒温度分布 U 型曲线

造成芯棒温度曲线缓慢变化的原因有以下两方面:

(1) 绝缘子电压分布。500 kV 复合绝缘子电场强度分布呈现高压端、低压端数值较大,中部数值较少的特征[12,13],而电场强度与绝缘子本体发热存在关联。绝缘子伞套材料含有少量水分及其他极性物质,在电场作用下会产生极化损耗,导致两端电场强度较大位置处绝缘子芯棒温度相对较高。

(2) 绝缘子不同部位测试角度。无人机位置固定时,复合绝缘子不同部位的测试角度不同,则伞裙遮挡程度不同。本项目测试工作均优先保证高压端不受遮挡,由于 500 kV 复合绝缘子较长,在本项目无人机测试位置下,自绝缘子高压端向低压端方向,伞裙对芯棒的遮挡程度会逐步增加。红外测试中任意测点的温度实际上是该位置周围一定范围内温度的均值,该范围又称为缓冲区,由于伞裙温度略高于芯棒,因此随着伞裙对芯棒遮挡程度的增加,测点缓冲区内部伞裙占比提升,导致温度数值抬升。

由于测试位置、伞裙与芯棒温度差的不同,不同绝缘子的温度 U 型曲线的主导因素也不同。若电压分布起主导作用,则绝缘子温度曲线呈现图 4-56(a)所示形态;若测试角度起主导作用,则绝缘子温度曲线呈现图 4-56(b)所示形态。

5) 发热绝缘子

分别选取芯棒酥朽、端部护套老化受潮、表面积污发热绝缘子各一支,它们的红外图像及温度曲线分别如图 4-57、图 4-58、图 4-59 所示,其中图 4-57 为芯棒酥朽发热绝缘子,图 4-58 为端部护套受潮发热绝缘子,图 4-59 为表面积污发热绝缘子。

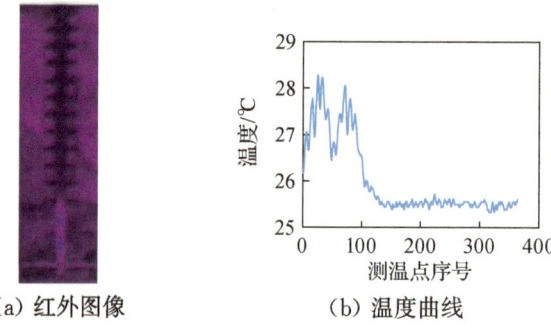

(a) 红外图像　　(b) 温度曲线

图 4-57　芯棒酥朽绝缘子

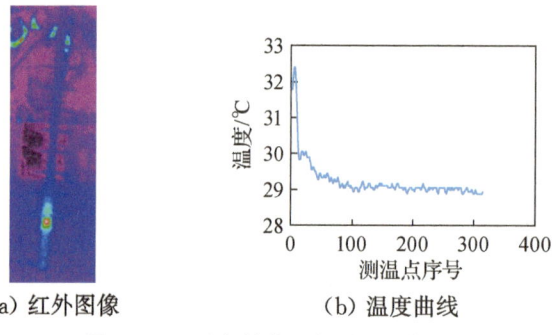

(a) 红外图像　　(b) 温度曲线

图 4-58　端部护套老化受潮绝缘子

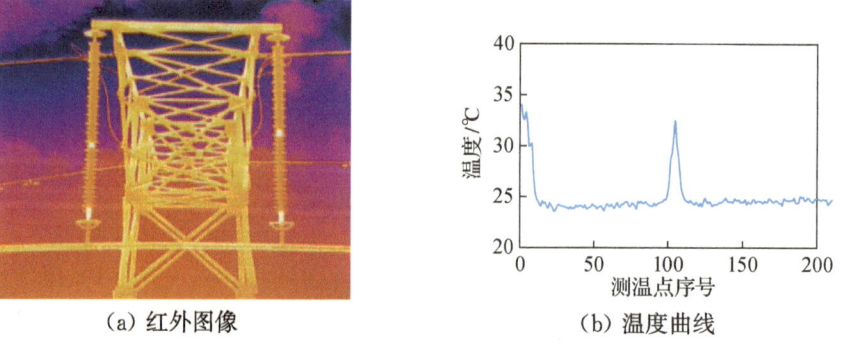

(a) 红外图像　　(b) 温度曲线

图 4-59　表面积污绝缘子

将图 4-57 至图 4-59 中的发热复合绝缘子红外图像及温度曲线与图 4-53 中的正常复合绝缘子红外图像及温度曲线进行对比,不难看出发热复合绝缘子温度曲线具有以下两个特点:

(1) 发热复合绝缘子温度曲线高温区域长度大于正常复合绝缘子。图 4-57 至图 4-59 中的发热复合绝缘子高温区域所跨越的伞裙单元数量分别为 3,1,2,而图 4-53 中的高温脉冲仅来源于复合绝缘子伞裙与芯棒的温差,因此发热复合绝缘子温度曲线高温区域长度大于正常复合绝缘子。

(2) 发热复合绝缘子高温区域边缘具有显著的温度梯度。图 4-57 至图 4-59 中的发热复合绝缘子温度曲线可分为发热区和非发热区,在两者交界处存在温度的快速变化,其温度梯度较大(如图 4-59(b)中测温点序号 100 处)。

4.2.3 复合绝缘子发热特征量

获得红外测试图像后,利用红外设备配套的分析软件导出复合绝缘子芯棒中轴线温度曲线数据。芯棒温度曲线为沿着绝缘子芯棒的一系列离散点,即

$$f_T = (T_1, T_2, \cdots, T_i, \cdots, T_m) \tag{4-37}$$

其中,f_T 为绝缘子芯棒温度曲线;m 为温度曲线数据点数;T_i 为温度曲线中第 i 个测点位置的温度数值,单位为℃。基于温度曲线 f_T,采用温度峰值与平均值之差 T_p 表征温升幅值,其计算公式为

$$T_p = T_{\max} - \sum_{i=1}^{m} \frac{T_i}{m} \tag{4-38}$$

无人机红外测试得到的复合绝缘子芯棒方向温度曲线含有高频分量、低频分量两种成分,其中高频分量为若干宽度较窄的温度脉冲。高频分量的存在会对发热区域辨识产生干扰,严重时甚至淹没发热信号。为了研究测试距离变化对异常发热辨识的影响,需要对高频信号进行分离,获得其幅值随测试距离的变化。本项目利用小波塔式分解算法对复合绝缘子温度曲线 f_T 进行处理,采用的小波基函数为 dmey,分解示意如图 4-60 所示。

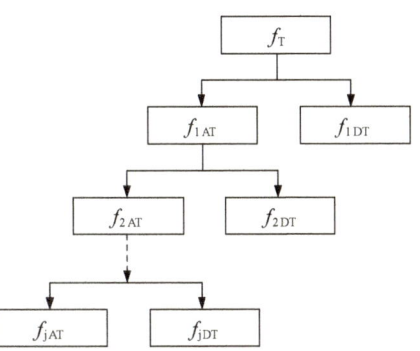

图 4-60 温度曲线小波塔式分解示意图

在图 4-60 中,温度曲线 f_T 被分解为近似分量 f_{1AT} 和细节分量 f_{1DT},其中近似分量 f_{1AT} 可进一步分解为近似分量 f_{2AT} 和细节分量 f_{2DT},而细节分量 f_{1DT} 无法进一步分解。通过4层分解,得到的近似分量 f_{4AT} 即作为温度曲线 f_T 的低频分量 f_{LT},再由式(4-39)获得温度曲线 f_T 的高频分量 f_{HT}:

$$f_{HT} = f_T - f_{LT} \tag{4-39}$$

对原始温度曲线 f_T 按式(4-40)计算得到温度梯度曲线 k_1:

$$\begin{cases} k_1(i) = \dfrac{f_T(i+1) - f_T(i)}{l} = \dfrac{T_{i+1} - T_i}{l}, \\ l = \dfrac{H}{m-1} \end{cases} \tag{4-40}$$

其中,H 为绝缘子高度,单位为 mm;m 为架空线路复合绝缘子温度曲线的点数;l 为复合绝缘子温度曲线相邻温度测点之间的距离,单位为 mm。式(4-40)给出了温度曲线上相邻两点的平均温度梯度。

利用式(4-41)计算原始温度曲线温度梯度标准差:

$$S_{kd} = \sqrt{\dfrac{\sum_{i=1}^{m-1}(k_1(i) - \bar{k}_1)^2}{m-1}} \tag{4-41}$$

其中，$\bar{k}_1$ 为复合绝缘子温度梯度曲线平均值。利用式(4-42)计算温度梯度绝对值的相对标准差 S_{rkd}：

$$S_{rkd} = \frac{\sqrt{\dfrac{\sum_{i=1}^{m-1}(|k_1(i)|-|\bar{k}_1|)^2}{m-1}}}{|\bar{k}_1|} \tag{4-42}$$

在式(4-41)中，将温度梯度 k_1 相关量替换成温度低频分量梯度 k_2 相关量，可得到温度低频分量梯度标准差 S_{Lkd}；进而再在式(4-42)中将温度梯度 k_1 相关量替换成温度低频分量梯度 k_2 相关量，可得到温度低频分量梯度绝对值的相对标准差 S_{Lrkd}。

对于式(4-39)获得的高频分量 f_{HT}，采用希尔伯特变换得到其包络线 f_{HHT}，再利用所得包络线求取其绝对值的平均值 f_{MHHT}。将式(4-41)中的 k_1 替换成 f_{HHT} 相关量，即可求得高频分量 f_{HT} 包络线绝对值的标准差 S_{kHHT}。

为便于表述，后续各特征量均用符号表示。现将各特征量及其符号列于表4-4中。

表4-4 复合绝缘子特征量汇总

序号	特征量	特征量符号	备注
1	温度梯度绝对值的相对标准差	S_{rkd}	发热筛查特征量
2	温度低频分量梯度绝对值的相对标准差	S_{Lrkd}	发热筛查特征量
3	温度高频分量包络线绝对值的平均值	f_{MHHT}	阳光干扰判断特征量
4	温度高频分量包络线绝对值的标准差	S_{kHHT}	阳光干扰判断特征量

4.2.4 阳光干扰判断

1) 特征量分布

文献[14]指出，表征阳光影响的特征量为 f_{MHHT} 与 S_{kHHT}。

(1) 温差特征

对绝缘子样本进行现场红外测试后，分别按照110 kV与220 kV电压等级，以及正常状态、护套老化受潮发热、污秽发热、阳光干扰四种情况对绝缘子进行分类并编号。绝缘子红外图谱温差特征如图4-61所示。

由图4-61可知110 kV和220 kV复合绝缘子的温差特征如下：

① 正常状态下绝缘子温差幅值波动不大，110 kV绝缘子处于0～2 K之间，220 kV绝缘子处于0～5 K之间；当绝缘子产生发热时，绝缘子温差幅值上升。

② 110 kV与220 kV污秽发热绝缘子温差幅值明显增大，其与正常状态下的绝缘子温差幅值仅有少部分重叠。

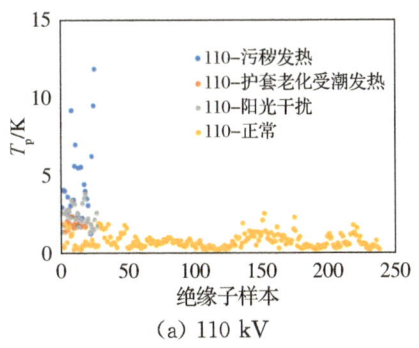
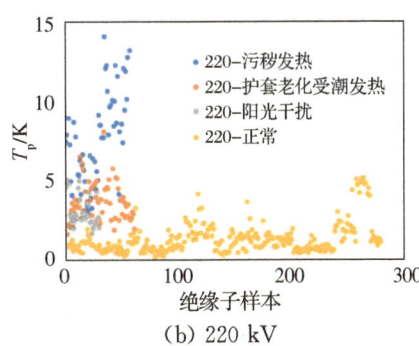

(a) 110 kV (b) 220 kV

图 4-61 现场测试绝缘子红外图谱温差特征

③ 大部分 110 kV 和 220 kV 护套老化受潮发热绝缘子的温差幅值相较于正常情况有所升高,但少数绝缘子发热情况并不严重,温差幅值与正常绝缘子温差幅值存在重叠。

④ 阳光影响下的 110 kV 和 220 kV 绝缘子的温差幅值处于护套老化受潮发热与污秽发热两种不同发热情况的温差幅值之间,导致用温差作为判据时,难以区分真正发热的绝缘子与阳光干扰下的正常绝缘子。

因此,仅靠温差特征无法自动区分正常情况、护套老化受潮发热、污秽发热、阳光干扰四种情况下的绝缘子红外图谱。

(2) 高频分量包络线特征量分布

对绝缘子样本分别按照 110 kV 与 220 kV 电压等级,以及正常状态、护套老化受潮发热、污秽发热、阳光干扰四种情况对绝缘子进行分类,计算红外图谱的温度曲线高频分量 f_{HT} 信号的包络线绝对值的平均值 f_{MHHT} 和标准差 S_{kHHT}。110 kV 与 220 kV 的四类绝缘子特征量分布如图 4-62 所示。

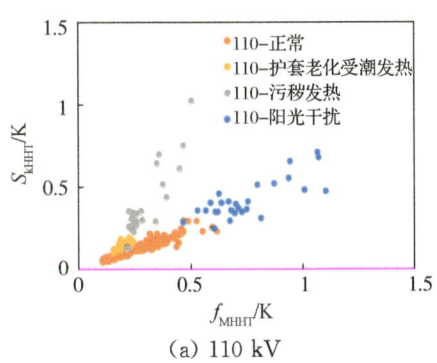
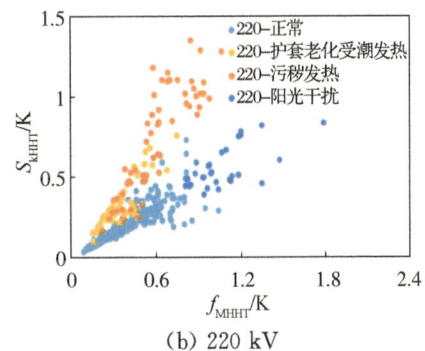

(a) 110 kV (b) 220 kV

图 4-62 现场测试绝缘子红外图谱 f_{MHHT} 与 S_{kHHT} 分布特征

由图 4-62 可知 110 kV 和 220 kV 复合绝缘子的 f_{MHHT} 与 S_{kHHT} 参数空间分布特征如下:

① 正常状态、发热、阳光干扰三类绝缘子红外图谱的特征量空间分布存在明显差异,因此,f_{MHHT} 与 S_{kHHT} 参数可以用于红外图片中绝缘子是否受到阳光干扰的判断。

② 对于发热绝缘子,污秽发热和端部护套老化受潮发热两种类型特征量空间分布也有较为明显的差异。

③ 端部护套老化受潮发热绝缘子与正常状态下绝缘子的特征量分布存在重叠,与阳光干扰下的绝缘子特征量分布空间距离较远。

④ 污秽发热绝缘子与正常绝缘子特征量分布存在重叠,与阳光干扰下的绝缘子特征量分布空间存在一定距离。

(3) 特征量分布差异机理

由图 4-62 可知,正常、发热、阳光干扰下的绝缘子 f_{MHHT} 与 S_{kHHT} 二维特征量分布存在显著差异。下面以图 4-63 所示的 110 kV 典型正常、发热、阳光干扰下的绝缘子为例,说明上述三类绝缘子的 f_{MHHT} 与 S_{kHHT} 特征量分布存在差异的原因。

(a) 典型正常 110kV 绝缘子红外图像

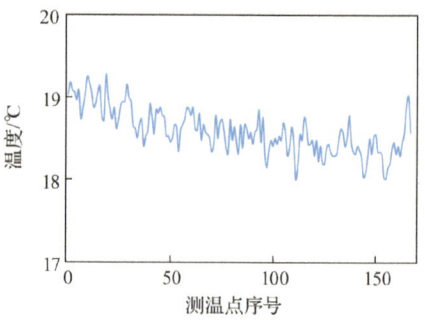
(b) 典型正常 110kV 绝缘子温度曲线

(c) 典型发热 110 kV 绝缘子红外图像

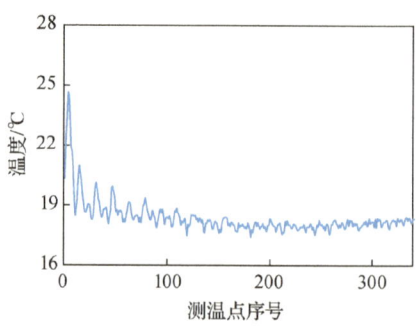
(d) 典型发热 110 kV 绝缘子温度曲线

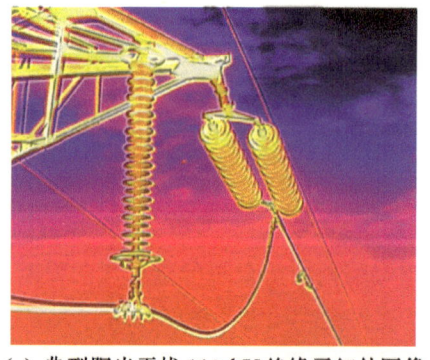
(e) 典型阳光干扰 110 kV 绝缘子红外图像

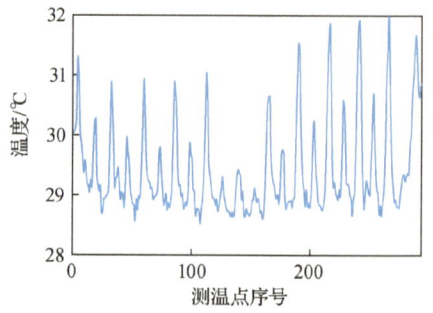
(f) 典型阳光干扰 110 kV 绝缘子温度曲线

图 4-63 典型正常、发热及阳光干扰绝缘子红外图像与温度曲线

上述典型正常、发热、阳光干扰绝缘子的温度曲线高频分量及其温度曲线中高频分量的包络线绝对值如图 4-64 所示。

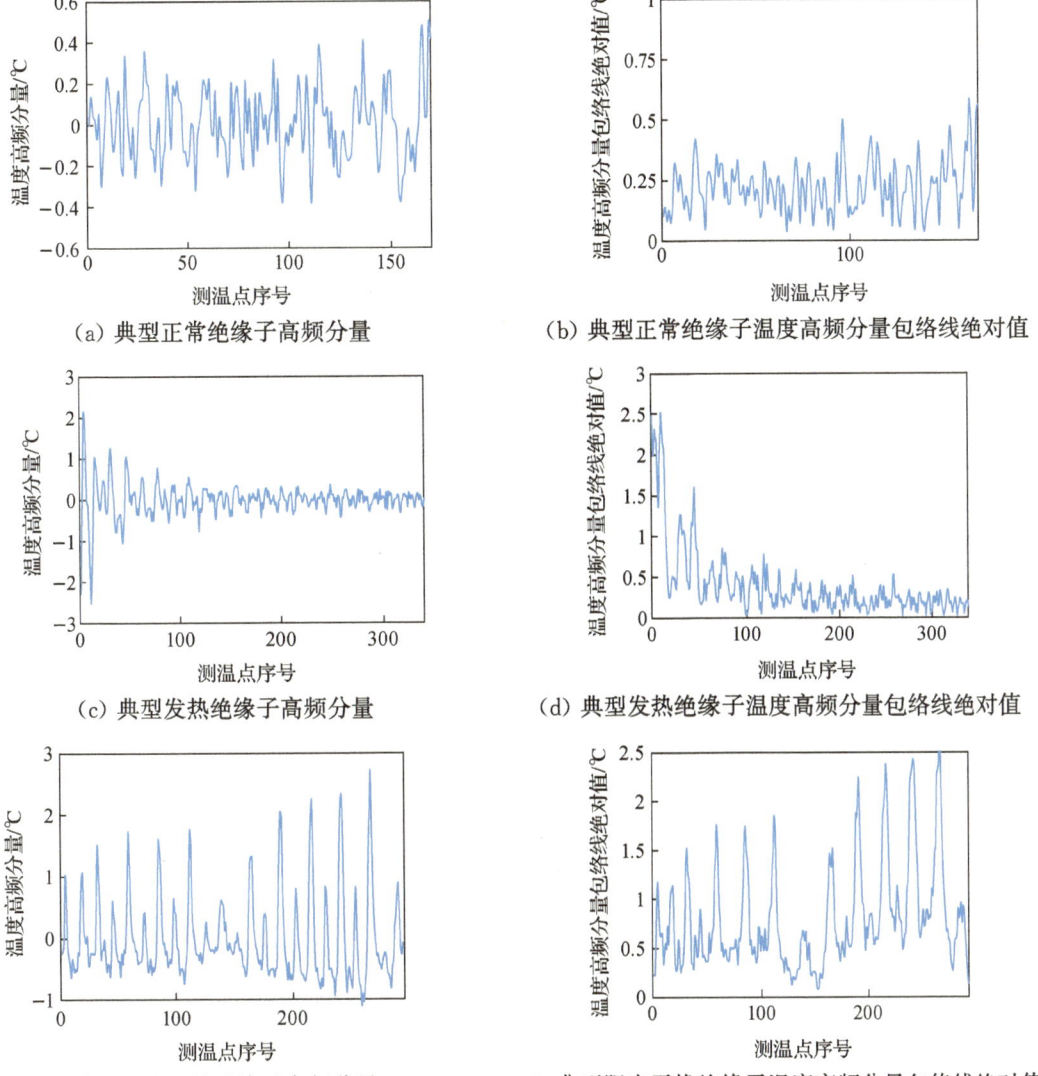

图 4-64 典型正常、发热及阳光干扰绝缘子温度分布特征曲线

结合图 4-63(a)(b)和图 4-64(a)(b)可知,正常状态下绝缘子表面温度波动较小,温度高频分量的幅值较小,其包络线绝对值在 0~0.5 ℃ 之间。

结合图 4-63(e)(f)和图 4-64(e)(f)可知,在阳光干扰下,绝缘子温度曲线的高频分量幅值显著增大。这是因为阳光照射在绝缘子上时,绝缘子多片伞裙或多段芯棒上产生了亮区,相应区域通过红外测试读取到的温度较高,致使绝缘子温度曲线产生了近似周期性变化的脉冲分量(见图 4-63(f))。温度曲线中相应高频分量幅值的增大导致了温度高频分量包络线绝对值的平均值 f_{MHHT} 与标准差 S_{kHHT} 数据增大,因此在正常状态与阳光干扰下的绝缘子温度高频分量特征量 f_{MHHT} 与 S_{kHHT} 的分布产生了显著差异。

结合图 4-63(c)(d)和图 4-64(c)(d)可知，发热绝缘子在发热区域边界也存在较高幅值的高频分量，但在非发热区域，高频分量幅值较小。发热绝缘子高频分量包络线绝对值标准差 S_{kHHT} 主要来源于发热区域边界的贡献，而发热区域的数量有限，当发热绝缘子高频分量特征量 S_{kHHT} 与阳光干扰下的绝缘子特征量 S_{kHHT} 相同时，其高频分量包络线绝对值平均值 f_{MHHT} 更小，因此发热与阳光干扰下的绝缘子温度高频分量特征量 f_{MHHT} 与 S_{kHHT} 的分布存在差异。

需要指出的是，积污发热绝缘子与端部护套老化受潮发热绝缘子的发热特点并不相同。护套老化受潮绝缘子发热多集中于高压端部，而积污绝缘子通常存在多处发热，其温度曲线上有多处高频分量较大的区域，导致 f_{MHHT} 与 S_{kHHT} 参数大于端部护套老化受潮发热绝缘子。在特征量 f_{MHHT} 与 S_{kHHT} 参数的空间分布中，端部护套老化受潮发热绝缘子更接近正常状态绝缘子，污秽发热绝缘子则更接近阳光干扰绝缘子。

2) 绝缘子长度的影响

现场测试时，可能存在由于仪器拍摄角度与距离约束限制所导致的绝缘子红外图像拍摄不全情况。分别取绝缘子的完整长度及从高压段起至 50% 长度的温度曲线，对 220 kV 复合绝缘子特征量 f_{MHHT} 与 S_{kHHT} 参数进行计算，正常状态、端部护套老化受潮发热、污秽发热、阳光干扰下的绝缘子特征量如图 4-65 所示。

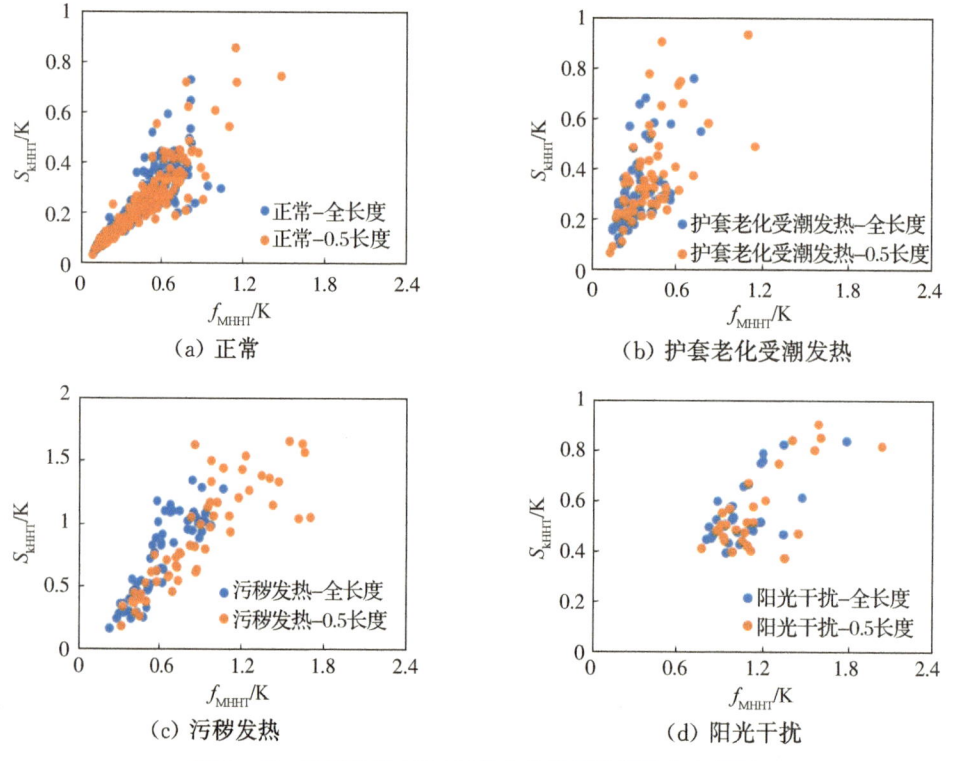

图 4-65 不同长度 220 kV 复合绝缘子特征量分布差异

由图 4-65 可知：

(1) 对于正常状态、护套老化受潮发热的绝缘子样本，当 S_{kHHT} 数值较小时，全长度与半长度绝缘子特征量分布没有明显差异；当 S_{kHHT} 数值较大时，半长度与全长度的绝缘子特征量分布存在差异，半长度绝缘子特征量 f_{MHHT} 与 S_{kHHT} 数值增大明显。

(2) 污秽发热绝缘子特征量分布规律与正常状态、护套老化受潮发热绝缘子类似。又由于其 S_{kHHT} 数值较大的样本占比更多，因此长度变化对其特征量分布影响较正常状态、护套老化受潮发热绝缘子更为显著。

(3) 对于阳光干扰下的绝缘子，半长度下参数 f_{MHHT} 有所增加，而 S_{kHHT} 变化不明显。

由上可知，绝缘子长度对其特征量 f_{MHHT} 与 S_{kHHT} 数值大小及分布具有一定影响。在利用上述特征量判断是否存在阳光干扰时，由于不同电压等级绝缘子长度不同，建议对各电压等级下的绝缘子利用其各自样本构建独立的判断方法。

3) 可见光干扰叠加发热缺陷的判断

现场一处 220 kV 双串绝缘子的红外图像如图 4-66 所示，其中左侧绝缘子在第四大伞位置存在因内部缺陷引起的发热，右侧绝缘子高压端部存在发热；同时这两支绝缘子红外测试时受到了外部阳光的影响，伞裙边缘可见阳光引起的反光。提取两者的温度曲线如图 4-67 所示，其中纵坐标为温度，横坐标为复合绝缘子高压端起始各温度测点的序号。

图 4-66　阳光干扰叠加发热 220 kV 复合绝缘子红外图像

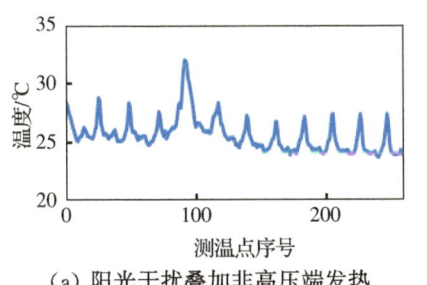
(a) 阳光干扰叠加非高压端发热

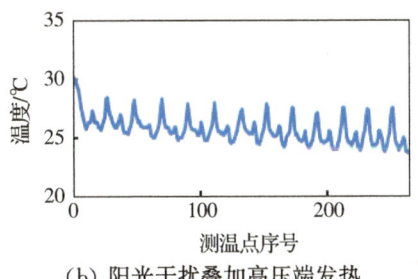
(b) 阳光干扰叠加高压端发热

图 4-67　阳光干扰叠加发热 220 kV 复合绝缘子温度曲线

图 4-67(a) 中横坐标 100 位置附近的温度高峰即为内部缺陷发热，图 4-67(b) 中温度曲线起始位置的温度最高达到 30 ℃，此为端部发热。计算出两支绝缘子的特征量 f_{MHHT} 与 S_{kHHT}，并与前文提及的 220 kV 绝缘子样本特征量进行比对，结果如图 4-68 所示。

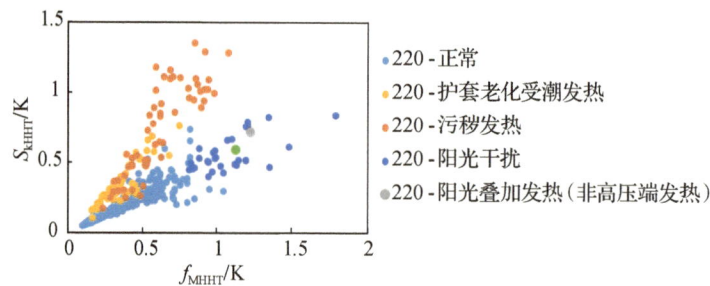

图 4-68 220 kV 复合绝缘子特征量分布对比

当复合绝缘子在阳光干扰下叠加高压端或非高压端发热时,本著所述方法能有效判断出绝缘子红外图像受到阳光干扰,但无法进一步区分出其是否存在阳光叠加发热的情况。从图 4-67 可知,阳光叠加发热时,发热区域温度曲线的波峰高度、高温区域长度与阳光引发的温度波动不完全一致,因此当发热区域长度较长、发热幅值明显高于阳光反射区域的温度时,还需对绝缘子发热进行筛查。

4) 阳光干扰判断

利用支持向量机(SVM)方法,根据 f_{MHHT} 与 S_{kHHT} 进行阳光干扰判断,其本质是对特征量样本进行分类。

假定可以通过式(4-43)形成的超平面实现分类:

$$\omega^{\mathrm{T}} x + b = 0 \qquad (4-43)$$

其中,$\omega^{\mathrm{T}} = (\omega_1, \omega_2, \omega_3, \cdots, \omega_n)$ 为法向量,决定了超平面的方向;b 为位移项,决定了超平面与原点之间的距离。将超平面记为 (ω, b),样本空间中任一点 x_i 到超平面 (ω, b) 的距离为

$$r = \frac{|\omega^{\mathrm{T}} x_i + b|}{\|\omega\|} = 0 \qquad (4-44)$$

假设超平面 (ω, b) 能够将样本正确分类,即

$$\begin{cases} y_i = +1, & \omega^{\mathrm{T}} x_i + b > 0; \\ y_i = -1, & \omega^{\mathrm{T}} x_i + b < 0 \end{cases}$$

其中 y_i 为样本的分类,+1 和 -1 分别表示分类结果。样本空间中往往存在多个超平面可以实现样本的分类,但其中某一超平面可以使两类样本到其距离最远,此时对分类的样本容错性最好。这一超平面称为临界超平面,求取临界超平面等价于式(4-44)所示的优化问题:

$$\min_{\omega, b} \frac{1}{2} \|\omega\|^2 \qquad (4-45)$$
$$\mathrm{s.t.} \ y_i(\omega^{\mathrm{T}} x_i + b) \geqslant 1, \quad i = 1, 2, \cdots, m$$

使用更为复杂的核函数 $\varphi(x)$ 代替式(4-43)中的 x,可以得到形状更为复杂的分类超平面。本著采用如式(4-45)所示的径向基核函数:

$$K(x_i, x_j) = \exp(-\gamma \|x_i - x_j\|^2), \quad \gamma > 0 \qquad (4-46)$$

利用最小二乘支持向量机算法实现上述优化问题的求解,进而得到分类超平面,也就是发热、正常复合绝缘子之间的分界。整体判断流程如图 4-69 所示。

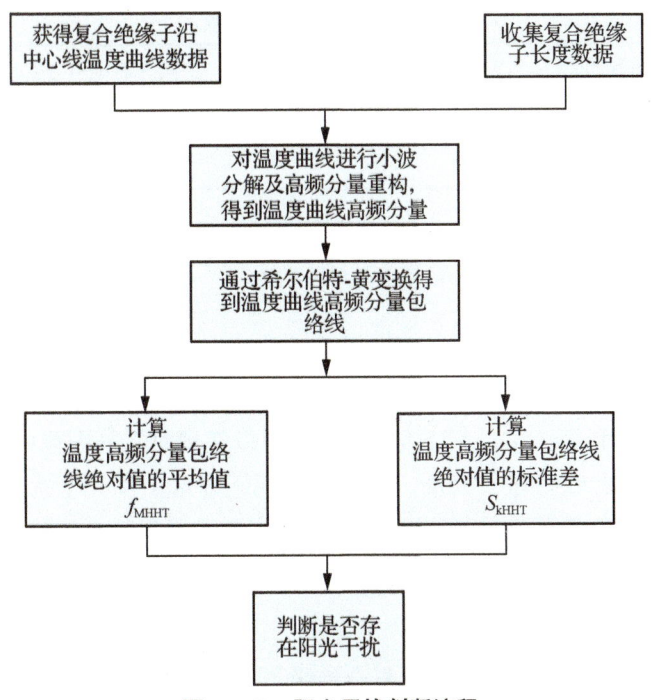

图 4-69 阳光干扰判断流程

采用支持向量机方法所绘制的 110 kV 和 220 kV 无阳光影响、阳光影响绝缘子特征量分界线如图 4-70 所示。

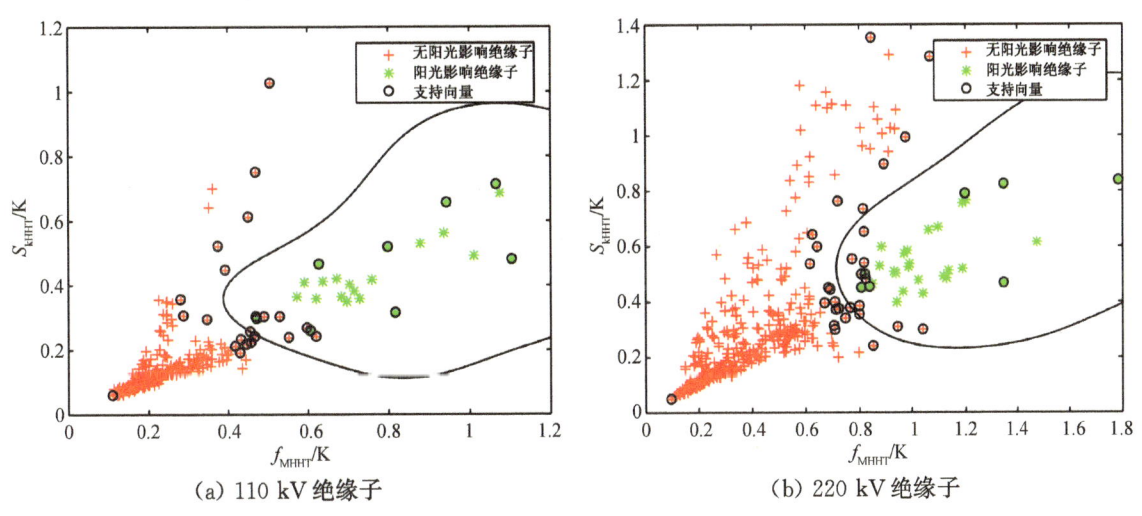

(a) 110 kV 绝缘子　　　(b) 220 kV 绝缘子

图 4-70 有无阳光影响复合绝缘子 f_{MHHT} 与 S_{kHHT} 空间分界线

各电压等级样本数量见表 4-5。利用前文样本数据,使用支持向量机形成的双特征量复合绝缘子无阳光影响样本、阳光影响样本分界线,其误判率、漏判率、总分类准确率见表 4-6。其中,误判样本指没有阳光干扰而判断存在阳光干扰的样本,漏判样本指有阳光干扰但判断为无阳光干扰的样本。

表 4-5 训练样本数量

电压等级	无阳光影响样本数量	阳光影响样本数量
110 kV	276	28
220 kV	395	29

表 4-6 训练样本分类准确率

特征量	电压等级	误判样本数量	漏判样本数量	误判率	漏判率	总分类准确率
f_{MHHT} 与 S_{kHHT}	110 kV	6	0	2.17%	0	98.02%
	220 kV	9	0	2.28%	0	97.88%

由表 4-6 可知，利用 f_{MHHT} 与 S_{kHHT} 特征量可以实现对红外图像中复合绝缘子是否受到阳光强烈干扰（直射干扰）进行判断。通过这一判断筛选出阳光干扰绝缘子后，建议选择合适气象参数对相应绝缘子进行复测，避免因阳光直射淹没发热导致漏诊的情况。

4.2.5 复合绝缘子发热缺陷判断

1) 特征量分布

将收集的 110 kV、220 kV、500 kV 复合绝缘子提取温度曲线，进而计算 S_{rkd} 与 S_{Lrkd} 参数，各电压等级正常、发热复合绝缘子的分布见图 4-71、图 4-72 和图 4-73。

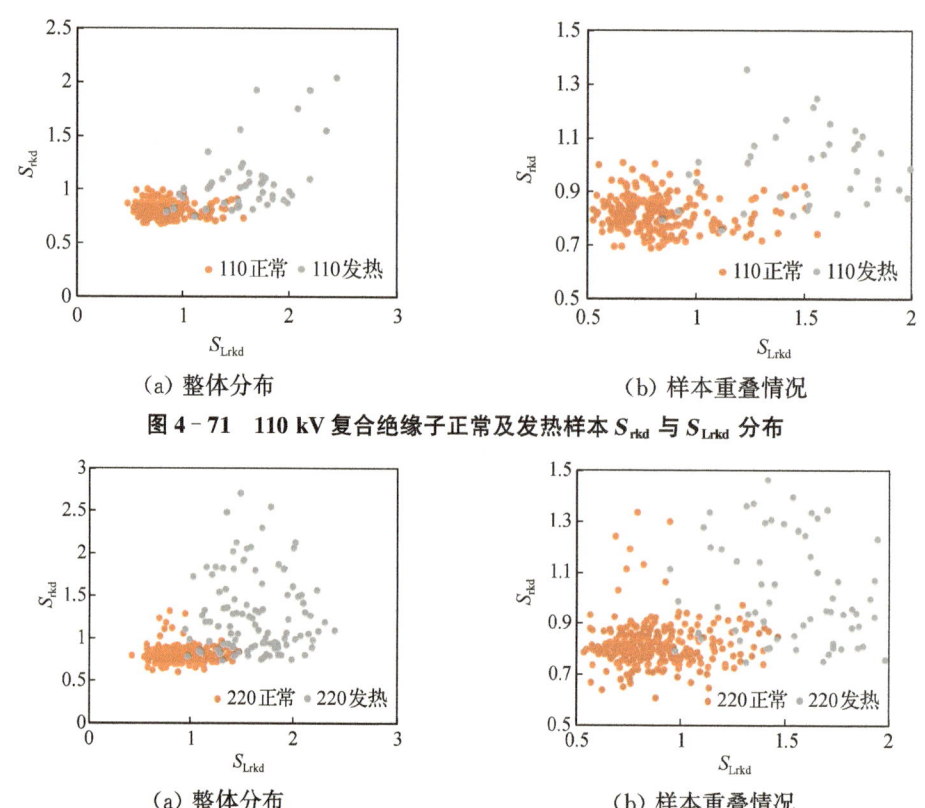

(a) 整体分布　　(b) 样本重叠情况

图 4-71　110 kV 复合绝缘子正常及发热样本 S_{rkd} 与 S_{Lrkd} 分布

(a) 整体分布　　(b) 样本重叠情况

图 4-72　220 kV 复合绝缘子正常及发热样本 S_{rkd} 与 S_{Lrkd} 分布

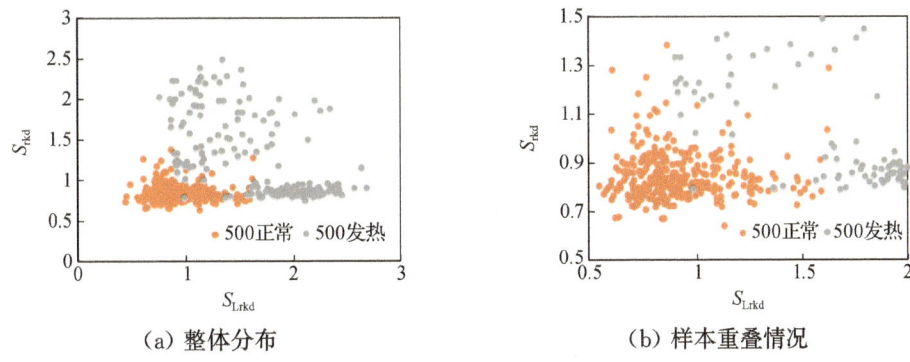

(a) 整体分布　　　　　　　　　(b) 样本重叠情况

图 4-73　500 kV 复合绝缘子正常及发热样本 S_{rkd} 与 S_{Lrkd} 分布

上述典型正常、发热绝缘子红外图像与温度曲线见图 4-74，温度分布特征曲线见图 4-75。下面以图 4-74 所示典型正常、发热绝缘子为例，说明发热对 S_{rkd} 与 S_{Lrkd} 的影响。

由图 4-74、图 4-75 所示的绝缘子红外图像和温度分布特征曲线可知，正常绝缘子温度梯度分布更为均匀，而发热绝缘子在高温区域边界出现了显著超过平均水平的温度梯度，导致发热绝缘子温度梯度绝对值的相对标准差 S_{rkd} 出现增大的趋势。正常绝缘子温度低频分量梯度最大值较小，而发热绝缘子在高温区域边界温度梯度较大，导致其低频分量在相同区域出现较大的梯度，造成发热绝缘子温度低频分量梯度绝对值的相对标准差 S_{Lrkd} 增大。

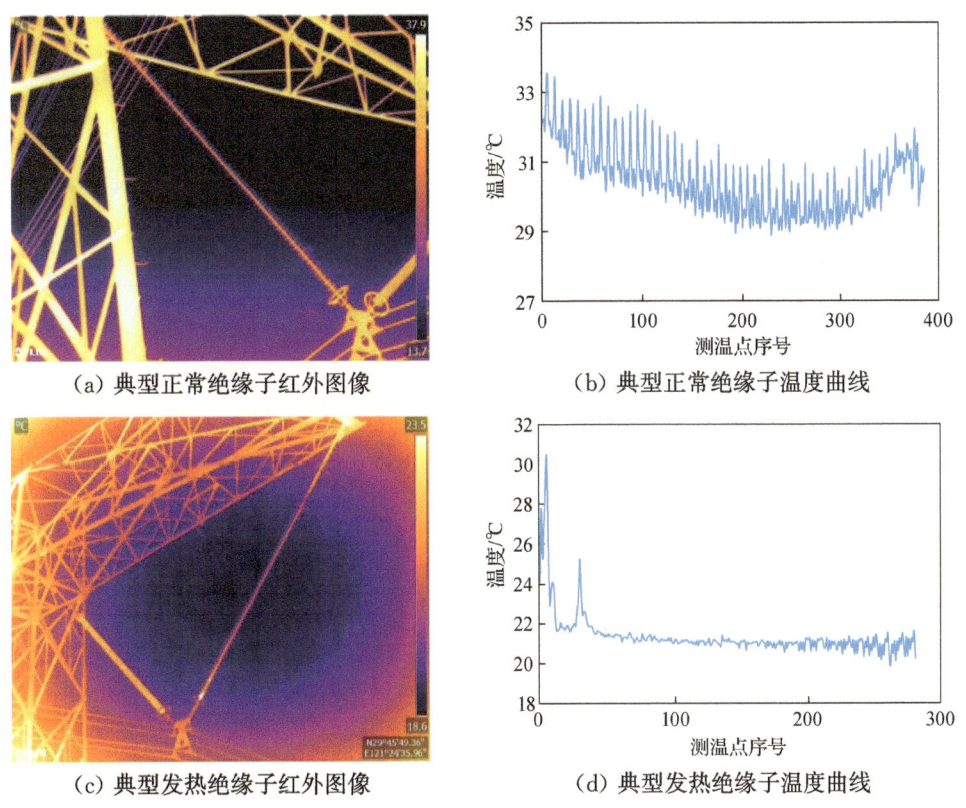

(a) 典型正常绝缘子红外图像　　　　(b) 典型正常绝缘子温度曲线

(c) 典型发热绝缘子红外图像　　　　(d) 典型发热绝缘子温度曲线

图 4-74　典型正常及发热绝缘子红外图像与温度曲线

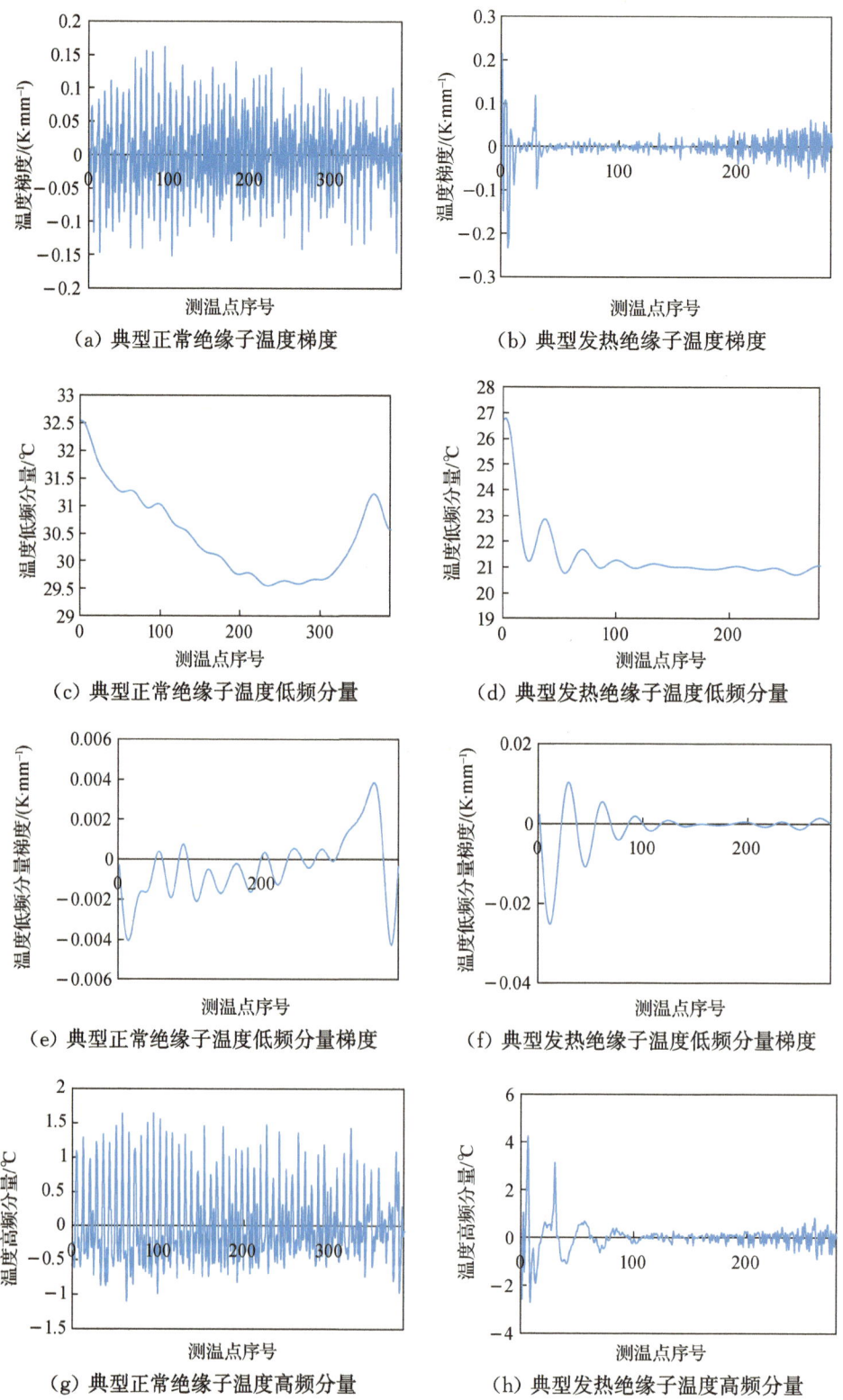

图 4-75 典型绝缘子温度分布特征曲线

2) 训练样本筛查准确率

采用前文所述的支持向量机方法所绘制的 110 kV,220 kV,500 kV 正常和发热绝缘子特征量分界线如图 4-76、图 4-77 和图 4-78 所示。

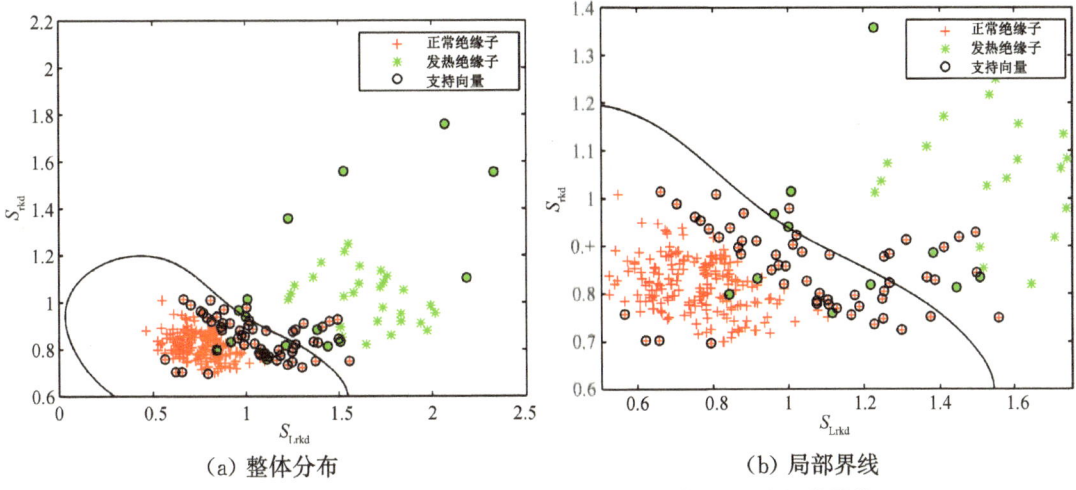

(a) 整体分布　　　　　　　　　　(b) 局部界线

图 4-76　110 kV 正常及发热复合绝缘子 S_{rkd} 与 S_{Lrkd} 空间分界线

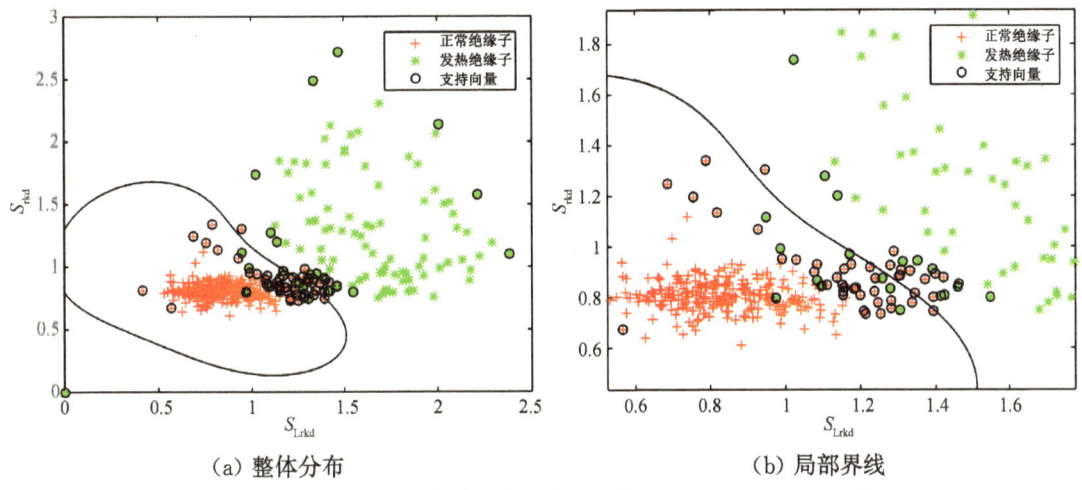

(a) 整体分布　　　　　　　　　　(b) 局部界线

图 4-77　220 kV 正常及发热复合绝缘子 S_{rkd} 与 S_{Lrkd} 空间分界线

各电压等级样本数量如表 4-7 所示,使用支持向量机形成的双特征量复合绝缘子发热、正常样本分界线,其误判率、漏判率、总分类准确率如表 4-8 所示。其中,误判样本指没有发热而判断为发热的样本,漏判样本指发热但判断为没有发热的样本。

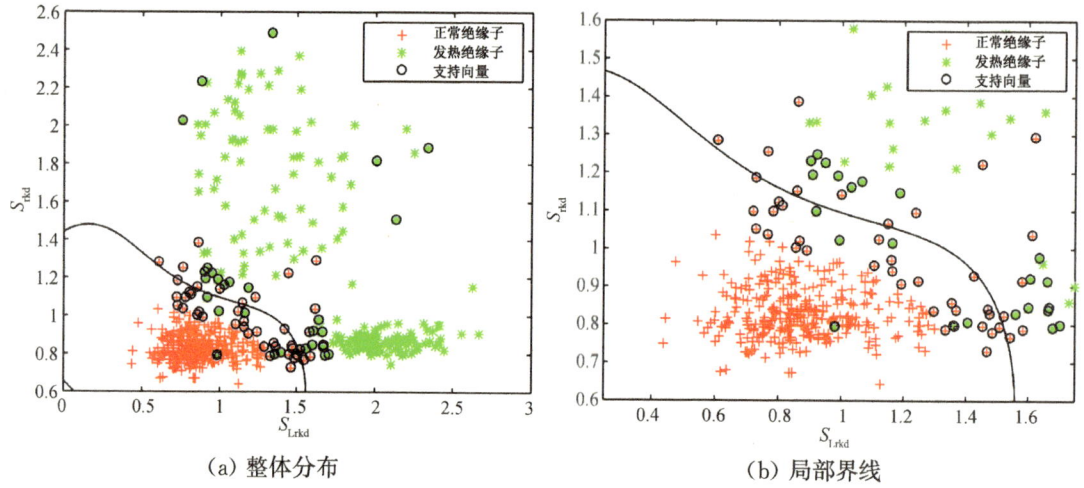

(a) 整体分布　　　　　　　　　　　(b) 局部界线

图 4-78　500 kV 正常及发热复合绝缘子 S_{rkd} 与 S_{Lrkd} 空间分界线

表 4-7　训练样本数量

电压等级	正常样本数量	发热样本数量
110 kV	230	46
220 kV	278	117
500 kV	331	190

表 4-8　训练样本分类准确率

特征量	电压等级	误判样本数量	漏判样本数量	误判率	漏判率	总分类准确率
S_{rkd} 与 S_{Lrkd}	110 kV	11	5	4.78%	10.87%	94.20%
	220 kV	12	9	4.32%	7.69%	94.68%
	500 kV	14	6	4.23%	3.16%	96.16%

由表 4-7、表 4-8 可知，S_{rkd} 与 S_{Lrkd} 特征量均实现整体分类准确率超过 94%，因此均能实现现场复合绝缘子发热的有效判断。特别需要指出的是，S_{rkd} 与 S_{Lrkd} 为无量纲特征量，其计算过程消去了复合绝缘子长度的影响，这一点对现场测试非常有利。现场一条在运线路可能会使用不同厂家的复合绝缘子，即使是同一厂家的绝缘子，也可能存在防风偏、常规绝缘子两种，其长度参数是不一样的。更为重要的是，现场拍摄时由于无人机拍摄角度的不同，导致复合绝缘子在红外画面中的投影角度也不同，从而造成复合绝缘子不同的投射长度，而且对于 500kV 复合绝缘子而言，由于其长度较长，常出现复合绝缘子无法完整拍摄的情况。因此，使用 S_{rkd} 与 S_{Lrkd} 可以显著减少现场拍摄角度不同、复合绝缘子长度参数不准确、拍摄绝缘子不完整对结果分析带来的影响。

3）测试样本验证

使用 500 kV LW/LY 线 2020 年 9 月及 LC/LX 线 2020 年 9 月 9 日和 25 日的部分测试

数据作为样本,对前述发热筛查方法有效性进行验证。

500 kV LW/LY 线测试数据来自于区段 20♯至 59♯,这部分杆塔复合绝缘子无发热现象,部分绝缘子换下后经实验室验证也没有出现发热现象。样本共包含 230 支复合绝缘子数据,现场典型红外图谱及对应温度曲线见图 4-79,其中图 4-79(b)对应图 4-79(a)中左侧绝缘子。

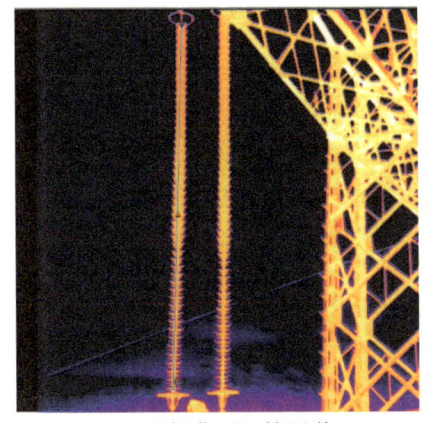
(a) 现场典型红外图谱

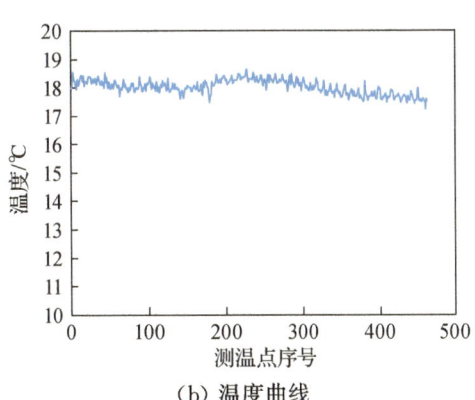
(b) 温度曲线

图 4-79 500 kV LW/LY 线测试样本绝缘子典型红外图谱及温度曲线

500 kV LC/LX 线的部分杆塔在 2020 年 9 月出现了端部发热现象,9 月 9 日线路杆塔发热幅值较高,现场典型红外图谱及温度曲线分别见图 4-80(a)和图 4-80(b);9 月 25 日的部分测试数据拍摄于当天傍晚 17:00 左右,当时天气相对较干燥,绝缘子存在发热但幅值不高,现场典型红外图谱及温度曲线分别见图 4-80(c)和图 4-80(d),其中图 4-80(d)对应图 4-80(c)中左侧绝缘子。LC/LX 线 9 月 9 日、9 月 25 日绝缘子发热幅值分布见图 4-81,图中纵轴以温度峰值与平均值之差表征发热幅值,大小在 1 K 至 20 K 之间,涵盖了现场常见的发热幅值情况。基于 S_{rkd} 与 S_{Lrkd} 双特征量的测试样本判断结果分布见图 4-82,本部分样本共包含 86 支绝缘子数据。

(a) 9 月 9 日现场典型图谱

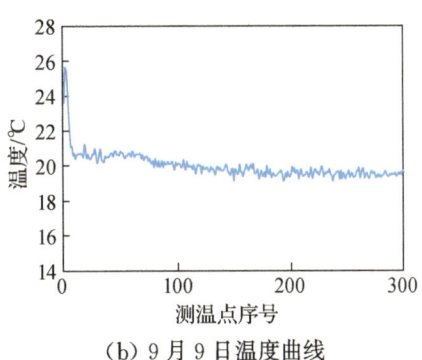
(b) 9 月 9 日温度曲线

（c）9月25日现场典型图谱

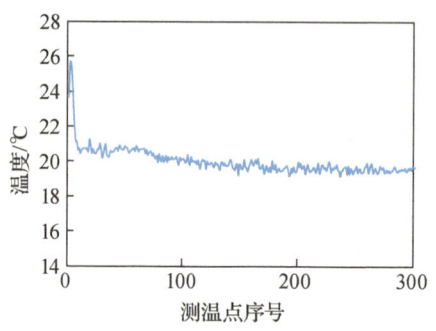
（d）9月25日温度曲线

图4-80　500 kV LC/LX线测试样本绝缘子典型红外图谱及温度曲线

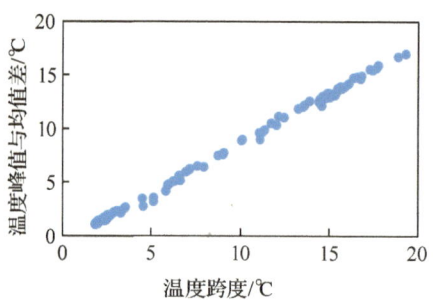

图4-81　500 kV LC/LX线测试样本绝缘子发热幅值分布

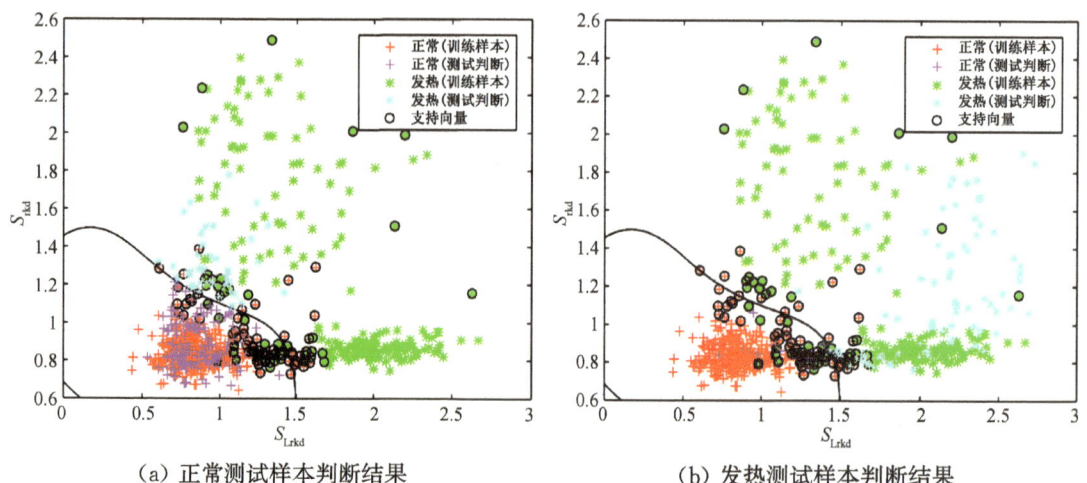

（a）正常测试样本判断结果　　　　　　　（b）发热测试样本判断结果

图4-82　基于S_{rkd}与S_{Lrkd}双特征量的测试样本判断结果分布

使用前述500 kV测试样本对发热筛查的误判率、漏判率及总体准确率进行计算,结果如表4-9所示。可以看出,S_{rkd}与S_{Lrkd}对测试样本中的发热、正常复合绝缘子的筛查准确率超过90%。

表 4-9　500 kV LC/LX 线测试样本绝缘子分类准确率

特征量	电压等级	正常样本数量	误判样本数量	发热样本数量	漏判样本数量	误判率	漏判率	总分类准确率
S_{rkd} 与 S_{Lrkd}	500 kV	230	18	86	9	7.83%	10.47%	91.46%

4）级联测试验证

利用 2023—2024 年某省现场拍摄的红外图片开展绝缘子中心线提取、发热缺陷识别级联测试。照片一共 400 张，其中 100 张为发热缺陷复合绝缘子，300 张为正常绝缘子，均为单串。发热缺陷复合绝缘子来源于 500 kV TS/TB 线、500 kV BJ 线、500 kV JS/LS 线等线路；正常照片均为 2024 年在该省机巡平台下载获得，其中包含了阳光直射影响的照片。所有照片均按照距离控制、角度控制规范进行拍摄，同时覆盖杆塔、山体、地面等复杂背景，且均未包含于训练样本。级联测试样本温差分布如图 4-83 所示，部分测试图片和分析结果如图 4-84 所示。

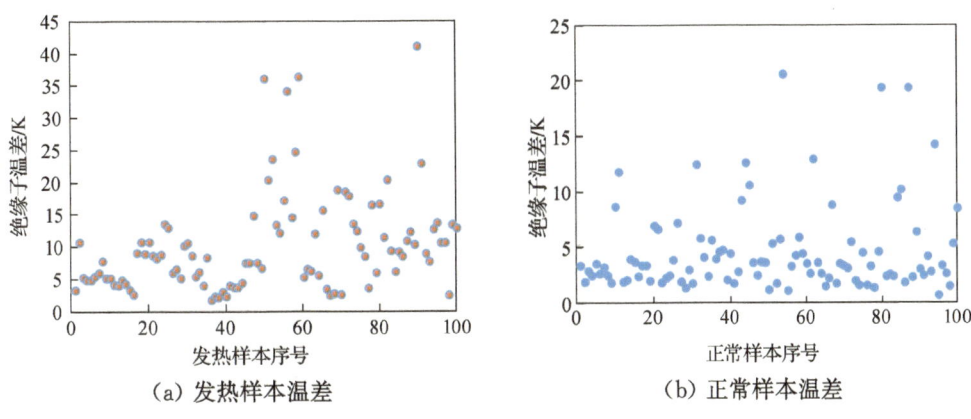

（a）发热样本温差　　　　（b）正常样本温差

图 4-83　级联测试样本温差分布

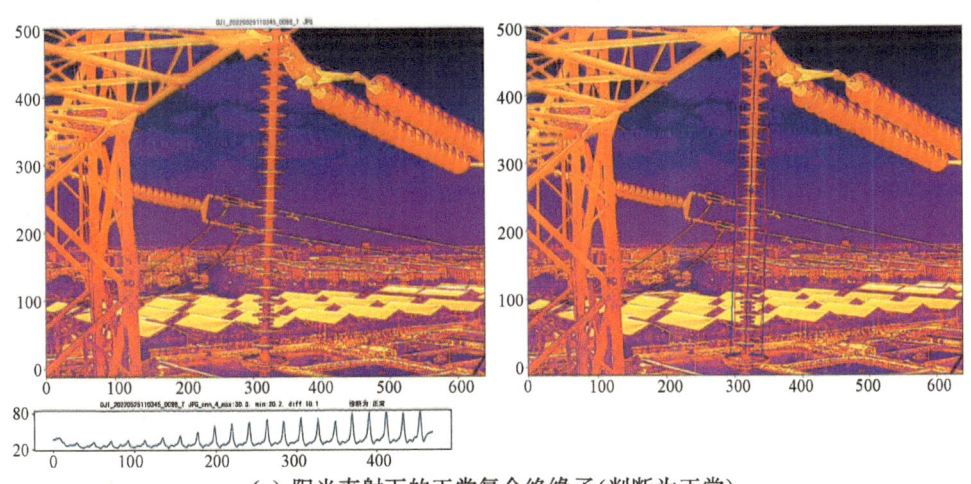

（a）阳光直射下的正常复合绝缘子（判断为正常）

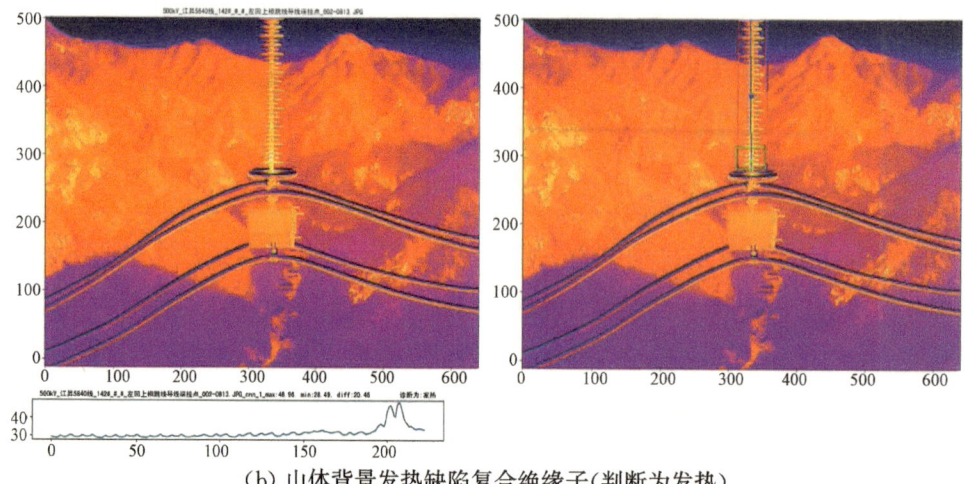

(b) 山体背景发热缺陷复合绝缘子(判断为发热)

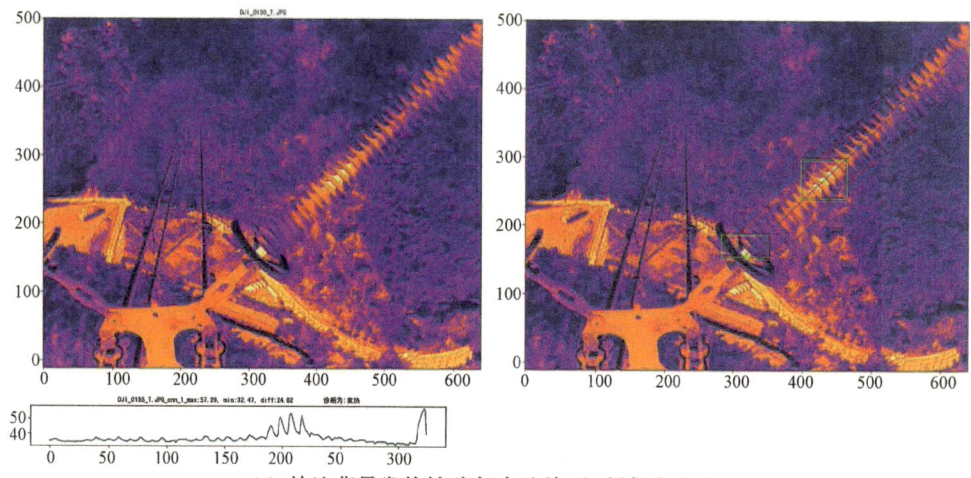

(c) 林地背景发热缺陷复合绝缘子(判断为发热)

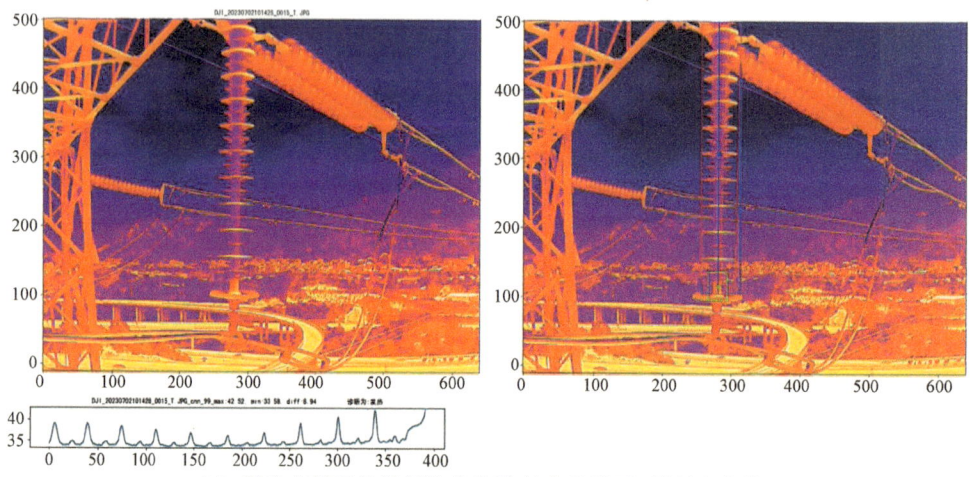

(d) 阳光直射下的端部发热缺陷复合绝缘子(判断为发热)

图 4-84 级联测试典型分析结果

利用上文介绍的技术开展绝缘子中心线提取和发热缺陷判断,测试结果如表 4-10 所示。本次测试图片总数为 400 张,测试中软件成功提取的复合绝缘子中心线图片数量为 395 张,复合绝缘子中心线提取成功率为 98.75%。测试中存在发热缺陷的复合绝缘子数量为 100,正确判断存在发热缺陷的复合绝缘子数量为 93;正常状态的复合绝缘子数量为 300,判断为正常状态的复合绝缘子数量为 280。本次测试中总体判断准确率为 93.25%,同时还能实现 93% 的发热缺陷检出。

表 4-10 技术分割及基于发热判断级联测试结果

发热样本	测试判断发热样本	正常样本	测试判断正常样本
100	93	300	280

假如利用温差进行判断,结果如表 4-11 所示。温差阈值为 3 K 时,发热缺陷检出率达到 91%,但总体判断准确率仅为 56.75%;温差阈值为 5 K 时,发热缺陷检出率仅为 75%,总体判断准确率为 70.25%。

表 4-11 基于温差判断发热结果

测试判断结果	缺陷判断温差阈值 3 K		缺陷判断温差阈值 5 K	
	发热样本	正常样本	发热样本	正常样本
测试判断发热	91	164	75	94
测试判断正常	9	136	25	206

综上可见,与完全基于温差的缺陷判断相比,上文介绍的技术显著提升了复合绝缘子发热缺陷判断的准确率。

4.2.6 复合绝缘子局部温差的获取

1) 现场复合绝缘子红外图像

某 500 kV 线路单相发热复合绝缘子现场红外图像及左右两侧复合绝缘子的温度曲线如图 4-85 所示。

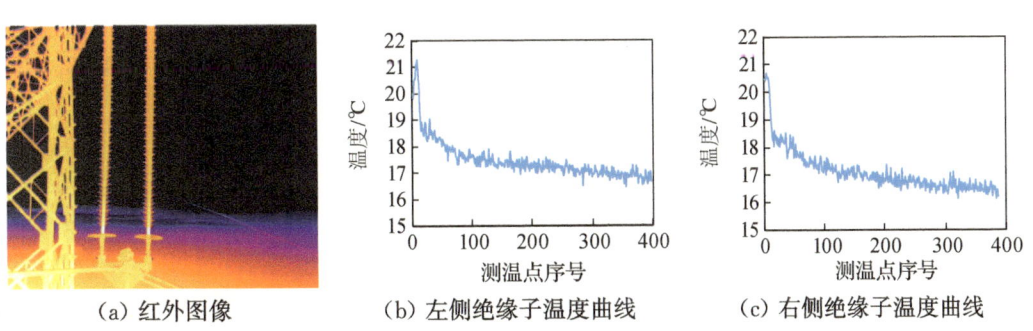

(a) 红外图像　　(b) 左侧绝缘子温度曲线　　(c) 右侧绝缘子温度曲线

图 4-85　500 kV 线路单相发热复合绝缘子红外图像和温度曲线

由图 4-85(a)可知,该相两支复合绝缘子高压端部存在发热,发热区域大致为芯棒-金具连接区至第一个伞裙,对应图 4-85(b)和图 4-85(c)中温度曲线起始至测点 20 区段约 2 K 的温度突变。而在此区段之外,绝缘子温度曲线出现了持续的下降趋势,从测点 20 至测点 400,温度差异也达到近 2 K。因为发热缺陷会在边界区域产生明显的温度梯度,所以缓慢的温度变化并非由绝缘子发热缺陷引起。如果采用整支绝缘子不同部位的最大温差,将会造成发热幅值偏大。

此外,若复合绝缘子芯棒较细或现场测试距离等参数控制不好,可能造成图像清晰度不足,带来复合绝缘子局部温度偏低的问题。如图 4-86 所示,其中图 4-86(b)为图 4-86(a)左侧复合绝缘子的中心线温度曲线,局部存在向低温方向的波形脉冲(如测点 50 附近),此时如果采用整体温度曲线的温度跨度,同样会造成发热幅值结果偏大。

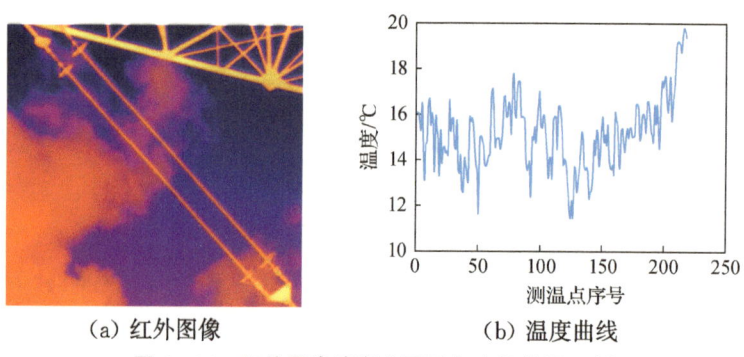

(a) 红外图像　　　　　(b) 温度曲线

图 4-86　红外图像清晰度不足复合绝缘子示例

2) 局部温差计算方法

(1) 计算方法

计算局部温差的关键在于获得温度曲线上的发热区域。因为温度低频分量在去除高频分量影响的同时还能保留发热区域的特征,即发热区域对应的温度曲线低频分量基本体现了发热区段的范围和边界的梯度特征,所以可以利用温度曲线低频分量来寻找发热区域对应的温度曲线区段。

下面以图 4-87 所示一支 220 kV 发热复合绝缘子为例,说明局部温差的计算方法。其中,图 4-87(a)为复合绝缘子红外图谱,图 4-87(b)为其对应的温度曲线。

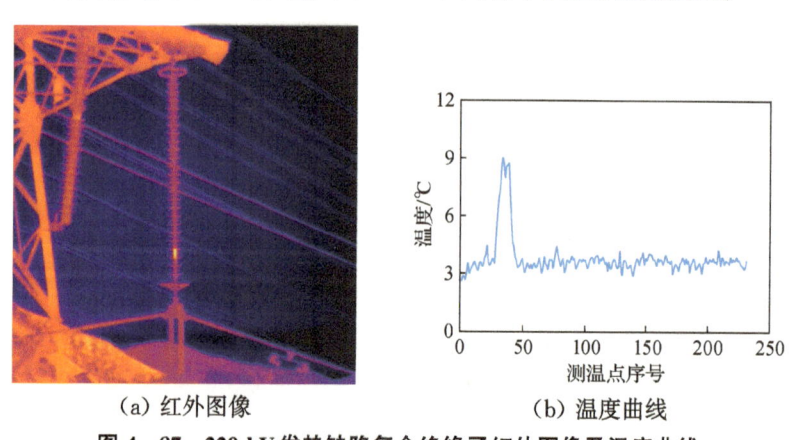

(a) 红外图像　　　　　(b) 温度曲线

图 4-87　220 kV 发热缺陷复合绝缘子红外图像及温度曲线

首先,对复合绝缘子芯棒中轴线温度曲线进行小波分解与低频分量重构,得到复合绝缘子芯棒中轴线温度曲线低频分量。这里小波处理采用的小波基为 dmey,分解层数为 3。图 4-87(b)所示温度曲线对应的温度低频分量见图 4-88(a)。由图 4-88(a)得到复合绝缘子芯棒中轴线温度曲线低频分量最大值为 8.28 ℃,测温点序号为 37。

然后,按式(4-47)求取温度低频分量梯度曲线:

$$\begin{cases} k_2(i)=(T_2(i+1)-T_2(i))/l, \\ l=H/(m-1) \end{cases} \quad (4-47)$$

其中,H 为复合绝缘子结构高度,对应该绝缘子数据为 2240 mm;m 为复合绝缘子温度曲线的数据点数,对应该绝缘子数据为 231;$T_2(i)$ 为复合绝缘子芯棒中轴线温度曲线低频分量 T_2 上第 i 个点的温度数值;$T_2(i+1)$ 为复合绝缘子芯棒中轴线温度曲线低频分量 T_2 上第 $i+1$ 个点的温度数值;$k_2(i)$ 为复合绝缘子芯棒中轴线温度低频分量梯度曲线 k_2 上第 i 个点的梯度数值;l 为复合绝缘子温度曲线相邻两个数据点之间的空间距离。该绝缘子温度低频分量梯度曲线如图 4-88(b)所示。

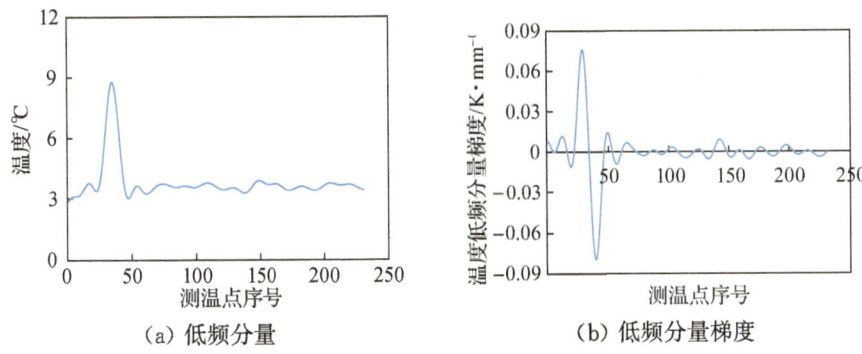

图 4-88 温度曲线低频分量及其梯度

由低频分量梯度曲线得到芯棒中轴线温度曲线低频分量梯度曲线穿过 0 的数据点位置,将该过零点位置与复合绝缘子芯棒中轴线温度曲线峰值位置进行对比,得到距离温度峰值位置最近的 4 个过零点位置,对应图 4-87(b)中的数值分别为 22,34,46,53。利用式(4-48)得到复合绝缘子发热区域范围:

$$[n_1,n_2]=\begin{cases} [\min(n_3,n_4,n_5,n_6),\max(n_3,n_4,n_5,n_6)], \\ \qquad\qquad \min(n_3,n_4,n_5,n_6)<n_0<\max(n_3,n_4,n_5,n_6); \\ [1,\max(n_3,n_4,n_5,n_6)], \quad n_0<\min(n_3,n_4,n_5,n_6); \\ [\min(n_3,n_4,n_5,n_6),m], \quad \max(n_3,n_4,n_5,n_6)<n_0 \end{cases}$$

(4-48)

其中,n_1,n_2 分别为复合绝缘子发热区域起始点和终止点对应芯棒温度曲线上的序号;n_0 为温度峰值所在位置对应芯棒温度曲线上的序号;n_3,n_4,n_5,n_6 分别为芯棒中轴线温度曲线低频分量梯度曲线过零点中,距离芯棒温度峰值位置最近的 4 个点的序号。

式(4-48)中第一条分式对应发热区域温度最高点在所找到的4个温度近零点之内的情况,第二、三条分式分别对应温度峰值位置位于4个温度近零点左侧、右侧的情况。对应图4-87中的绝缘子的发热区域为测点22至53,对应发热区域温度曲线区段如图4-89所示。

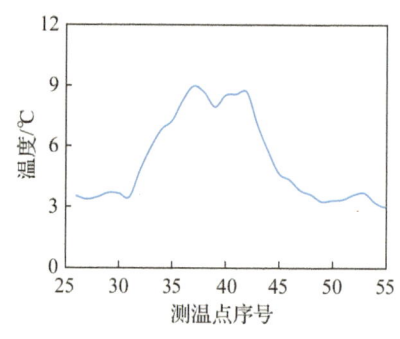

图4-89 发热段温度曲线

利用获得的发热区域温度跨度,得到该复合绝缘子发热缺陷局部温差为5.94 ℃。该复合绝缘子整体温度曲线温度跨度为6.39 ℃,通过局部温差计算减少了发热幅值判断误差。

上述局部温差计算流程如图4-90所示。

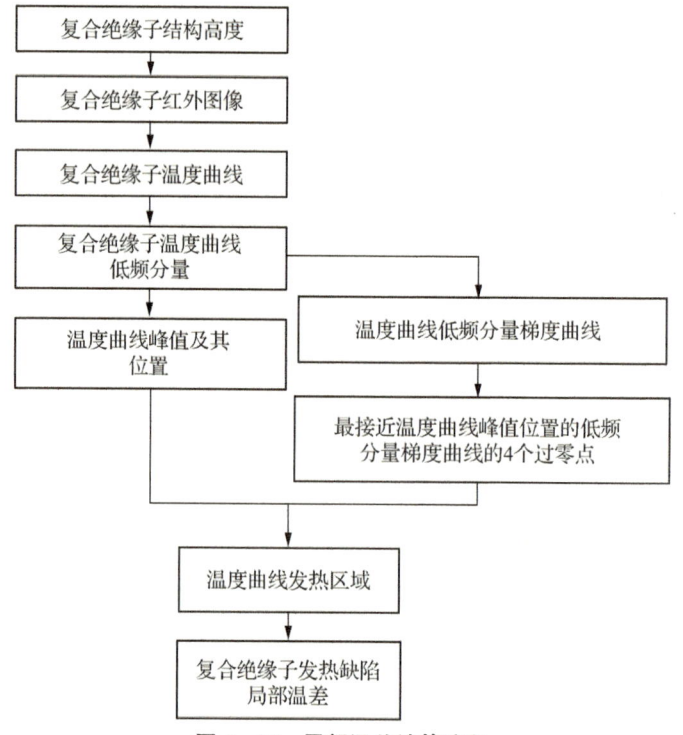

图4-90 局部温差计算流程

(2) 现场发热复合绝缘子计算案例

2020年8月一场台风过境后,某省一条500 kV线路和一条220 kV线路中的复合绝缘子出现了批次性发热问题。相应发热由沿海快速积污引发,发热绝缘子整体温度跨度分布于4.68~18.8 ℃及2.56~15.34 ℃,典型发热红外图像见图4-91。

该500 kV线路发热复合绝缘子共52支,220 kV线路发热复合绝缘子共57支,采用上述计算方法对局部温差进行计算,其中过零点数量分别取2,4,6三种情况。将三种情况下的局部温差-整体温度跨度作为图4-92,并在图中用黄色散点做出了整体温差位置。

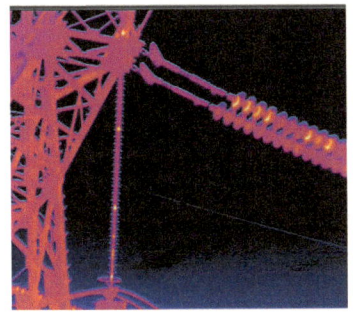

(a) 500 kV 绝缘子　　　　　　(b) 220 kV 绝缘子

图 4‑91　积污发热绝缘子典型红外图像

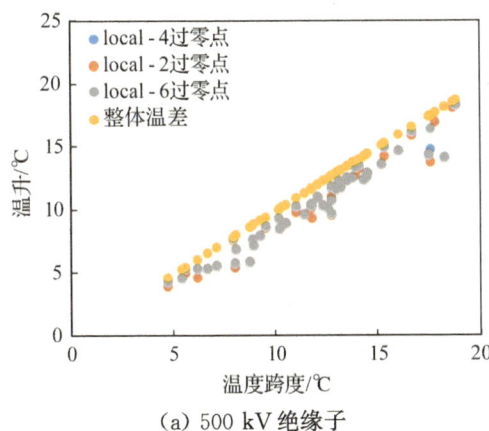
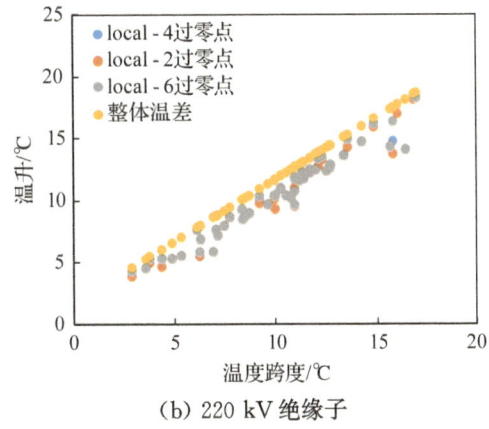

(a) 500 kV 绝缘子　　　　　　(b) 220 kV 绝缘子

图 4‑92　积污发热绝缘子局部温差计算实例

由图 4‑92 可知,过零点数量分别取 2,4,6 时,局部温差结果接近,只是过零点数量为 2 时,500 kV 和 220 kV 线路中有一部分绝缘子的局部温差低于过零点数量为 4,6 时的值;过零点数量分别取 4,6 时,局部温差结果几乎一致。这种方法实质上是利用温度梯度过零点来寻找发热区域的边界,过零点数量越多,所确定的发热区域边界范围越大。理论上讲过零点数量越少越好,然而实际复合绝缘子温度曲线存在温度波动,适当增大过零点数量可避免温度局部震荡造成的偏差。综上考虑,计算时取过零点数量为 4 是合理的。

取上述 500 kV 和 220 kV 现场发热绝缘子温度梯度曲线过零点数量为 4 时,局部温差相对整体温度跨度的下降比例如图 4‑93 所示。不难发现,相当部分绝缘子局部温差相对整体温度跨度的下降比例接近 20%。由此可见部分绝缘子局部温差与整体温度跨度的差异显著,在实际测试中采用局部温差来刻画发热幅值十分必要。

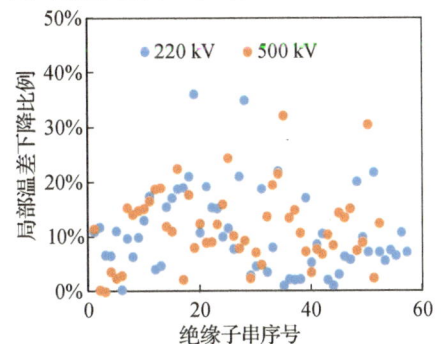

图 4‑93　局部温差相对整体温度跨度的下降比例

3) 小节

基于小波分解重构,利用复合绝缘子温度曲线低频分量梯度获取复合绝缘子发热区段,进而得到复合绝缘子发热缺陷的局部发热幅值,可提升复合绝缘子发热缺陷严重程度判断的准确度。现场 500 kV 和 220 kV 复合绝缘子发热案例计算表明,当温度梯度曲线过零点数量取 4 时,相当部分复合绝缘子局部温差相对整体温度跨度的下降比例接近 20%。

4.3 参考文献

[1] 韩少刚. 基于多直方图均衡的图像增强算法研究[D]. 安庆:安庆师范大学,2020.

[2] 徐先明. 基于梯度直方图均衡化的图像增强算法研究[D]. 重庆:重庆邮电大学,2020.

[3] 李金旺,宋延嵩,刘天赐,等. 一种面向海上目标跟踪性能的红外图像预处理方法[J]. 激光与光电子学进展,2020(10):229-236.

[4] 谭周燚,黄自力,王雪梅,等. 基于结构自适应归一化卷积的超分辨率红外图像重建[J]. 电子技术,2017(02):13-20.

[5] 邓伟. 红外图像降噪与高分辨重建方法研究[D]. 南京:南京邮电大学,2022.

[6] 郭子琦. 红外与可见光图像融合方法及在电力设备监测的应用研究[D]. 长沙:长沙理工大学,2022.

[7] 周游. 数字图像边缘检测算法及畸变校正算法研究[D]. 湘潭:湖南科技大学,2015.

[8] 王一,齐皓,王瀚铮,等. 基于改进 SIFT 的无人机影像匹配方法[J]. 无线电工程,2023(10):2337-2344.

[9] Radford A, Metz L, Chintala S. Unsupervised representation learning with deep convolutional generative adversarial networks[C]. ICLR,2016.

[10] Hinton G E, Salakhutdinov R R. Reducing the dimensionality of data with neural networks[J]. Science,2006,313(5786):504-507.

[11] Krizhevsky A, Sutskever I, Hinton G E. ImageNet classification with deep convolutional neural networks[C]//International Conference on Neural Information Processing Systems. New York:Curran Associates Inc,2012:1097-1105.

[12] 赵淳,许衡,赵深,等. 500 kV 复合绝缘子串并联间隙结构优化研究[J]. 电瓷避雷器,2017(05):206-211.

[13] 方欣. 复合绝缘子电场分布计算及均压环参数设计研究[D]. 长沙:湖南大学,2015.

[14] 周立玮,叶昊亮,李特,等. 可见光干扰下复合绝缘子红外测试温度分布特征研究[J]. 智慧电力,2025(01):31-37.

5 复合绝缘子发热原因诊断方法

5.1 典型热缺陷复合绝缘子发热模型研究

5.1.1 热缺陷复合绝缘子温升计算模型

1) 发热计算模型

运行状态下的复合绝缘子发热可以划分为以下3个方面：

(1) 交变电场作用下绝缘介质极化效应引起的介质损耗发热，发热功率为

$$p_1 = U_d^2 \omega C \tan\delta \tag{5-1}$$

由此引起绝缘子表面温差为

$$\Delta T = \frac{U_d^2 \omega C \tan\delta}{hA} \tag{5-2}$$

其中 U_d 为绝缘子的分布电压，单位为 V；ω 为线路运行电压角频率；C 为绝缘子等值电容，单位为 F；$\tan\delta$ 为工作温度下的介质损耗因数；A 为绝缘子表面面积，单位为 m^2；h 为绝缘子表面积有效散热系数。

(2) 表面泄漏电流引起的发热，发热功率为

$$p_2 = U_d I_{gs} \tag{5-3}$$

由此引发的绝缘子表面温差为

$$\Delta T = \frac{U_d I_{gs}}{hA} \tag{5-4}$$

其中，I_{gs} 为绝缘子表面爬电泄漏电流，单位为 A。

(3) 局部放电导致的异常发热，发热功率为

$$p_3 = \frac{\sum_i Q_i U_i}{T_{ref}} \tag{5-5}$$

由此引发的绝缘子表面温差为

$$\Delta T = \frac{\sum_i Q_i U_i}{T_{ref} hA} \tag{5-6}$$

其中，Q_i 为视在电荷量，单位为 pC；U_i 为单个视在电荷量出现时的电压瞬时值，单位为 V；T_{ref} 为一个工频周期，单位为 ms。

2) 热传递过程

热传导、热对流、热辐射是自然界存在的三种基本的热量传递方式。

(1) 热传导

当物体的内部具有温度差(不均匀的能量分布)且没有宏观位移时,物体内的热量会从高温的地方传导到低温的地方;此外,不同温度的物体互相接触且两者之间没有物质转移的情况下,热量会从高温物体往低温物体传导。热传导过程具有两个特点:一是传导过程总是发生在彼此接触的温度不同的两个物体之间或同一个物体具有不同温度的两个部分之间;二是传导过程中物体的各部分之间在宏观上不发生相对位移。由式(5-7)和式(5-8)计算可得

$$Q = -\lambda A \frac{\Delta T}{b} \quad (5-7)$$

$$q = \frac{Q}{A} = -\lambda \frac{\Delta T}{b} \quad (5-8)$$

其中,Q 为热流量,表示单位时间内传递的热量,单位为 W;q 为热流密度,表示单位时间内通过单位面积的热量,单位为 W/m²;A 为垂直于传热方向的截面积,单位为 m²;λ 为物体的导热系数,单位为 W/(m·K);ΔT 为物体两表面之间的温差,单位为 K;b 为物体的厚度,单位为 m。

(2) 热对流

流体中的一部分与另一部分之间存在温度差,各部分流体之间的相对运动将热量从一部分带到另一部分的热现象称为热对流。工程项目中经常会遇到流体与固体的表面直接接触时由于温度不同而进行的热量交换现象,这种热量的传递过程称为对流换热,一般用牛顿冷却公式作为对流换热的基本公式,即

$$Q = hA(T_w - T_f) = hA\Delta T \quad (5-9)$$

$$q = \frac{Q}{A} = h(T_w - T_f) = h\Delta T \quad (5-10)$$

其中,Q 为热流量,表示单位时间内传递的热量,单位为 W;A 为与流体接触的壁面面积,单位为 m²;h 为对流换热系数,单位为 W/(m²·K);T_w 为物体表面温度,T_f 为流体温度,两者单位均为 K,且要求 $T_w > T_f$。

(3) 热辐射

热辐射与其他两种传热方式的不同之处在于,热辐射是通过电磁波(或光子流)来传播能量,在热辐射发生过程中,物体与物体之间不需要直接接触,物体与物体之间也不需要任何中间介质。如果两个物体放置于真空中且不相互接触,热传导和热对流都不会发生,但会发生热辐射,例如太阳正是依靠热辐射的作用将大量的热量传递给地球。斯特藩-玻尔兹曼定律给出了计算黑体发射到周围空间的辐射能的公式,即

$$Q = A\sigma T^4 \quad (5-11)$$

其中,Q 为黑体发射的辐射能,单位为 W;A 为物体的辐射表面积,单位为 m²;T 为绝对温度,单位为 K;σ 为斯特藩-玻尔兹曼常数,其值为 5.67×10^{-8} W/(m²·K⁴)。因为所有实际

物体的辐射能力均小于相同温度下黑体的辐射能力，所以实际物体发射出的辐射能一般要用物体的发射率进行修正，即

$$Q = \varepsilon A \sigma T^4 \tag{5-12}$$

其中，ε 为物体的发射率（通常称为黑度），取值小于 1。一个物体的发射率与物体的温度、种类以及表面状态有关，物体的 ε 值越大，则表明它越接近理想的黑体。

5.1.2 热缺陷复合绝缘子电热耦合温度计算

1) 正常复合绝缘子

(1) 几何模型

本仿真采用型号为 FXBW-220/120 的复合绝缘子，并在绝缘子高压端和低压端配置了直径为 300 mm、管径为 30 mm 的均压环；同时，为简化计算，在 COMSOL 中采用二维旋转模型对绝缘子进行电热仿真。在 COMSOL 中按 1∶1 建立复合绝缘子模型，并在绝缘子周围设置半径为 10 m、高度为 20 m 的圆柱形空气区域，建立的几何模型如图 5-1 所示。

图 5-1　FXBW-220/120 复合绝缘子仿真模型

(2) 性能参数

正常复合绝缘子保持着良好的绝缘性能，各部分的参数如表 5-1 所示。

表 5-1　正常复合绝缘子参数

复合绝缘子构成部分	相对介电常数	电导率/(S/m)	导热系数/[W/(m·K)]	密度/(kg/m³)	恒压热容/[J/(kg·K)]
芯棒	8.5	1.0×10^{-13}	0.25	2200	1700
护套	5	1.0×10^{-13}	0.2	1200	1700
金具和均压环	1.0×10^{10}	1.12×10^7	—	—	—

(3) 结果讨论

正常复合绝缘子温升见图 5-2。可以看出,正常复合绝缘子在运行电压下不会产生异常发热现象。

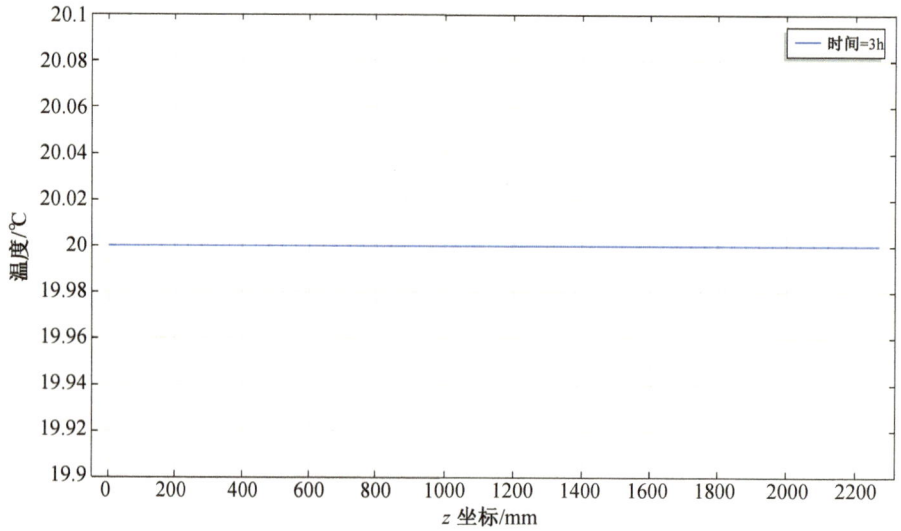

图 5-2　正常复合绝缘子温升图

2) 护套老化受潮发热

(1) 几何模型

本仿真采用型号为 FXBW-220/120 的复合绝缘子,并在绝缘子高压端和低压端配置了直径为 300 mm、管径为 30 mm 的均压环;同时,为简化计算,在 COMSOL 中采用二维轴对称模型对绝缘子进行电热仿真。在 COMSOL 中按 1∶1 建立复合绝缘子模型,并在绝缘子周围设置半径为 10 m、高度为 20 m 的圆柱形空气区域,建立的几何模型同图 5-1。

(2) 性能参数

绝缘子护套老化受潮发热是护套老化受潮情况下极化损耗增加导致,且发热部分通常为高压端至第一组伞裙,因此本仿真在高压端至第一组伞裙设置了老化区域(如图 5-3 所示)。现场绝缘子硅橡胶受潮程度更严重,根据受潮增重 0.17% 时相对介电常数增大 1,按比例估算受潮增重 0.8% 时相对介电常数增大 4.7。加之高压端硅橡胶长期在电场下工作老化导致介电常数和电导率增加,故设置高压端硅橡胶的电导率为 1.0×10^{-7},相对介

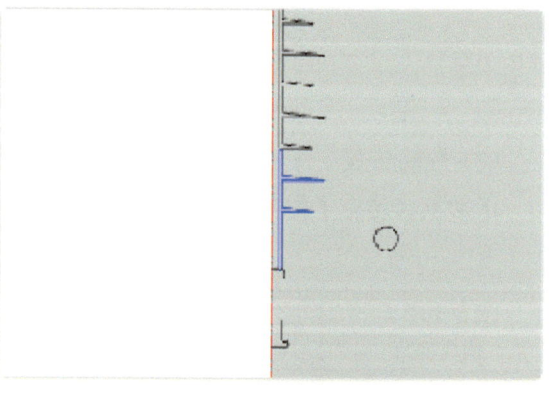

图 5-3　高压端老化区域

电常数为8。护套老化受潮发热复合绝缘子各部分的参数如表5-2所示。

表5-2 护套老化受潮发热复合绝缘子参数

复合绝缘子构成部分	相对介电常数	电导率/(S/m)	导热系数/[W/(m·K)]	密度/(kg/m³)	恒压热容/[J/(kg·K)]
正常芯棒	8.5	1.0×10^{-13}	0.25	2200	1700
正常护套	5	1.0×10^{-13}	0.2	1200	1700
护套高压端老化	8	1.0×10^{-7}	0.2	1200	1700
金具和均压环	1.0×10^{10}	1.12×10^{7}	—	—	—

（3）物理场

电压：高压端施加 $1.1 \times 220 \times \sqrt{2} \approx 342 (\mathrm{kV})$ 交流电压，低压端接地，加压时间为3h。

传热：在绝缘子护套部分设置长水平圆柱自然绕流模型（如图5-4所示），在绝缘子伞裙上侧设置水平平板（上侧）外部自然对流模型（如图5-5所示），在绝缘子伞裙下侧设置水平平板（下侧）外部自然对流模型（如图5-6所示）。这些自然绕流或对流模型COMSOL中已封装好。

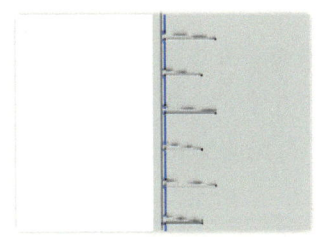

(a) 圆柱绕流区域

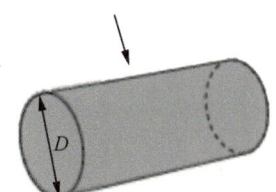

(b) 圆柱绕流模型示意图

图5-4 圆柱绕流模型仿真

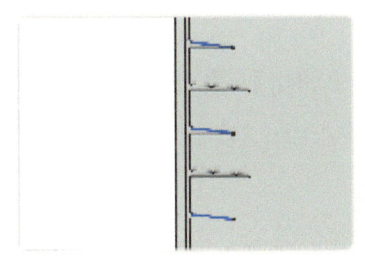

(a) 小伞裙水平平板（上侧）对流区域

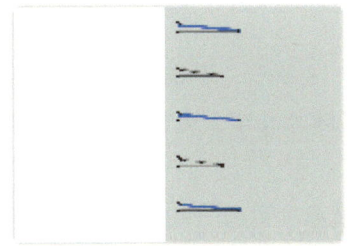

(b) 大伞裙水平平板（上侧）对流区域

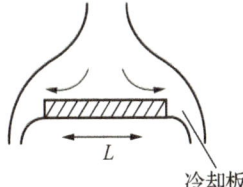

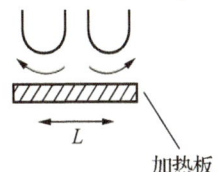

(c) 水平平板（上侧）自然对流模型示意图

图5-5 水平平板（上侧）自然对流模型仿真

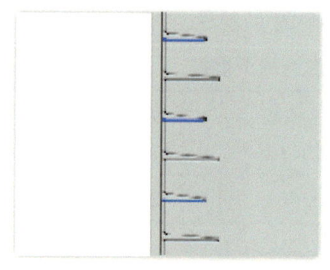 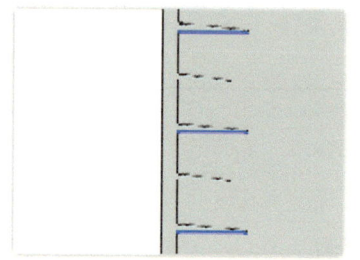

（a）小伞裙水平平板(下侧)对流区域　　　（b）大伞裙水平平板(下侧)对流区域

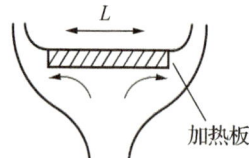 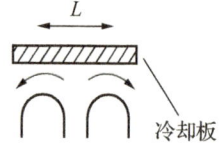

（c）水平平板(下侧)自然对流模型示意图

图 5-6　水平平板(下侧)自然对流模型仿真

(4) 结果讨论

① 湿度对温升的影响。湿度主要影响复合绝缘子高压端老化区域的相对介电常数和电导率，即需研究高压端老化区域相对介电常数和电导率对温升的影响。

当电导率为 $1.0×10^{-7}$ S/m，环境温度为 20 ℃，风速为 0 时，护套老化受潮发热温度随相对介电常数(分别为 5,7,9,11)变化的规律如图 5-7 所示。不难发现，随着老化区域相对介电常数的增加，绝缘子温升逐渐降低。原因是老化区域相对介电常数增加导致电场减小，极化损耗降低。

当相对介电常数为 8，环境温度为 20 ℃，风速为 0 时，护套老化受潮发热温度随电导率(分别为 $1.0×10^{-7}$ S/m，$2.0×10^{-7}$ S/m，$3.0×10^{-7}$ S/m，$4.0×10^{-7}$ S/m，$5.0×10^{-7}$ S/m)的变化规律如图 5-8 所示。不难发现，随着老化区域电导率的增加，复合绝缘子温升逐渐升高。护套老化区域的电导率从 $1.0×10^{-7}$ S/m 升高至 $5.0×10^{-7}$ S/m 时，复合绝缘子温升增加了约 4.1 ℃。

② 环境温度对温升的影响。设置环境温度分别为 20 ℃，25 ℃，30 ℃，35 ℃，40 ℃，45 ℃，复合绝缘子的初始温度也对应设置为 20 ℃，25 ℃，30 ℃，35 ℃，40 ℃，45 ℃，电导率为 $1.0×10^{-7}$ S/m，相对介电常数为 8，风速为 0，护套老化受潮发热温度随环境温度变化的规律如图 5-9 所示。不难发现，环境温度对复合绝缘子的温升几乎没有影响，不同环境温度下温升都约为 2.8 ℃。

③ 风速对温升的影响。设置风速分别为 1 m/s，2 m/s，3 m/s，4 m/s，5 m/s，相对介电常数为 8，电导率为 $1.0×10^{-7}$ S/m，环境温度为 20 ℃，护套老化受潮发热温度随风速变化的规律如图 5-10 所示。不难发现，随着风速的增加，绝缘子温升逐渐降低。风速从 1 m/s 增加至 5 m/s 时，护套老化受潮复合绝缘子温升下降 53.85%。

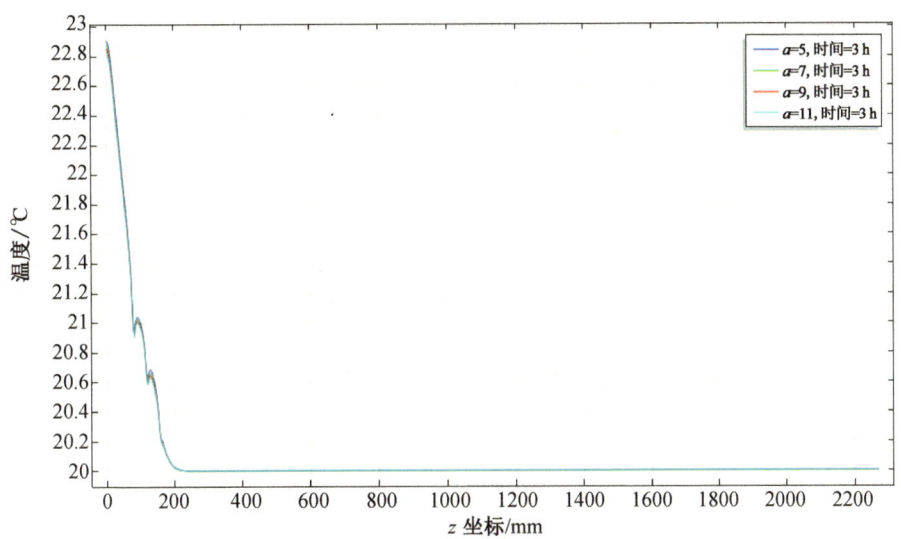

图 5-7 护套老化受潮发热温度随相对介电常数变化的规律

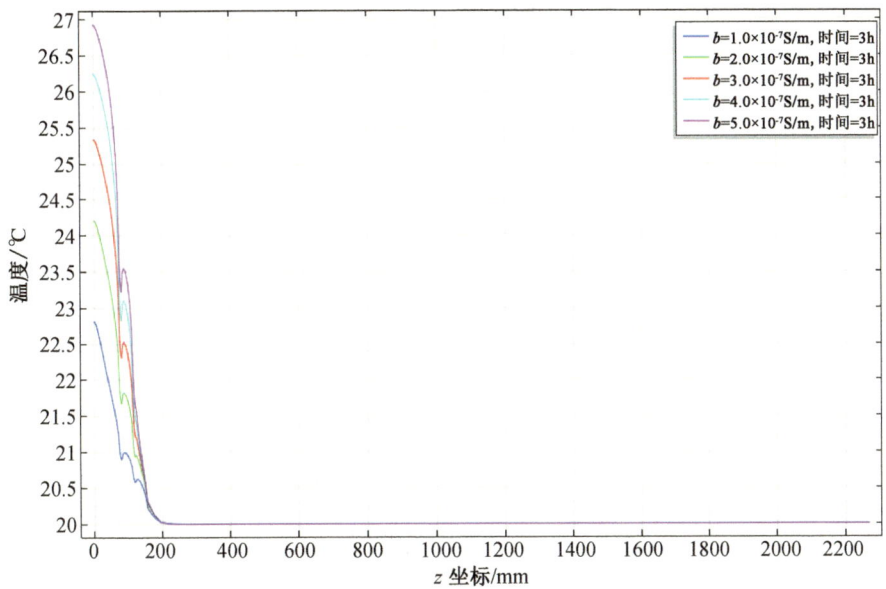

图 5-8 护套老化受潮发热温度随电导率变化的规律

3）芯棒酥朽发热

(1) 几何模型

本仿真采用型号为 FXBW-220/120 的复合绝缘子，并在绝缘子高压端和低压端配置了直径为 300 mm、管径为 30 mm 的均压环；同时，为简化计算，在 COMSOL 中采用二维旋转模型对绝缘子进行电热仿真。在 COMSOL 中按 1∶1 建立复合绝缘子模型，并在绝缘子周围设置半径为 10 m、高度为 20 m 的圆柱形空气区域，建立的几何模型同图 5-1。

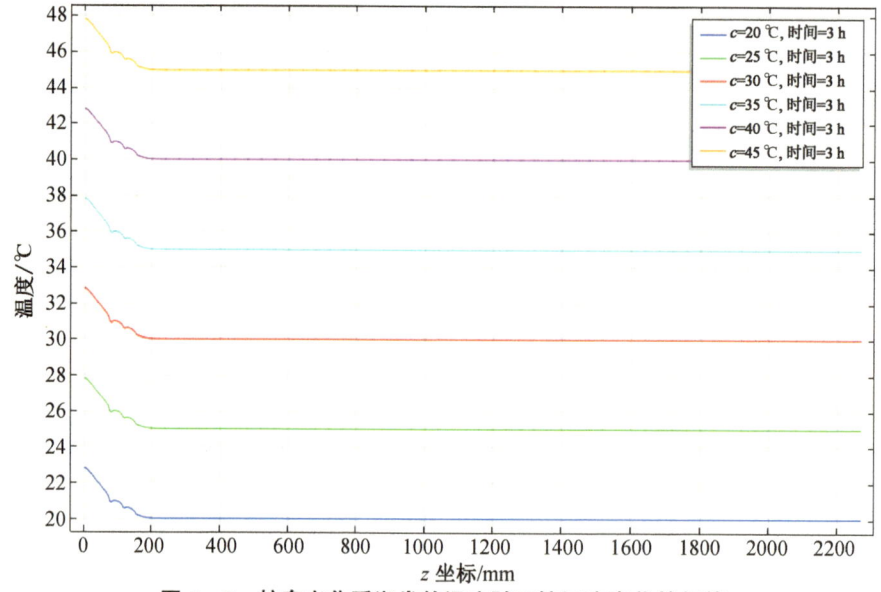

图 5‑9 护套老化受潮发热温度随环境温度变化的规律

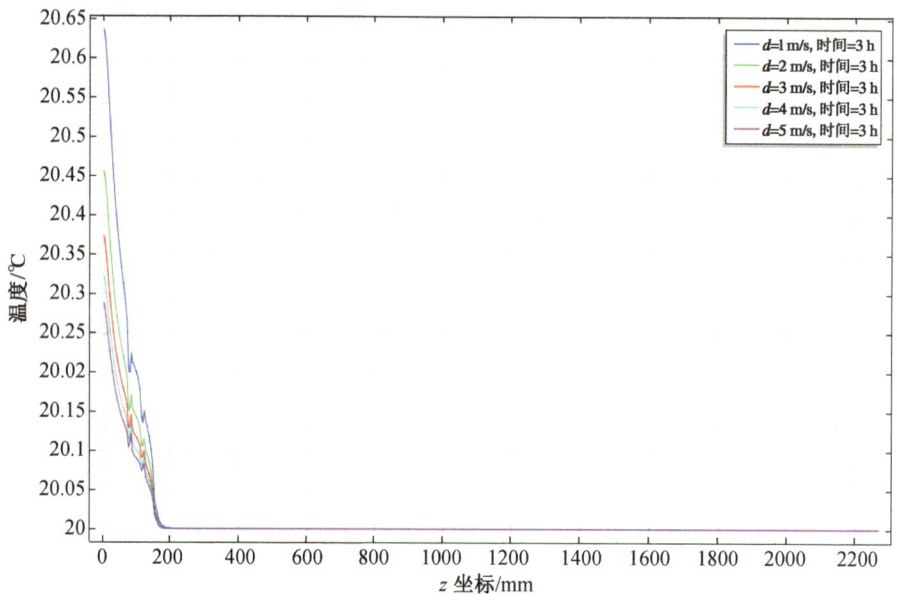

图 5‑10 护套老化受潮发热温度随风速变化的规律

(2) 性能参数

复合绝缘子芯棒设置了两个酥朽区域,其余部分均为完好绝缘子(如图 5‑11 所示)。酥朽区域参数上主要有 3 个变化:一是酥朽芯棒相对介电常数和电导率大幅增加,文献[1]对实际酥朽断裂的芯棒相对介电常数进行了测量,其值为 20.88;二是老化护套的相对介电常数和电导率略有增加,由于芯棒酥朽位置不在高压端,没有长期受到电晕放电的侵蚀,护套老化较轻,故设相对介电常数为 10,电导率为 1.0×10^{-7} S/m;三是芯棒与护套间出现了约 0.05 mm 的界面间隙区域(碳化通道),根据文献[2],界面间隙的相对介电常数为 1.0×10^5,电

导率为 1.0×10^4 S/m。两个酥朽区域的参数一致,复合绝缘子各部分的参数如表 5-3 所示。

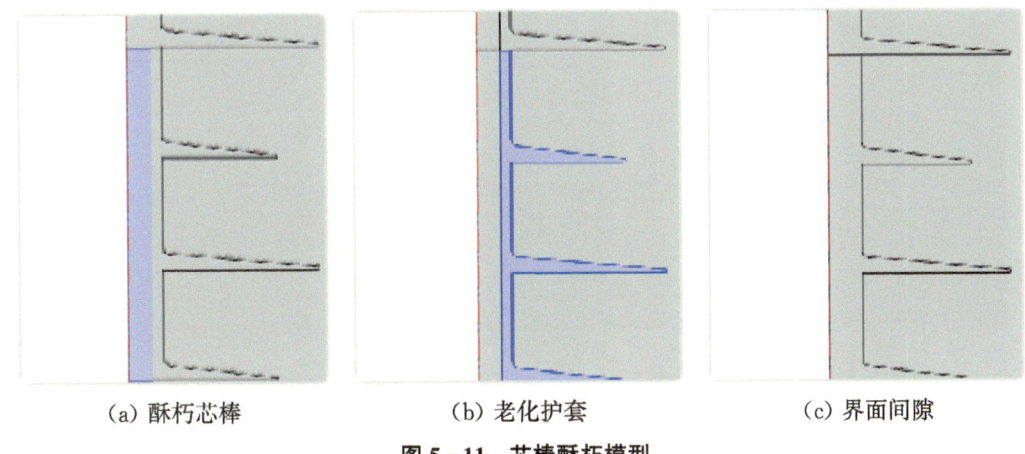

(a) 酥朽芯棒　　　(b) 老化护套　　　(c) 界面间隙

图 5-11　芯棒酥朽模型

表 5-3　芯棒酥朽发热复合绝缘子参数

复合绝缘子构成部分	相对介电常数	电导率/(S/m)	导热系数/[W/(m·K)]	密度/(kg/m³)	恒压热容/[J/(kg·K)]
正常芯棒	8.5	1.0×10^{-13}	0.25	2200	1700
正常护套	5	1.0×10^{-13}	0.2	1200	1700
金具和均压环	1.0×10^{10}	1.12×10^{7}	—	—	—
酥朽芯棒	20	1.0×10^{-5}	0.25	500	1200
老化护套	10	1.0×10^{-7}	0.2	1200	1700
界面间隙	1.0×10^{5}	1.0×10^{4}	0.25	1500	1500

(3) 结果讨论

① 湿度对温升的影响。湿度主要影响复合绝缘子界面间隙区域的相对介电常数和电导率,即需研究界面间隙区域相对介电常数和电导率对温升的影响。

令界面间隙区域相对介电常数分别为 1.0×10^2,1.0×10^3,1.0×10^4,1.0×10^5,当电导率为 1.0×10^4 S/m,环境温度为 20 ℃,风速为 0 时,芯棒酥朽发热温度随界面间隙相对介电常数变化的规律如图 5-12 所示。不难看出,界面间隙相对介电常数对芯棒酥朽复合绝缘子的温升几乎没有影响。

令界面间隙区域电导率分别为 316.23 S/m,632.46 S/m,1.0×10^3 S/m,3162.3 S/m,1.0×10^4 S/m,31623 S/m,1.0×10^5 S/m,当相对介电常数为 1.0×10^5,环境温度为 20 ℃,风速为 0 时,芯棒酥朽发热温度随界面间隙电导率变化的规律如图 5-13 所示。不难看出,一开始芯棒酥朽发热随着界面间隙电导率的增加,发热温度逐渐升高,并当酥朽芯棒界面电导率增加至 3162.3 S/m 时温度到达一个峰值(33.6 ℃);随着界面间隙电导率的继续增加,发热温度略有降低,然后保持在 33.2 ℃不变。

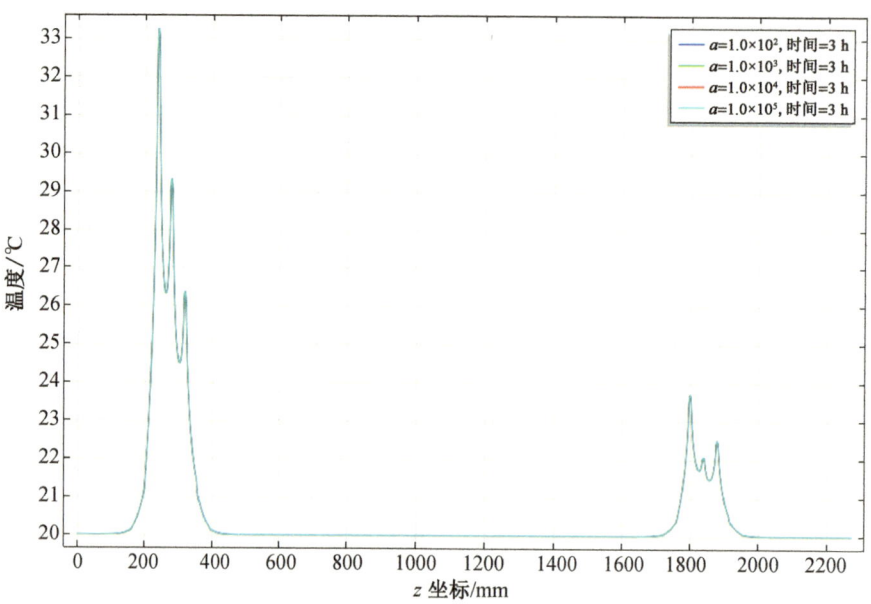

图 5-12 芯棒酥朽发热温度随界面间隙相对介电常数变化的规律

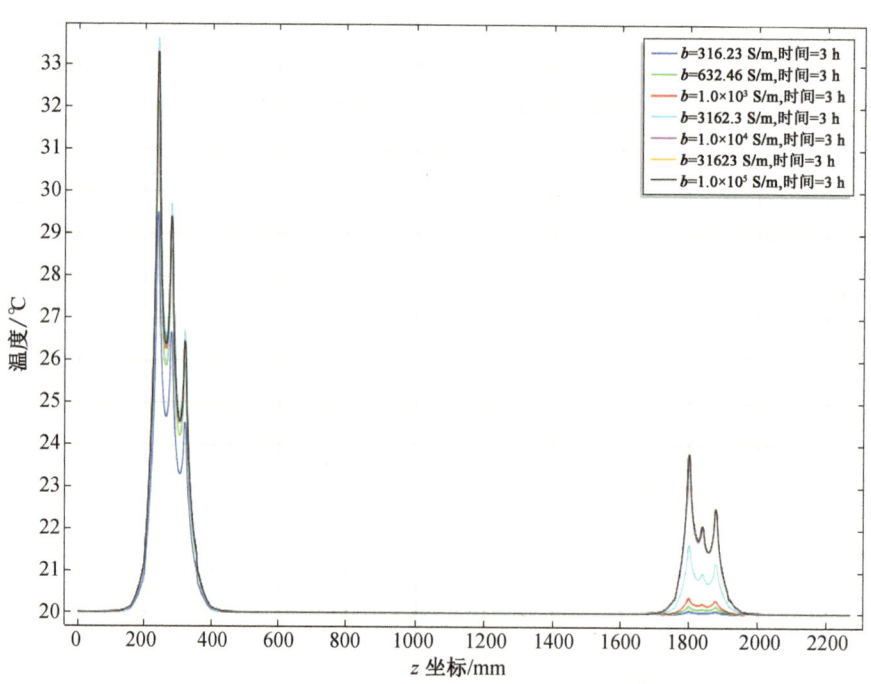

图 5-13 芯棒酥朽发热温度随界面间隙电导率变化的规律

② 环境温度对温升的影响。设置环境温度分别为 20 ℃,25 ℃,30 ℃,35 ℃,40 ℃,复合绝缘子的初始温度也对应设置为 20 ℃,25 ℃,30 ℃,35 ℃,40 ℃,当界面间隙电导率为 $1.0×10^4$ S/m,相对介电常数为 $1.0×10^5$,风速为 0 时,芯棒酥朽发热温度随环境温度变化的规律如图 5-14 所示。不难看出,环境温度对芯棒酥朽绝缘子的温升几乎没有影响。

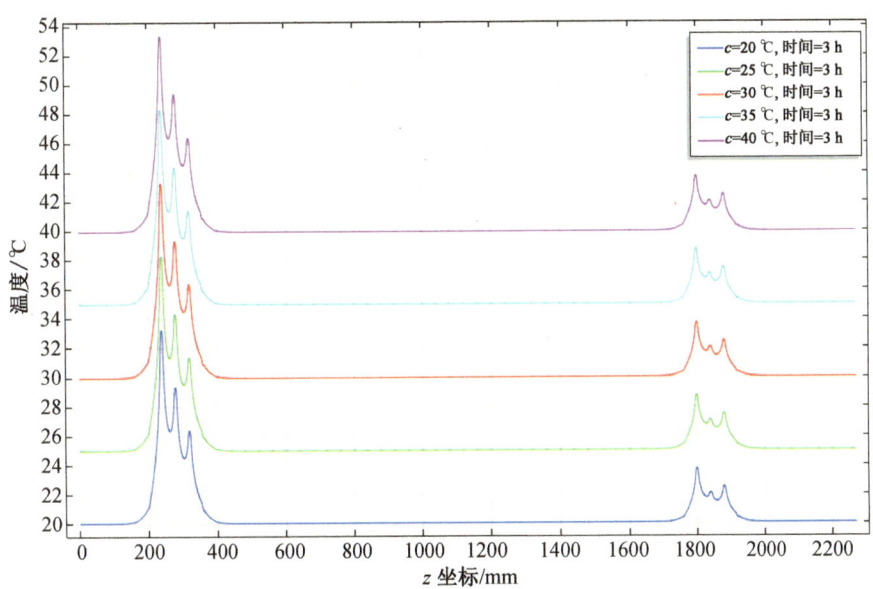

图 5-14 芯棒酥朽发热温度随环境温度变化的规律

③ 风速对温升的影响。设置风速分别为 1 m/s,2 m/s,3 m/s,4 m/s,5 m/s,当界面间隙相对介电常数为 $1.0×10^5$,电导率为 $1.0×10^4$ S/m,环境温度为 20 ℃时,芯棒酥朽发热温度随风速变化的规律如图 5-15 所示。不难看出,随着风速的增加,芯棒酥朽绝缘子温升逐渐降低。风速从 1m/s 增加至 5m/s 时,芯棒酥朽发热绝缘子温升下降 33.33%。

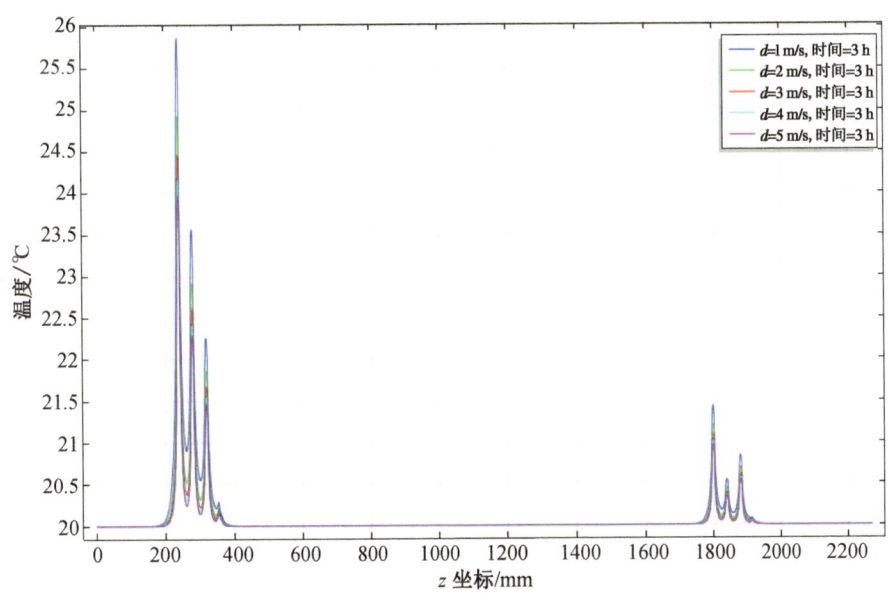

图 5-15 芯棒酥朽发热温度随风速变化的规律

4) 污秽发热

(1) 几何模型

本仿真采用型号为 FXBW-220/120 的复合绝缘子,所建几何模型同图 5-1。复合绝缘子表面附着有 1 mm 厚的污秽,污秽区域如图 5-16 所示。

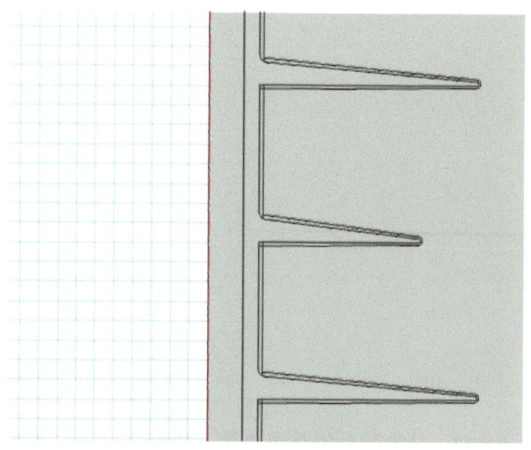

图 5-16 污秽区域

(2) 性能参数

在局部电弧形成前,复合绝缘子表面通道上流过泄漏电流引发发热。复合绝缘子的芯棒和伞套皆为完好,主要对厚度为 1 mm 的污秽进行如下处理(见图 5-17):

① 湿污层:由于伞裙的电流密度低,上下表面的污秽不易烘干,电导率较大,且大部分护套表面没有形成干区,表面依然是一层污秽水膜。根据文献[3],假设复合绝缘子所在线路污秽等级为Ⅱ,其表面的污秽水膜的相对介电常数和电导率分别为 81 和 0.175 S/m。

② 干燥带(高电导率):假设复合绝缘子的某一护套污秽很严重,电导率较高,根据文献[3],选取这一护套污秽的相对介电常数为 3,电导率为 $1.0×10^{-6}$ S/m。

③ 干燥带(低电导率):假设复合绝缘子的某些护套污秽较少,根据文献[3],选取这些护套污秽的相对介电常数为 6,电导率为 $1.0×10^{-7}$ S/m。

污秽发热复合绝缘子各部分的参数如表 5-4 所示。

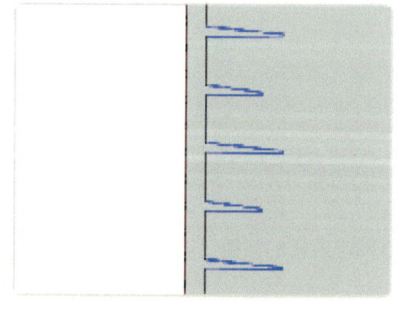

(a) 伞裙上下表面湿污层

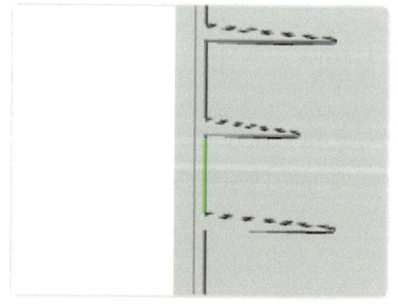

(b) 干燥带(高电导率)

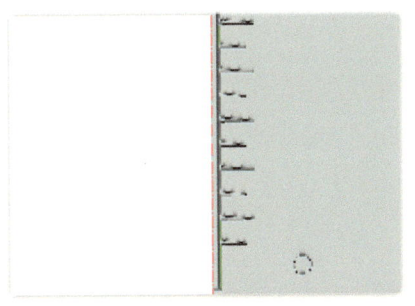 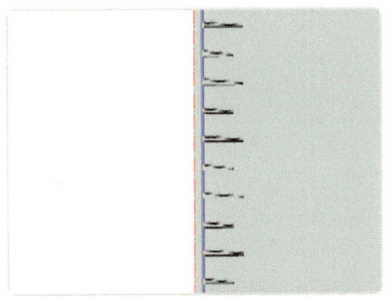

(c) 干燥带(低电导率)　　　　　　　(d) 护套表面湿污层

图 5-17　不同状态污秽在伞套上的分布示意图

表 5-4　污秽发热复合绝缘子参数

复合绝缘子构成部分	相对介电常数	电导率/(S/m)	导热系数/[W/(m·K)]	密度/(kg/m³)	恒压热容/[J/(kg·K)]
正常芯棒	8.5	1.0×10^{-13}	0.25	2200	1700
正常护套	5	1.0×10^{-13}	0.2	1200	1700
金具和均压环	1.0×10^{10}	1.12×10^{7}	—	—	—
湿污层	81	0.175	0.59	1000	4180
干燥带(高电导率)	3	1.0×10^{-6}	1	1200	1700
干燥带(低电导率)	6	1.0×10^{-7}	1	1200	1700

(3) 结果讨论

① 湿度对温升的影响。湿度主要影响复合绝缘子表面严重污秽区域的相对介电常数和电导率,即需研究表面严重污秽区域相对介电常数和电导率对温升的影响。

令相对介电常数分别为 4,5,6,7,8,当电导率为 1.0×10^{-6} S/m,环境温度为 20 ℃,风速为 0 时,污秽发热温度随表面严重污秽区域相对介电常数变化的规律如图 5-18 所示。不难看出,相对介电常数对污秽复合绝缘子的温升几乎没有影响。

令电导率分别为 1.0×10^{-7} S/m,3.16×10^{-7} S/m,1.0×10^{-6} S/m,3.16×10^{-6} S/m,1.0×10^{-5} S/m,当相对介电常数为 6,环境温度为 20 ℃,风速为 0 时,污秽发热温度随表面严重污秽区域电导率变化的规律如图 5-19 所示。不难看出,一开始污秽绝缘子随着严重污秽区域电导率的增加,污秽发热温度逐渐升高,并当电导率增加至 1.0×10^{-6} S/m 时,温度到达一个峰值(约为 35℃)。随着严重污秽区域电导率的继续增加,污秽发热温度逐渐降低,并当电导率增加至 1.0×10^{-5} S/m 时,温度降低至 25.2 ℃左右。

② 环境温度对温升的影响。设置环境温度分别为 20 ℃,25 ℃,30 ℃,35 ℃,40 ℃,复合绝缘子的初始温度也对应设置为 20 ℃,25 ℃,30 ℃,35 ℃,40 ℃,当电导率为 1.0×10^{-6} S/m,相对介电常数为 6,风速为 0 时,污秽发热温度随环境温度变化的规律如图 5-20 所示。不难看出,环境温度对污秽复合绝缘子的温升影响不明显。

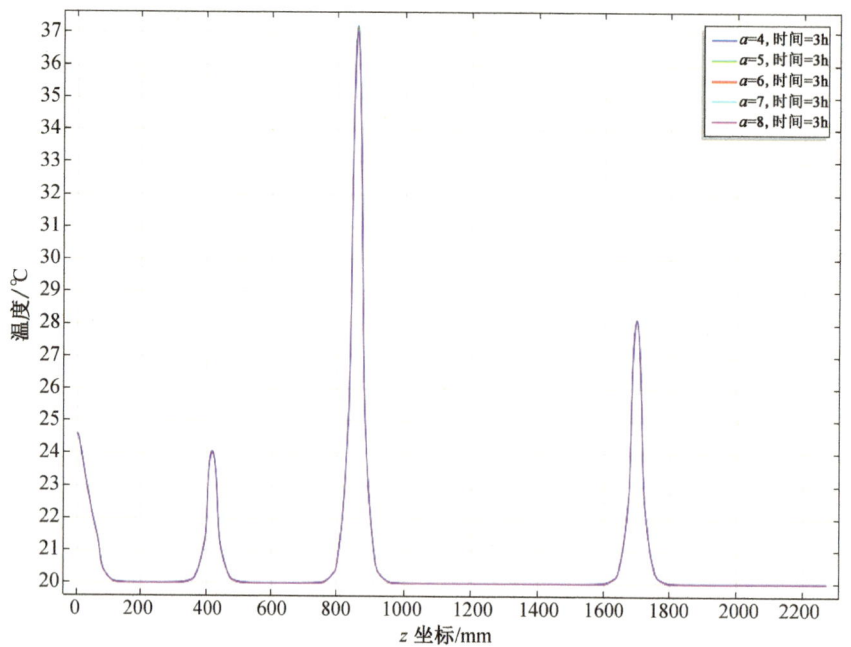

图 5-18 污秽发热温度随表面严重污秽区域相对介电常数变化的规律

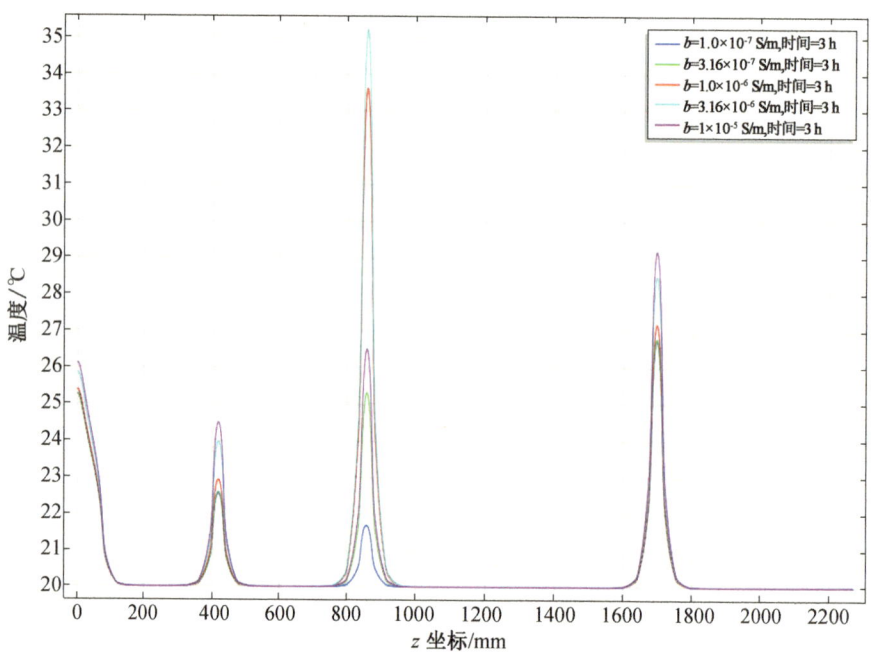

图 5-19 污秽发热温度随表面严重污秽区域电导率变化的规律

③ 风速对温升的影响。设置风速分别为 1 m/s,2 m/s,3 m/s,4 m/s,5 m/s,当相对介电常数为 6,电导率为 $1.0×10^{-6}$ S/m,环境温度为 20 ℃时,污秽发热温度随风速变化的规律如图 5-21 所示。不难看出,随着风速的增加,污秽绝缘子温升逐渐降低。风速从 1 m/s 增加至 5 m/s 时,污秽复合绝缘子温升下降 52.58%。

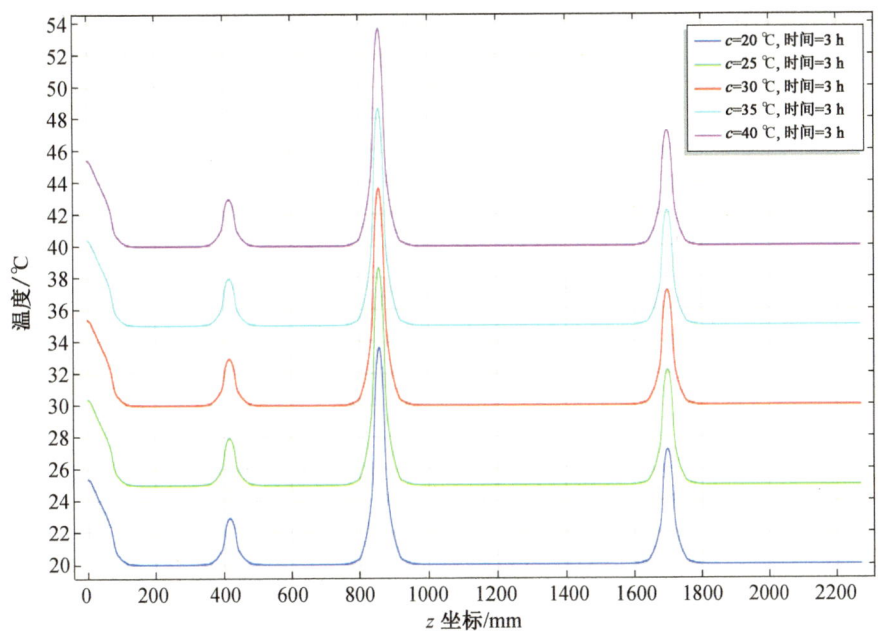

图 5-20 污秽发热温度随环境温度变化的规律

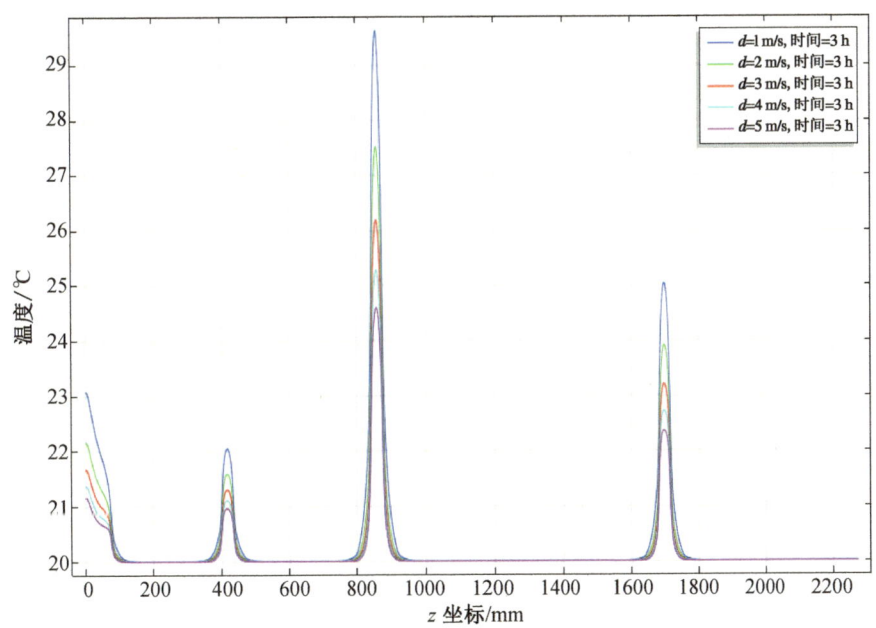

图 5-21 污秽发热温度随风速变化的规律

5.1.3 热缺陷绝缘子温升特征分析

对比红外测量和仿真计算的护套老化受潮、芯棒酥朽、表面积污三类热缺陷绝缘子温升曲线,三类热缺陷故障绝缘子在温差、温度标准差、温度最大值相对位置、发热长度占比、峰数、峰值标准差、峰值位置标准差、温度梯度最大值八种特征量方面不尽相同。由上一小节热缺陷复合绝缘子在不同状态下仿真计算所得温升曲线可知,三类热缺陷故障的样本温升曲线均为 20 条。本小节将详尽介绍各类特征量的计算方法,并对不同热缺陷绝缘子的八种特征量进行对比分析。

1) 温差 P_1

温差为温度曲线中的温度最大值与温度最小值之差,单位为 ℃,计算公式为

$$P_1 = T_{max} - T_{min} \tag{5-13}$$

其中,T_{max} 为温度曲线中温度的最大值,T_{min} 为温度曲线中温度的最小值。

三类热缺陷复合绝缘子仿真温升曲线的温差分布情况如图 5-22 所示,不同缺陷温差特征分布如表 5-5 所示。

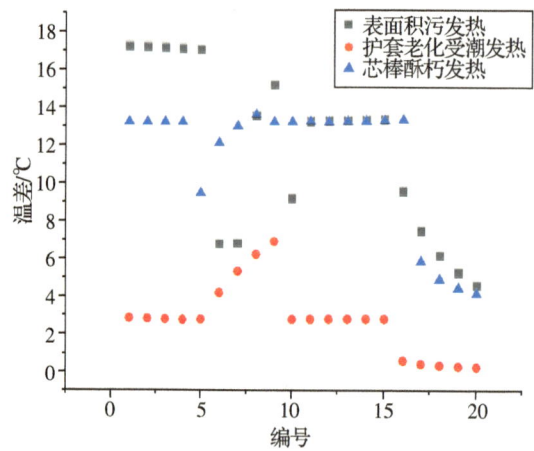

图 5-22 热缺陷复合绝缘子温差分布

表 5-5 不同缺陷温差特征分布

温差	护套老化受潮	芯棒酥朽	表面积污
P_1 最大值/℃	6.9	13.6	17.2
P_1 平均值/℃	2.8	11.0	11.8
P_1 最小值/℃	0.3	4.0	4.6

由表 5-5 可知:护套老化受潮温差较低,平均值仅为 2.8 ℃;表面积污与芯棒酥朽温差平均值大致相同,均为 11 ℃ 左右,远远高于护套老化受潮的温差。

2) 温度标准差 P_2

标准差是衡量一组数据离散程度的统计量。一个较大的标准差,代表大部分的数值和其平均值之间差异较大;一个较小的标准差,代表这些数值较接近平均值。温度标准差计算公式为

$$P_2 = \sqrt{\frac{\sum_{i=1}^{n}(T_i - \overline{T})^2}{n-1}} \tag{5-14}$$

其中，T_i 为绝缘子中轴线上各点的温度，$\overline{T}$ 为绝缘子中轴线上所有点的平均温度，n 为绝缘子中轴线温度数据点的数量。

不同缺陷温度标准差特征分布如表 5-6 所示。由表可知：护套老化受潮主要产生高压端一个温度峰值，整体来说温升比较均匀（标准差平均值为 0.447）；表面积污（标准差平均值为 1.30）和芯棒酥朽（标准差平均值为 1.60）存在多个温度峰值，故温升波动较大。

表 5-6 不同缺陷温度标准差特征分布

温度标准差	护套老化受潮	芯棒酥朽	表面积污
P_2 最大值	1.3	2.60	2.57
P_2 平均值	0.447	1.60	1.30
P_2 最小值	0.04	0.51	0.56

3）温度最大值相对位置 P_3

温升曲线中的温度最高点一般代表着热缺陷故障最严重的位置，选择此特征量进行计算能够分析三类热缺陷故障发热点位置分布情况。通过定位温度最高点所在位置的横坐标，再将其除以曲线温度数据点总个数，若结果接近 0，表示温度最高点靠近绝缘子高压端；若结果接近 1，表示温度最高点靠近绝缘子低压端。温度最大值相对位置计算公式为

$$P_3 = X_{T_{\text{peak}}} / X_{\max} \tag{5-15}$$

其中，$X_{T_{\text{peak}}}$ 为温度最高点对应的坐标，$X_{\max}$ 为坐标最大值。

不同缺陷温度最高点所在位置特征分布如表 5-7 所示。由表 5-7 可知：护套老化受潮温度最高点主要在高压端（平均值为 0.001）；在高压端电场的作用下，伞套表面更易吸附空中的粉尘，故污秽绝缘子温升位置一般比较靠近绝缘子高压前端（平均值为 0.09）；芯棒酥朽是各类因素综合作用的结果，故障位置既有可能在绝缘子高压端，也有可能在绝缘子中部，甚至个别酥朽发生在绝缘子的低压端，具有很大的不确定性（平均值为 0.36）。

表 5-7 不同缺陷温度最高点所在位置特征分布

温度最大值相对位置	护套老化受潮	芯棒酥朽	表面积污
P_3 最大值	0.001	0.09	0.75
P_3 平均值	0.001	0.09	0.36
P_3 最小值	0.001	0.09	0.1

4）发热长度占比 P_4

现场护套老化受潮复合绝缘子发热主要集中在高压端部，且呈点状分布，发热长度一般较短；由于污秽分布的不均匀性以及随机形成的多个干燥带，表面积污复合绝缘子会产生多个长短不一的发热区间；芯棒酥朽中心温度最高，并且温度向绝缘子两端逐渐递减，呈现出一段不均匀的温升，同时酥朽芯棒发热点数量一般也较少。国家标准《户内和户外用高压聚合物绝缘子一般定义、试验方法和接收准则》规定：若绝缘子表面温升超过 1 ℃，则判定为缺

陷绝缘子。因此对复合绝缘子温差大于1℃长度占比进行计算可以判断复合绝缘子缺陷严重程度。发热长度占比计算公式如式(5-16)和式(5-17)所示：

$$T_{th}=T_{min}+1 \quad (5-16)$$

$$P_4=\Delta X_{T_{me}}/X_{max} \quad (5-17)$$

其中，T_{th} 为温差大于1℃的阈值温度，$\Delta X_{T_{me}}$ 为温升曲线中温度大于 T_{th} 的数据点数量。

不同缺陷发热长度占比特征分布如表5-8所示。由表5-8可知：护套老化受潮温升长度较短(平均值仅为0.034)，表面积污(平均值为0.16)和芯棒酥朽(平均值为0.225)发热区间大。

表5-8 不同缺陷发热长度占比特征分布

发热长度占比	护套老化受潮	芯棒酥朽	表现积污
P_4 最大值	0.067	0.306	0.3
P_4 平均值	0.034	0.225	0.16
P_4 最小值	0	0.047	0.04

5) 峰数 P_5

现场护套老化受潮复合绝缘子发热一般只有高压端一个峰，而表面积污和芯棒酥朽一般存在多个发热点，故存在多个峰值。通过计算温差大于1℃的峰值个数可以判断复合绝缘子上发热点的数量。在MATLAB中利用findpeaks函数进行寻峰，其表达式如式(5-18)和式(5-19)所示：

$$[pks,locs]=findpeaks(data,'minpeakheight',mph) \quad (5-18)$$

$$pks\_num=length(pks) \quad (5-19)$$

其中，pks对应峰值，pks_num对应峰值个数，locs对应峰值坐标，mph为设定峰值的最小高度，通常取 mph=T_{th}。

不同缺陷发热峰数特征分布如表5-9所示。由表5-9可知：护套老化受潮温升曲线中峰数较少(平均值仅为0.5)，表面积污(平均值为4.2)和芯棒酥朽(平均值为5)峰数较多。

表5-9 不同缺陷发热峰数特征分布

峰数	护套老化受潮	芯棒酥朽	表面积污
P_5 最大值	2	6	6
P_5 平均值	0.5	5	4.2
P_5 最小值	0	3	3

6) 峰值标准差 P_6

现场护套老化受潮复合绝缘子发热一般只有高压端一个峰，故其峰值点温升标准差接近于0；而表面积污和芯棒酥朽复合绝缘子存在多处发热，所以有着不同温升幅值的发热点。当峰值数量一定时，峰值标准差数值越大，说明发热点的温升幅值不均匀，存在不同程度的热缺陷故障；峰值标准差数值越小，说明发热点的温升幅值均匀，各处热缺陷故障程度较为相近。峰值标准差反映各个发热点故障均匀程度，可以通过 MATLAB 中的 std 函数进行计算，即

$$P_6 = \text{std}(\text{pks} - T_{\text{th}}) \tag{5-20}$$

其中，pks 对应峰值，T_{th} 为温差大于 1 ℃ 的阈值温度，std 为 MATLAB 中求取标准差函数。

不同缺陷峰值标准差特征分布如表 5-10 所示。由表 5-10 可知：护套老化受潮温升曲线中峰值个数较少，且峰值温度较为平均（平均值约为 0 ℃）；表面积污（平均值为 4.14 ℃）和芯棒酥朽（平均值为 3.56 ℃）峰值个数较多，且发热峰值点温升差异较大，存在不同程度的热缺陷。

表 5-10 不同缺陷峰值标准差特征分布

峰值标准差	护套老化受潮	芯棒酥朽	表面积污
P_6 最大值/℃	0	5.3	6.73
P_6 平均值/℃	0	3.56	4.14
P_6 最小值/℃	0	1.28	1.73

7) 峰值位置标准差 P_7

现场护套老化受潮复合绝缘子发热一般只有高压端一个峰，故其峰值位置标准差接近于 0；而表面积污和芯棒酥朽复合绝缘子存在多处发热，所以有着不同温升幅值的发热点。当峰值数量一定时，峰值位置标准差数值越大，说明发热点在绝缘子轴线上分布越不集中，发热点散落在绝缘子高中低压端各处；峰值位置标准差数值越小，说明发热点在绝缘子轴线上分布越集中，发热点主要集中分布在绝缘子的某一段。峰值位置标准差反映各个发热点在绝缘子中轴线上的集中分布程度，可以通过 MATLAB 中的 std 函数进行计算，即

$$P_7 = \text{std}(\text{locs}/X_{\max}) \tag{5-21}$$

其中，locs 对应峰值坐标，$X_{\max}$ 为坐标最大值，std 为 MATLAB 中求取标准差函数。

不同缺陷峰值位置标准差特征分布如表 5-11 所示。由表 5-11 可知：护套老化受潮温升曲线中峰值位置主要集中在高压端，峰值位置标准差较小（平均值仅为 0.00014）；表面积污（平均值为 0.32）和芯棒酥朽（平均值为 0.28）各个峰值坐标差距较大，发热点在绝缘子上分布较为分散，峰值位置标准差偏大。

表 5-11 不同缺陷峰值位置标准差特征分布

峰值位置标准差	护套老化受潮	芯棒酥朽	表面积污
P_7 最大值	0.0014	0.35	0.37
P_7 平均值	0.00014	0.28	0.32
P_7 最小值	0	0.048	0.29

8) 温度梯度最大值 P_8

先对绝缘子温度曲线相邻两个点求单位距离上的温差,此即温度梯度(单位为 K/mm),再取整支绝缘子上温度梯度绝对值的最大值作为该支绝缘子的温度梯度最大值。同样,也可以利用 MATLAB 进行梯度最大值的计算。

不同缺陷温度梯度最大值特征分布如表 5-12 所示。由表 5-12 可知:护套老化受潮温升曲线的温度梯度最大值较小(平均值仅为 0.07 K/mm);表面积污(平均值为 0.75 K/mm)和芯棒酥朽(平均值为 0.40 K/mm)的温度梯度最大值较大。

表 5-12 不同缺陷温度梯度最大值特征分布

温度梯度最大值	护套老化受潮	芯棒酥朽	表面积污
P_8 最大值/(K·mm^{-1})	0.23	0.47	1.21
P_8 平均值/(K·mm^{-1})	0.07	0.40	0.75
P_8 最小值/(K·mm^{-1})	0.005	0.25	0.32

5.2 输电线路典型热缺陷复合绝缘子现场原因诊断方法

在筛选得到发热缺陷复合绝缘子后需要进一步诊断复合绝缘子的发热原因,为后续的检修决策奠定基础。

5.2.1 不同类型热缺陷复合绝缘子温度曲线分析

取人工气候室工频耐压红外试验或者现场红外测试获得的护套老化受潮、表面积污、芯棒酥朽三类典型发热绝缘子的温度曲线进行分析。

RH=70%下 4 支护套老化受潮复合绝缘子表面中轴线温度曲线数据如图 5-23 所示。由图可知,护套老化受潮复合绝缘子温度曲线规律大致相同。首先复合绝缘子均在测温点 8 附近出现温度最大值,并且温差都不超过 2 ℃(此处温度曲线中出现一个最高峰,发热区间较短);然后温度曲线中出现一个过渡的小峰;最后整条曲线逐渐趋于平缓,接近实际的环境温度。由于护套老化受潮复合绝缘子表面中轴线温度曲线仅在测温点 50 以内出现波动,可推断其温度曲线的标准差较小。

RH=70%下 6 支芯棒酥朽复合绝缘子表面中轴线温度曲线数据如图 5-24 所示。由图可知,芯棒酥朽复合绝缘子的温度曲线具有以下特点:一是 5 支芯棒酥朽复合绝缘子的温差大于 10 ℃,远高于护套老化受潮复合绝缘子,同时相较于护套老化受潮复合绝缘子,芯棒酥朽复合绝缘子的发热区间更长;二是 6 支芯棒酥朽复合绝缘子的温度曲线除在温度最高点存在一个主峰,还存在多个峰值较小的峰;三是 6 支芯棒酥朽复合绝缘子温度最大值的位置不同,Ⅱ-3 和 Ⅱ-4 复合绝缘子温度最大值在测温点 0 附近,Ⅱ-1 和 Ⅱ-2 复合绝缘子温度最大值在测温点 100 附近,而 Ⅱ-5 和 Ⅱ-6 复合绝缘子温度最大值分别在测温点 220 和 150 附近。由于芯棒酥朽复合绝缘子存在多点发热,温度数据各有高低且较为分散,可推断其温度曲线的标准差较大。

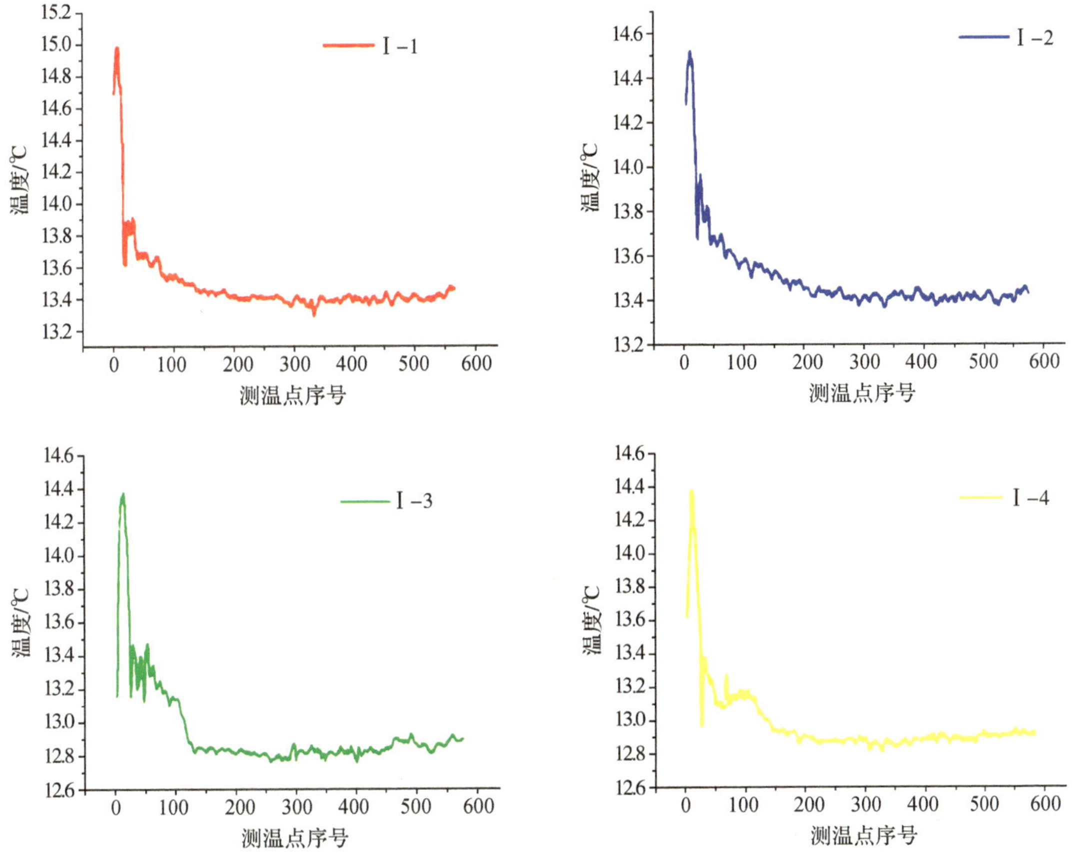

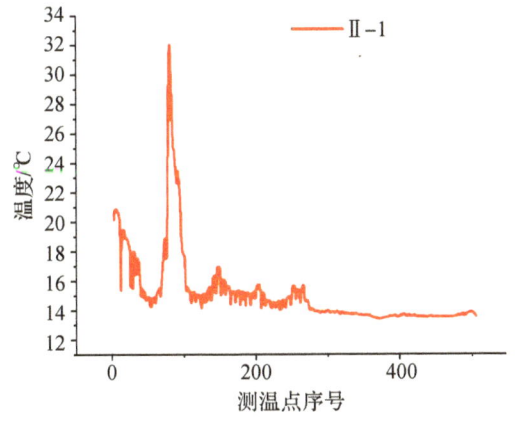

图 5‑23 护套老化受潮复合绝缘子表面中轴线温度曲线

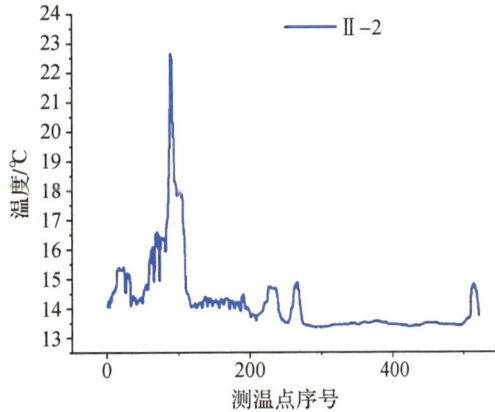

177

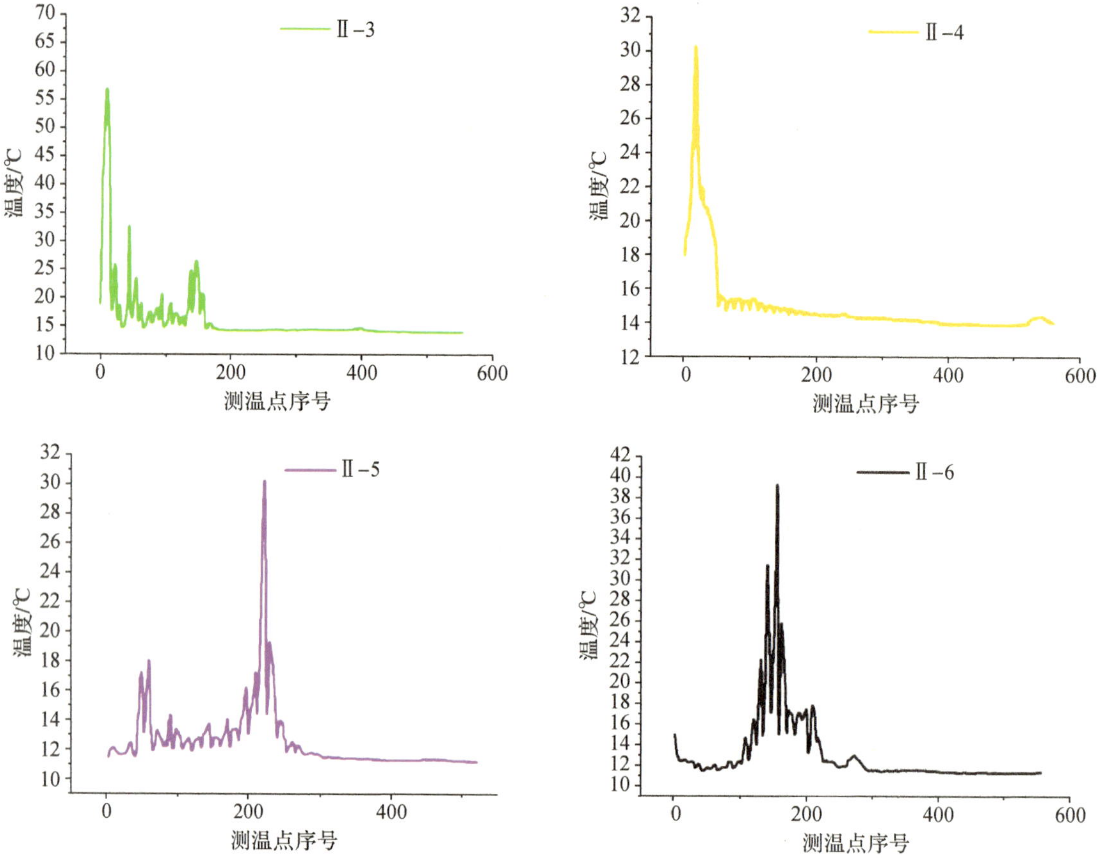

图 5-24 芯棒酥朽复合绝缘子表面中轴线温度曲线

人工构造的表面积污复合绝缘子仅有 2 支(Ⅲ-1 和Ⅲ-2),本项目又从某省热缺陷复合绝缘子红外图谱库中选取了 2 支(Ⅲ-3 和Ⅲ-4)运行现场因表面严重积污而发热的复合绝缘子的红外光谱图。实验室 RH=70%下Ⅲ-1 和Ⅲ-2 表面积污复合绝缘子表面中轴线温度曲线及Ⅲ-3 和Ⅲ-4 表面积污复合绝缘子表面中轴线温度曲线如图 5-25 所示。由图可知,表面积污复合绝缘子的温差均大于5℃,且发热区间较长。由于Ⅲ-3 和Ⅲ-4 红外图谱为无人

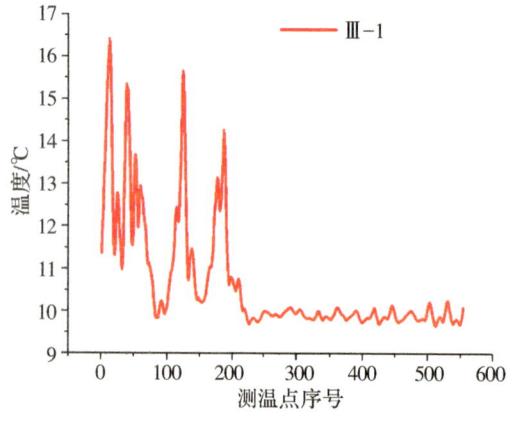
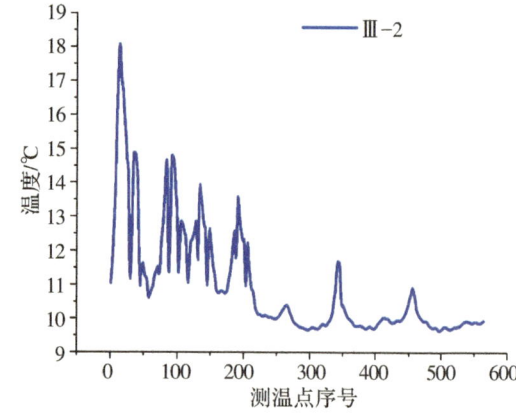

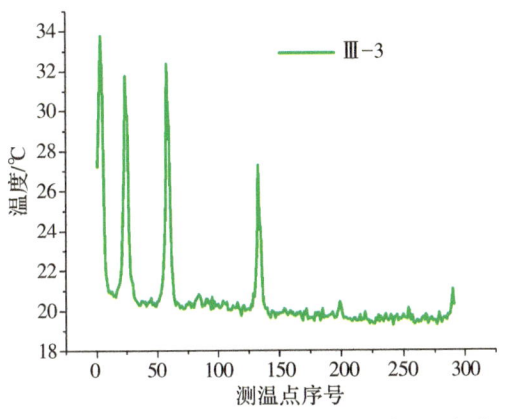
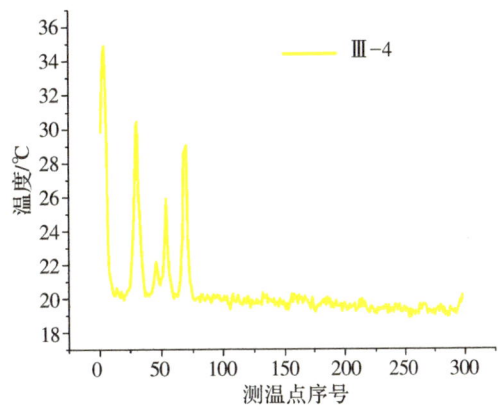

图 5-25 表面积污复合绝缘子表面中轴线温度曲线

机现场红外拍摄所得,测量精度小于实验室,故Ⅲ-3 和Ⅲ-4 复合绝缘子的温度曲线的峰数少于Ⅲ-1 和Ⅲ-2。此外,表面积污复合绝缘子温度最大值均在测温点的初始位置,这与芯棒酥朽复合绝缘子明显不同。表面积污复合绝缘子同样存在多点发热,且温度数据分散,可推断其温度曲线的标准差也较大。

5.2.2 不同类型热缺陷复合绝缘子温度特征提取

护套老化受潮复合绝缘子在低湿条件下几乎不发热,高湿条件下发热幅值也较小,因此可在线路上继续运行,后续保持对其跟踪测温即可;对表面积污复合绝缘子,可根据其发热程度进行清扫或更换;酥朽的芯棒可能会导致复合绝缘子发生断裂事故,一旦发现必须立即更换。以上三种热缺陷类型中,芯棒酥朽复合绝缘子的异常发热只占极少数。对发热复合绝缘子进行无差别更换会带来大量人力、物力的浪费,因此寻找不同类型热缺陷复合绝缘子的温度特征显得尤为重要。

基于不同类型热缺陷复合绝缘子的温度曲线在温差、发热区间、温度最大值相对位置等参数上的特点,本项目定义了 7 个温度特征量对复合绝缘子的异常发热进行表征。利用红外热像仪配套软件提取复合绝缘子表面中轴线温度曲线数据,数据提取方向为高压端至低压端,导出的温度曲线为沿着复合绝缘子表面中轴线的一系列离散点,即

$$f_T = (T_1, T_2, \cdots, T_i, \cdots, T_m) \tag{5-22}$$

其中,f_T 为热缺陷复合绝缘子表面中轴线温度曲线;m 为温度曲线的数据点个数,即温度测量点数;T_i 为温度曲线中距离复合绝缘子高压端部第 i 个测量点的温度数值,单位为℃。温度特征量的具体计算方法如下:

(1) 温差 ΔT:温度曲线中的温度最大值 T_{max} 与温度最小值 T_{min} 之差,单位为℃,其计算公式为

$$\Delta T = T_{max} - T_{min} \tag{5-23}$$

(2) 温度标准差 T_{std}:方差的算术平方根,其计算公式为

$$T_{std} = \sqrt{\frac{\sum_{i=1}^{m}(T_i - \overline{T})^2}{m-1}} \tag{5-24}$$

(3) 温度最大值相对位置 $P_{T_{max}}$：温度曲线中温度最大值对应的测量点位置 $i_{T_{max}}$ 与温度曲线的数据点总个数 m 的比值，其计算公式为

$$P_{T_{max}} = i_{T_{max}}/m \tag{5-25}$$

(4) 峰数 n_{peak}：温升曲线中大于温度阈值 T_{thr} 的峰的个数。根据现场红外图像中干扰波动的幅值范围可对温度阈值 T_{thr} 进行调整，针对现场无人机红外数据的特点，推荐设置阈值为 3~5 K，即比曲线中温度最小值 T_{min} 高 3~5 ℃。可以利用 Python 编程软件 SciPy 库中的 find_peaks( ) 命令对温度曲线进行寻峰，图 5-25 中Ⅲ-4 的寻峰过程如图 5-26 所示。其他复合绝缘子的寻峰过程类似，不再进行说明。

(5) 发热长度占比 L：温升曲线中温度大于温度阈值 T_{thr} 的数据点个数与温度曲线的数据点总个数 m 的比值。

(6) 峰值标准差：各个峰值温度的标准差。

(7) 峰值位置标准差：各个峰值温度所对应的测温点序号的标准差。

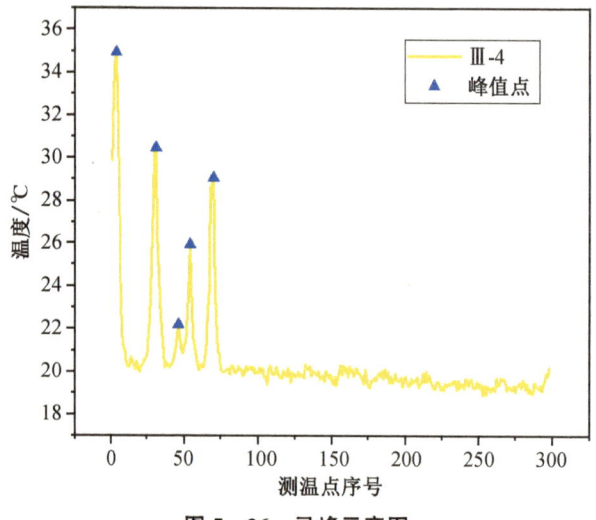

图 5-26 寻峰示意图

热缺陷复合绝缘子的温升曲线特征量计算结果如表 5-13 所示。不难看出，护套老化受潮复合绝缘子的温差平均值为 1.5 ℃，远低于芯棒酥朽复合绝缘子的 22.4 ℃ 和表面积污复合绝缘子的 11.4 ℃。此外，由于护套老化受潮复合绝缘子仅高压端发热，且发热幅值小，故温度曲线波动不大，温度标准差平均值仅为 0.23 ℃，远低于芯棒酥朽复合绝缘子 2.98 ℃ 和表面积污复合绝缘子 1.92 ℃。对于温度最大值相对位置特征量，护套老化受潮、芯棒酥朽和表面积污复合绝缘子的平均值分别为 1.62%，18% 和 1.88%，说明护套老化受潮和表面积污复合绝缘子发热最严重位置离高压端近，而芯棒酥朽复合绝缘子发热最严重位置一般离高压端较远。但也会出现距离高压端部较近的情况，例如Ⅱ-4 复合绝缘子的温度最大值相对位置计算结果为 3.02%，说明该复合绝缘子发热最严重处位于高压端。峰数、发热长度占比、峰值标准差和峰值位置标准差的计算结果也均为护套老化受潮复合绝缘子小于芯

棒酥朽和表面积污复合绝缘子。

表 5-13 热缺陷复合绝缘子温度特征量

热缺陷类型	编号	温度特征量						
		温差/℃	温度标准差/℃	温度最大值相对位置	峰数	发热长度占比	峰值标准差	峰值位置标准差
护套老化受潮复合绝缘子	Ⅰ-1	1.7	0.24	1.42%	2	2.48%	0.003	0.006
	Ⅰ-2	1.2	0.18	1.40%	1	1.58%	0	0
	Ⅰ-3	1.6	0.27	2.26%	2	2.61%	0.004	0.016
	Ⅰ-4	1.6	0.24	1.38%	1	2.41%	0	0
芯棒酥朽复合绝缘子	Ⅱ-1	18.6	2.61	15.58%	23	22.68%	0.149	3.706
	Ⅱ-2	9.3	1.27	16.98%	13	15.27%	0.259	2.164
	Ⅱ-3	43.1	5.82	2.16%	16	25.90%	0.089	10.05
	Ⅱ-4	16.4	2.20	3.02%	12	13.70%	0.048	4.585
	Ⅱ-5	19.1	2.38	42.53%	20	28.16%	0.113	4.052
	Ⅱ-6	28.1	3.60	27.70%	15	24.28%	0.109	7.344
表面积污复合绝缘子	Ⅲ-1	6.6	1.41	2.34%	19	23.06%	0.112	1.793
	Ⅲ-2	8.5	1.60	2.48%	19	32.09%	0.142	1.732
	Ⅲ-3	14.5	2.31	1.37%	5	13.40%	0.399	5.193
	Ⅲ-4	16.0	2.36	1.34%	5	14.77%	0.084	4.789

这里提出的温度特征量能对复合绝缘子红外热像图进行定量描述。通过对温度曲线特征量的计算结果分析可以发现,护套老化受潮复合绝缘子的温差、温度标准差、峰数、发热长度占比、峰值标准差和峰值位置标准差均远小于芯棒酥朽复合绝缘子和表面积污复合绝缘子,故通过对比热缺陷复合绝缘子特征量可对护套老化受潮复合绝缘子进行识别。表面积污复合绝缘子的温度最大值相对位置在高压端部,芯棒酥朽复合绝缘子的温度最大值相对位置总体来说离高压端有一定距离。但除温度最大值相对位置外,芯棒酥朽和表面积污复合绝缘子的其他温度特征较为相似。必须注意的是,由于温度最大值相对位置和发热长度占比均需利用参数 m(温度曲线的数据点总个数)进行计算,故在进行红外图像拍摄时,应尽量将整根复合绝缘子拍入,确保计算结果准确反映复合绝缘子的发热情况。

5.2.3 基于随机森林算法的热缺陷复合绝缘子分类模型

1) 现场热缺陷复合绝缘子红外样本

从现场输电线路和实验室共获取 378 张异常发热复合绝缘子的红外热像图,其中 143 张是表面积污复合绝缘子,143 张是护套老化受潮复合绝缘子,92 张是芯棒酥朽复合绝缘子,这些图片的基本信息如表 5-14 所示。

表 5-14　热缺陷复合绝缘子基本信息

热缺陷类型	所属线路	电压等级/kV	红外图像数量
表面积污	CG/CX 线	220	8
表面积污	FJ 线	220	26
表面积污	CP 线	220	57
表面积污	LC/LX 线	500	52
护套老化受潮	JF 线	110	20
护套老化受潮	CG/CX 线	220	50
护套老化受潮	LC/LX 线	500	73
芯棒酥朽	现场测试结果汇总	110～500	24
芯棒酥朽	CG/CX 线	220	2
芯棒酥朽	实验室测试结果汇总	220	66

2020 年 ZS 公司对 220 kV CG 线进行红外测温检测,发现复合绝缘子存在大面积异常温升现象,且绝大部分绝缘子发热部位位于高压端附近区域。现场典型护套老化受潮发热缺陷复合绝缘子红外热像图及其表面中轴线温度曲线如图 5-27 所示。护套老化受潮发热特征为温升幅值一般较低,且温升位置主要在高压端部。

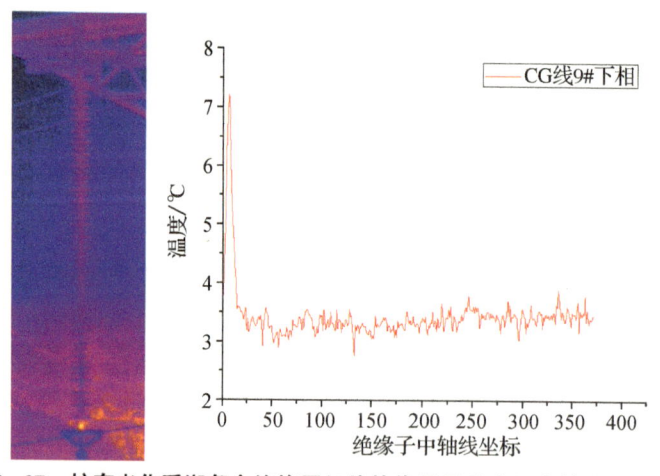

图 5-27　护套老化受潮复合绝缘子红外热像图及其表面中轴线温度曲线

2020 年 ZS 公司对 220kV CX 线进行红外测温检测,发现 CX 线 15#塔下相绝缘子发热位置位于高压侧第 2～3 伞裙、第 8～9 伞裙两处,温升幅值达 43.9 K,其红外检测图像及绝缘子中轴线温度分布曲线如图 5-28 所示。后续对绝缘子进行解剖试验发现其芯棒内部存在酥朽缺陷。又在实验室用高精度红外热像仪对 TH 线 48#塔上相芯棒酥朽缺陷绝缘子进行测量,发现酥朽芯棒中心区域温度最高,且温升逐渐向两端递减,发热区间内温度分布不均。芯棒酥朽发热的特征为温升幅值与芯棒酥朽程度有关,温升位置较护套老化受潮高,具有不确定性。

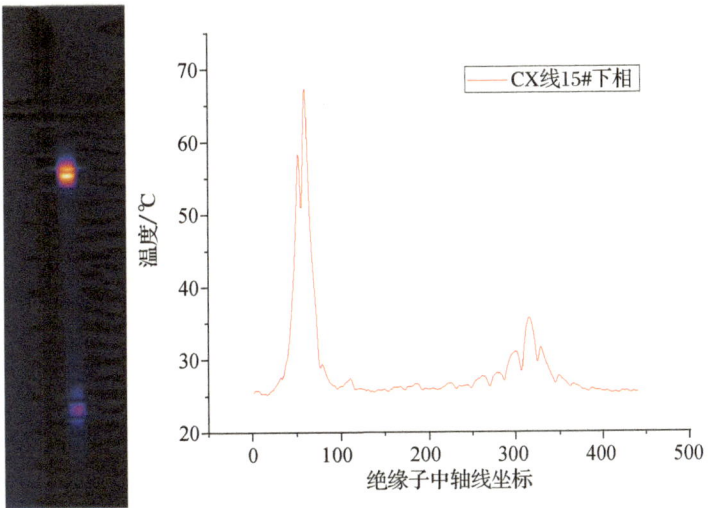

图 5-28 芯棒酥朽复合绝缘子红外热像图及其表面中轴线温度曲线

2020 年 ZS 和 NB 两公司对 500 kV LC/LX 线复合绝缘子进行红外测温检测,发现绝缘子存在异常温升。NB 段发热位于复合绝缘子高压端金具至第一片伞裙之间,ZS 段复合绝缘子在历次测试中存在高压端及非高压端多处发热、仅高压端发热两种情况。选取 LC 线中由于表面严重积污而异常发热的绝缘子,其红外检测图像及绝缘子中轴线温度分布曲线如图 5-29 所示。表面积污发热的特征为温升幅值与绝缘子的污秽程度和干燥带的状态有关,不同状态下的温升幅值差异较大。在高压端电场的作用下,污秽伞套表面更易吸附空中的粉尘,故表面积污复合绝缘子温升位置一般比较靠近绝缘子高压前端。

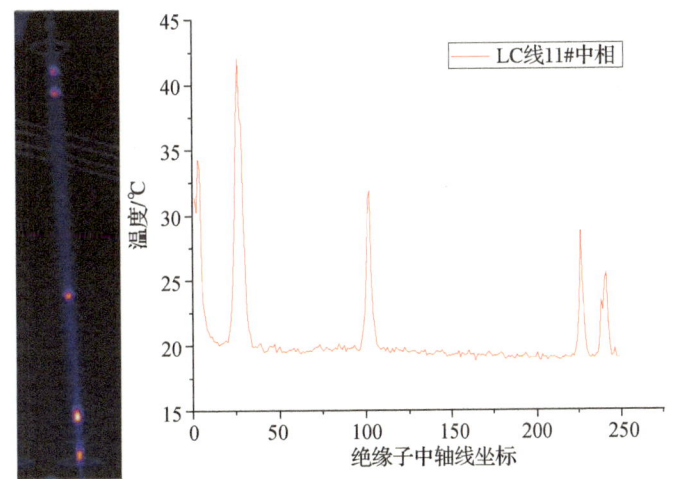

图 5-29 表面积污复合绝缘子红外热像图及其表面中轴线温度曲线

2) 不平衡数据处理

在热缺陷复合绝缘子分类模型研究中,由于运行线路上拍摄的芯棒酥朽发热复合绝缘子红外照片相对较少,因此存在数据分布不均匀的问题。如果直接用这些少数类的数据进行分类建模,很容易让模型学习到的信息过于特别而不够泛化,从而让模型产生过拟合的现象。本项目采用 SMOTE 算法[4]来解决数据分布不均匀问题,即先对芯棒酥朽复合绝缘子样本数据进行抽样,再将抽样的数据合成新样本添加到数据集中,以此提高少数类样本的比例。使用 SMOTE 算法解决数据分布不均匀问题的具体流程如下:

(1) 首先对芯棒酥朽复合绝缘子中的每一个样本 x_i,利用 K 近邻算法得到样本 x_i 的 k 个近邻。

(2) 再从这 k 个近邻中随机选择一个样本 $x_{i(nn)}$ 生成一个 0 到 1 之间的随机数 $R_{0,1}$,然后根据式(5-26)合成一个新的样本:

$$x_{\text{new}} = x_i + R_{0,1} \cdot (x_{i(nn)} - x_i) \tag{5-26}$$

(3) 将步骤(2)重复进行 N 次,从而形成 N 个新的样本(N 是根据采样比例确定的采样倍率)。

SMOTE 算法是通过随机采样生成新样本,而非直接对实例进行复制,这样可以缓解过拟合的问题,同时不会损失有价值的信息。因此,该算法能够有效处理芯棒酥朽复合绝缘子数据分布不均匀问题。

3) 随机森林原理

随机森林算法(Random Forest,简写为 RF)最初是由 Leo Breiman 与 Adele Cutler 提出,该法将 Bootstrap Aggregating 思想和 Random Subspace 方法相结合,是一种组合分类器算法[5]。RF 实际上是拥有不止一个决策树的分类器,该决策树是随机产生的,所以又称为"随机决策树",而分类的最终结果取决于所有树输出的类别的众数。每个单独的决策树的成长依赖于一个随机且独立的随机向量,而最终的误差范围取决于 RF 中每个单独的决策树的分类能力与决策树相互之间的联系紧密程度[6]。

(1) Bootstrap Aggregating 重采样原理

如果集合 S 内拥有 n 个不同的样本 $\{x_1, x_2, \cdots, x_n\}$,有放回的从 S 里面拿出一个样本数据并且重复 n 次,从而得到一个新的集合 S',那么此时新集合 S' 内去掉某一指定样本的概率为

$$P = \left(1 - \frac{1}{n}\right)^n \tag{5-27}$$

当样本集无限大时,由计算可知此概率大约为 0.368。因此,即使新的集合 S' 与原有集合 S 具有相同的维数(均为 n),但由于是有放回的抽取模式,S' 中仍有可能存在重复的样本,如果去掉此类重合样本数,S' 中还存在原来 S 中差不多 63.2% 的样本值。

(2) Bagging 算法

Bagging 算法的全称为 Bootstrap Aggregating,属于早期的集成学习算法。Bagging 算法的思路流程如图 5-30 所示。

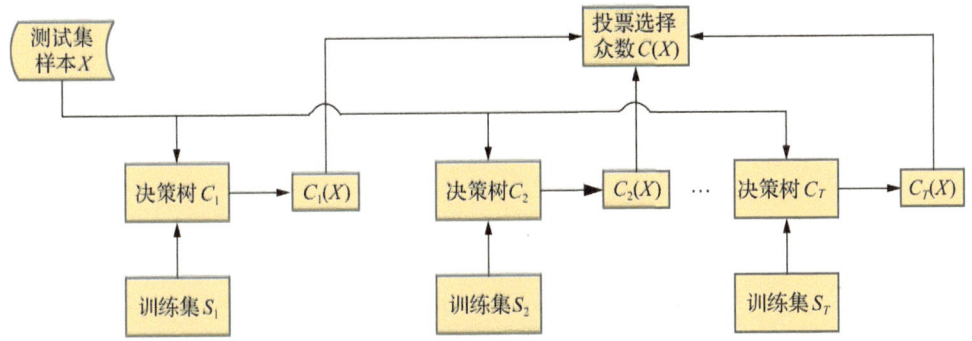

图 5-30 Bagging 算法的思路流程

(3) RF 算法

不同于 Bagging 算法，RF 算法在决策树生成的过程中借助随机原理获得分裂属性集。RF 算法的基本思路如图 5-31 所示。

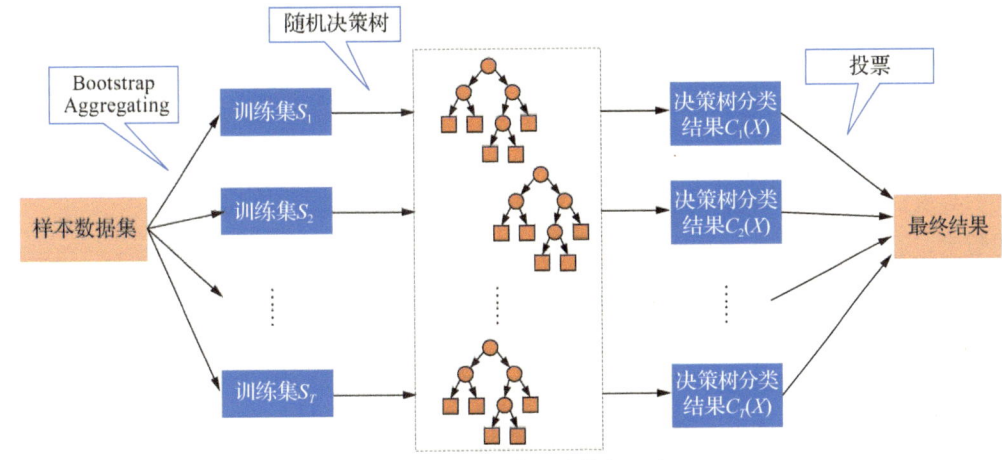

图 5-31 RF 算法的基本思路

假设样本属性为 M 个，RF 算法的主要步骤如下：

① 首先从含有 n 个不同样本的集合 $S=\{x_1,x_2,\cdots,x_n\}$ 中有放回的抽取一个样本，即利用 Bootstrap Aggregating 法得到 T 个训练集 $S_1,S_2,\cdots,S_T$。

② T 个训练集形成相应的决策树 $C_1,C_2,\cdots,C_T$，在每个内部节点确定属性前，在 M 个属性里随机选择 M_{try} 个属性当成该节点的分裂属性集，然后借助节点不纯度最小原则从 M_{try} 中选出一个特征进行分裂。在整个随机森林分裂过程中，M_{try} 保持不变。

③ 因为分类树需要充分生长，以达到低偏差和高差异而使节点的不纯度最小，所以无需进行剪枝。

④ 让所有的决策树对样本集 X 进行测试，结果分别记为 $C_1(X),C_2(X),\cdots,C_T(X)$。

⑤ 最后借助投票的办法，将 T 个决策树中输出最多的结果定义为 X 的最终测试类别 C_{final}，即

$$C_{\text{final}} = \operatorname{argmax}_C \left[\frac{1}{T} \sum_{i=1}^{T} I\left(\frac{n_{t_i,X}}{n_{t_i}}\right) \right] \quad (5-28)$$

其中，T 表示决策树总个数，$n_{t_i,X}$ 和 n_{t_i} 分别表示树 t_i 对测试样本 X 的分类结果与其叶子节点数。

随机森林算法分类正确率计算公式为

$$\mu = \frac{n_{C_{\text{right}}}}{n_{C_{\text{right}}} + n_{C_{\text{error}}}} \times 100\% \quad (5-29)$$

其中，$n_{C_{\text{right}}}$ 和 $n_{C_{\text{error}}}$ 分别表示预测结果正确个数和错误个数。

4）评价指标

在对热缺陷复合绝缘子进行分类时，可用混淆矩阵来展示预测的结果。混淆矩阵是分类算法中一种常见的评价指标，可以直观展示各个类别的预测情况[7]。混淆矩阵的列表示预测类的实例，行表示实际类的实例。通过混淆矩阵计算准确率和召回率可以很好地衡量分类算法的精度。

由图 5-32 可知，TP（True Positives）为被正确地划分为正类的数量，FP（False Positives）为被错误地划分为正类的数量；FN（False Negatives）为被错误地划分为负类的数量；TN（True Negatives）为被正确地划分为负类的数量。通过混淆矩阵可以计算出每个类别的准确率、召回率和 F1 测度，这些都是评估分类模型常用的重要指标。

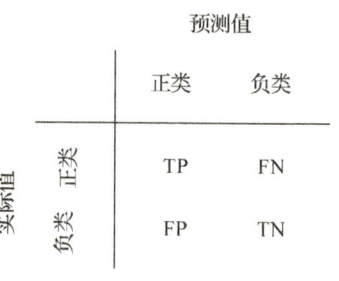

图 5-32 混淆矩阵

（1）精确率（Precision）

精确率表示在预测结果中预测为正类且确实为正类的数据量占预测为正类数据量的比例，其计算公式为

$$\text{Precision} = \frac{\text{TP}}{\text{TP} + \text{FP}} \quad (5-30)$$

（2）召回率（Recall）

召回率是覆盖面的度量，表示在预测结果中预测为正类且确实为正类的数据量占所有正类数据量的比例，其计算公式为

$$\text{Recall} = \frac{\text{TP}}{\text{TP} + \text{FN}} \quad (5-31)$$

（3）F1 测度（F1-measure）

F1 测度是 Precision 和 Recall 的加权调和平均，其计算公式为

$$F1 = \frac{2 \cdot \text{Precision} \cdot \text{Recall}}{\text{Precision} + \text{Recall}} \quad (5-32)$$

(4) 整体准确率（Entire Precision，简写为 EP）

整体准确率 EP 是所有测试样本中预测值与实际值相符的比例，其计算公式为

$$EP = \frac{TP+TN}{TP+TN+FP+FN} \quad (5-33)$$

5）试验与分析

(1) 试验数据集

利用红外热像仪配套软件对前述 143 张表面积污复合绝缘子、143 张护套老化受潮复合绝缘子和 92 张芯棒酥朽复合绝缘子的现场及实验室红外热像图进行温度曲线的提取，并对数据集进行标签化处理：标签 0 代表表面积污复合绝缘子，标签 1 代表护套老化受潮复合绝缘子，标签 2 代表芯棒酥朽复合绝缘子。

(2) 特征量计算

利用 MATLAB 软件对 143 条表面积污复合绝缘子、143 条护套老化受潮复合绝缘子和 92 条芯棒酥朽复合绝缘子的温度曲线进行上一小节所介绍的 7 个特征量的计算。限于篇幅，每类热缺陷复合绝缘子分别展示几条典型数据（见表 5-15）。

表 5-15 温度特征量

温差/℃	温度标准差/℃	温度最大值相对位置	发热长度占比	峰数	峰值标准差	峰值位置标准差	标签
4.10	0.76	2.47%	13.07%	8	0.96	0.08	0
4.49	0.86	2.30%	14.80%	12	1.19	0.26	0
3.10	0.47	0.78%	7.06%	5	0.48	0.42	0
4.02	0.55	1.12%	4.87%	4	1.20	0.50	0
7.04	0.72	77.13%	2.13%	1	0.00	0.00	0
3.25	0.36	85.11%	1.94%	1	0.00	0.00	0
9.12	1.23	1.34%	15.72%	8	2.24	0.35	0
5.26	0.66	3.72%	6.08%	3	1.91	0.46	0
4.70	0.48	1.32%	2.98%	2	1.53	0.03	0
3.64	0.42	1.30%	1.95%	3	0.90	0.02	0
2.32	0.32	1.24%	3.11%	1	0.00	0.00	1
2.46	0.31	0.65%	2.58%	0	0.00	0.00	1
2.35	0.30	1.12%	1.69%	1	0.00	0.00	1
1.96	0.24	0.58%	1.17%	1	0.00	0.00	1
2.58	0.33	1.02%	2.55%	1	0.00	0.00	1
2.21	0.27	0.53%	1.05%	0	0.00	0.00	1

续表 5-15

温差/℃	温度标准差/℃	温度最大值相对位置	发热长度占比	峰数	峰值标准差	峰值位置标准差	标签
2.36	0.30	0.40%	2.78%	1	0.00	0.00	1
2.27	0.31	1.20%	2.81%	2	0.11	0.01	1
2.79	0.37	0.98%	2.93%	1	0.00	0.00	1
2.31	0.26	0.52%	1.55%	0	0.00	0.00	1
34.30	4.24	5.71%	16.83%	7	11.83	0.11	2
23.40	2.68	7.05%	10.26%	4	10.00	0.14	2
8.78	0.71	4.93%	3.62%	4	3.30	0.02	2
1.60	0.19	18.51%	0.36%	1	0.00	0.00	2
3.30	0.33	11.36%	1.58%	1	0.00	0.00	2
5.80	0.53	9.37%	3.26%	3	2.01	0.01	2
2.60	0.26	9.42%	1.20%	2	0.64	0.01	2

(3) 数据划分

随机划分 80% 数据为训练集，20% 数据为测试集，则训练集中标签 0 为 114 条，标签 1 为 114 条，标签 3 为 74 条；测试集中标签 0 为 29 条，标签 1 为 29 条，标签 3 为 18 条。利用 SMOTE 算法对芯棒酥朽复合绝缘子数据进行增广，使其数据增加至 143 条。

(4) 建立模型

使用 Python 软件 sklearn 库中的 RandomForestClassifier 进行热缺陷复合绝缘子随机森林算法的构造。采用十折交叉验证选择随机森林算法决策树的个数 n_estimators，交叉验证的准确率随决策树个数增长的变化趋势如图 5-33 所示。由图 5-33 可知，当决策树的个数 n_estimators=12 时，模型的准确率最高。

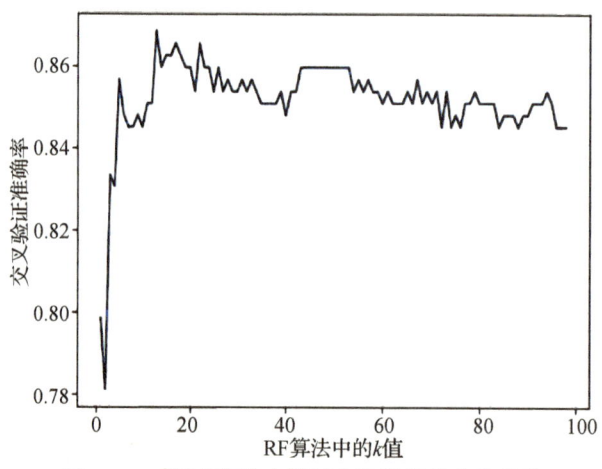

图 5-33 准确率随决策树个数增长的变化趋势

(5) 测试结果

将占总样本数 20% 的测试集放入训练好的模型中进行预测,测试集混淆矩阵如图 5-34 所示,各类评价指标计算结果如表 5-16 所示,利用 RF 算法模型中的 feature_importances 参数绘制特征重要程度排名如图 5-35 所示。可以发现,表面积污、护套老化受潮和芯棒酥朽复合绝缘子的测试精确率分别达到了 96%,93% 和 94%,说明随机森林算法在热缺陷复合绝缘子温度数据集上表现优秀。由混淆矩阵可以发现,出现了 2 支真实为表面积污复合绝缘子却被误判为护套老化受潮复合绝缘子,1 支真实为芯棒酥朽复合绝缘子却被误判为表面积污复合绝缘子。又从特征重要程度排名可以看出,温度最大值相对位置和温差是较为重要的两个指标,这与前文分析一致。就整体准确率而言,其数值为 94.74%。

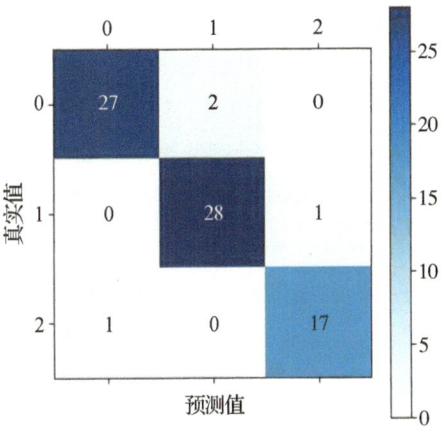

图 5-34 测试集混淆矩阵

表 5-16 各类评价指标计算结果

热缺陷类型	精确率	召回率	整体准确率
0	0.9643	0.9310	
1	0.9333	0.9655	0.9474
2	0.9444	0.9444	

需要指出的是,采用目前常用的一维卷积神经网络 CNN 对温度曲线样本进行分类,整体准确率仅为 69%;采用基于色彩空间的分类方法 HSV 对图片样本进行分类,整体准确率也只有 88%。相比而言,本项目利用温度特征量及随机森林算法实现了更高的发热原因诊断准确度。

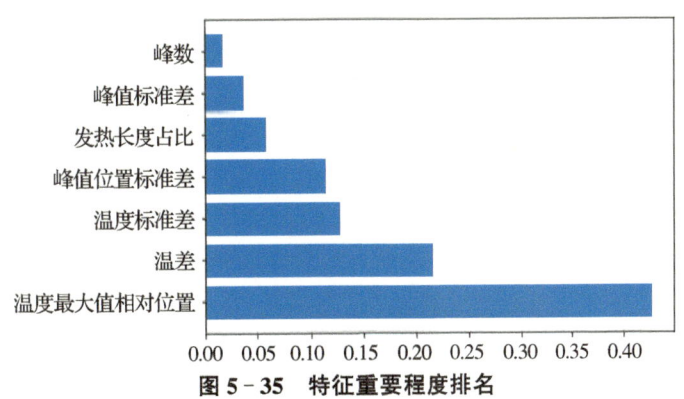

图 5-35 特征重要程度排名

5.3 参考文献

[1] 曾磊磊,张宇,邓志斌,等.复合绝缘子芯棒湿热老化特性研究[J].电瓷避雷器,2020(02):196-203.

[2] 华奎.复合绝缘子芯棒和护套界面缺陷的影响因素及其发展过程研究[D].武汉:华中科技大学,2019.

[3] 余凯.污秽绝缘子表面电场仿真分析[J].通信电源技术,2018(04):33-34,37.

[4] 刘向实.污秽条件下复合绝缘子电场仿真研究[J].电瓷避雷器,2014(05):31-36.

[5] Cover T M, Hart P E. Nearest neighbor pattern classification [J]. IEEE Transactions on Information Theory,1967(1):21-27.

[6] 吴潇雨,和敬涵,张沛,等.基于灰色投影改进随机森林算法的电力系统短期负荷预测[J].电力系统自动化,2015(12):50-55.

[7] 孔英会,景美丽.基于混淆矩阵和集成学习的分类方法研究[J].计算机工程与科学,2012(6):111-117.

6 软件平台开发及现场应用

6.1 基于 CUDA 加速的发热缺陷诊断算法

复合绝缘子发热缺陷识别算法围绕深度学习的技术路线展开,中间涉及的图像预处理以及特征点查找、提取、匹配等需要进行大量的矩阵运算,所得模型的参数更是达到千万级别。基于传统 CPU 的计算在速度和时效上延迟较高,批量处理图片时耗时长,实际应用中用户体验较差。现在基于 GPU 并行计算技术的研究范围越来越广,而深度学习的实践利用的就是 GPU 机群对神经网络或数据进行 GPU 加速,加快程序的执行效率。GPU 机群拥有大量的计算核心,充分利用 GPU 强大的并行计算能力处理图像数据时耗时明显减少,显著提高了运行速度。

目前,图像融合大多使用传统视觉来进行处理,计算量主要体现在像素矩阵的处理方面,参数量大约为 10 万级别,规模较小,使用 GPU 加速可提升 20%~40%。此外,伞裙分割、粉化识别、中心线提取算法计算量主要来源于卷积神经网络,就项目所使用的卷积神经网络而言,参数量处于 100 万到 1000 万之间,使用 GPU 加速可提升 10 到 15 倍的计算速度。

为了实现更好的用户体验,算法模块与显示模块分离。算法模块运行于基于 GPU 的并行计算架构(Compute Unified Device Architecture,简写为 CUDA)硬件平台上,CUDA 的加速原理如图 6-1 所示。CUDA 对单项任务计算慢于 CPU,但是对于图像分析中的矩阵运算等并行计算任务效率远高于 CPU,可整体提高复合绝缘子的检测、分析效率。

作为独立的设备,GPU 搭载有自己的内部存储器。CUDA 将执行单元组织为三层结构,即 Thread,Block 和 Grid。Thread 是在 CUDA 设备上执行的最小单元,单个 Thread 可以通过一、二、三维的方式组织起来,而这些被组织起来的 Threads 称作一个 Block,在某个指定的 Block 中,每个线程具有自己的局部编号,也就是代表着这个 Thread 在 Block 内部的具体位置。这个编号可以通过在核函数中使用 threadIdx 来获取。threadIdx 是一个向量,可以通过简单地访问 threadIdx.x,threadIdx.y,threadIdx.z 获取其三个分量。在一个 Grid 中,通过访问向量 blockIdx 的 x,y,z 分量可以获取这个 Block 在 Grid 中的位置。通常很多 Blocks 被组织成一个 Grid 来完成一项并行任务。一般 CUDA SDK 允许一个 Block 最多含有 1024 个 Thread,Blocks 则可能有更多个。每次 CUDA 会调度一部分 Blocks 在 SMX 核心上执行,一次调度中一个 SMX 上会被分配且只分配一个 Block,同时会调度这些 Blocks 中一定数量的 Thread 在 SMX 中的小核上并行执行(具体能调度的 Thread 数和 SMX 中硬件小核数相关)。在一次核函数的执行中所有 Thread 都是并行的。

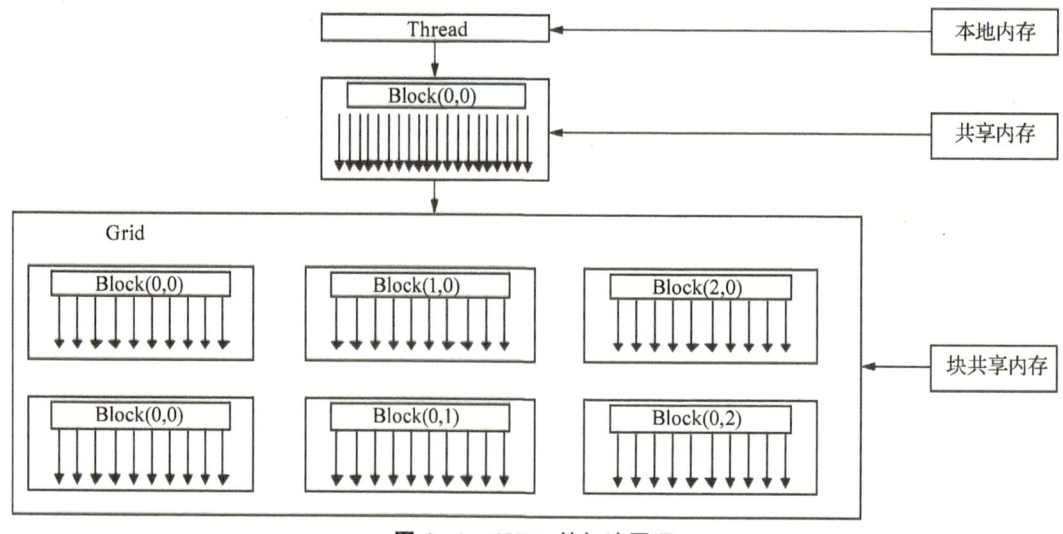

图 6-1 CUDA 的加速原理

实际运行结果表明,相比纯 CPU 处理时的 3FPS,通过 CUDA 加速后,图片的处理速度可提升至 25FPS。

1) 基本流程

应用 TensorRT 作为深度学习网络推理引擎,对服务器上训练完成的中心线检测、绝缘子分割、粉化缺陷检测三个算法进行网络模型优化,可以大幅提升它们在边缘端的推理速度,且加速后的模型不需要深度学习框架的支持。

加速引擎构建的基本流程如图 6-2 所示。首先是创建网络,接着导入神经网络模型并进行网络层级解析,然后根据网络结构与定义采取优化措施生成加速引擎(生成的加速引擎可序列化存储到磁盘中),之后在执行阶段反序列化加速引擎,进行输入与输出口的绑定、GPU 显存分配与计算内核启动,最后执行加速引擎得到分割结果。

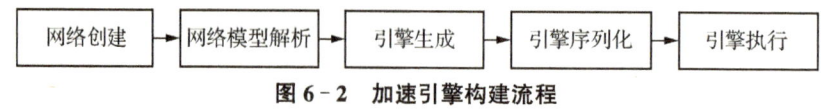

图 6-2 加速引擎构建流程

2) 自定义层添加

在上述神经网络模型解析过程中,需将原网络模型中的层转换为其支持的形式。加速引擎中部分常见层如卷积层、激活层、全连接层等可直接使用 nvinfer1::IRuntime 进行解析转换,其他 TensorRT 不支持的网络层需自行定义。下面统称这部分网络层为自定义层,采用 Plugin 接口将自定义层添加入解析网络。

自定义层 Plugin 添加的主要流程包括输出确定、层配置、工作空间分配、资源管理、序列化与层执行。在加速引擎中,一个层的输入或输出定义为 tensor(张量),tensor 具有数据类型与三个维度分量,即通道数 C、宽度 W 与高度 H。在插入某一网络层时,需对该插入网络层的输出进行定义,确定输出数目、输出 tensor 的三个维度分量$\{C,H,W\}$。完成输出确定后,进行层配置,该过程主要获取输入 tensor 的形式;在层配置后,加速引擎会分配临时的工作空间在自定义层之间共享以达到内存利用率最大化;同时还需要进行资源管理的配置,主要是通过层资源初始化与销毁来完成资源分配与释放;在完成上述步骤后,需判断加速引擎是否需要序列化到磁盘中,若需序列化,则将自定义层的参数与网络的其余部分合并以便后续整个网络的序列化存储;最后在层执行阶段,主要完成层的算法实现,如果未选择序列化存储,则直接在资源分配后执行该过程,若已进行序列化存储,则提取序列化参数后执行该过程。以上整个流程如图 6-3 所示。

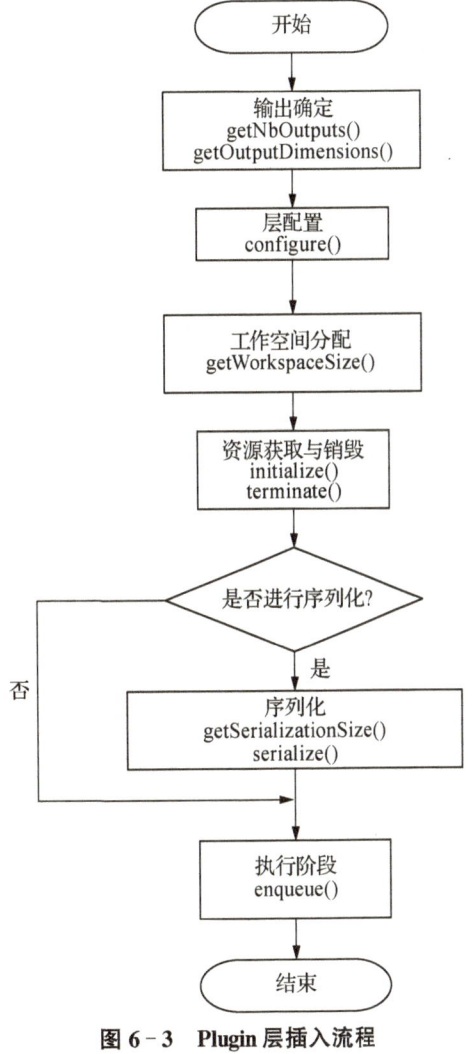

图 6-3　Plugin 层插入流程

3) 优化措施

(1) 网络层及张量合并

在中心线检测算法中,可对垂直结构的 BN 层(数据标准化层)进行折叠来进行推理加速。BN 层中共有 4 个参数,即缩放因子 γ、偏差 β、平均值 m_b、方差 s_b^2。由于在模型推理过程中,对单独一张图片进行推理时 Batch Size 为 1,而这 4 个参数都是训练结束后保存下来的固定参数,在推理模式下不发生变动,所以在推理模式下,可将 BN 层与前面的卷积层融合,减少模型推理过程中模型层间的输入输出,提高推理速度。

在本项目涉及的中心线检测算法中,将 BN 层与卷积层融合后,卷积层的偏差系数被整合进入了 BN 层形成 CBR 结构。整合前卷积层含有权重参数和偏差参数,整合后就只剩权重系数,因此卷积层计算公式为

$$Y = W \cdot X \tag{6-1}$$

BN 层计算均值与方差如式(6-2)所示:

$$\begin{cases} m_b = \dfrac{1}{m}\sum_{i=1}^{m} x_i, \\ s_b^2 = \dfrac{1}{m}\sum_{i=1}^{m}(x_i - m_b)^2 \end{cases} \tag{6-2}$$

数据归一化可得

$$x_i = \frac{x_i - m_b}{\sqrt{s_b^2 + \varepsilon}} \tag{6-3}$$

使用 γ 和 β 因子恢复输出,可得

$$y_i \leftarrow \gamma x_i + \beta = BN_{\gamma,\beta}(x_i) \tag{6-4}$$

再将 BN 层与卷积层融合即得

$$Y = \gamma \cdot \left(\frac{W \cdot X - m_b}{\sqrt{s_b^2 + \varepsilon}} \right) + \beta = \frac{\gamma \cdot W}{\sqrt{s_b^2 + \varepsilon}} \cdot X + \frac{\gamma \cdot (-m_b)}{\sqrt{s_b^2 + \varepsilon}} + \beta \tag{6-5}$$

其中,$\dfrac{\gamma}{\sqrt{s_b^2 + \varepsilon}}$ 为常数,记为 e。融合后的卷积层如式(6-6)和式(6-7)所示:

$$W_{融合} = W \cdot e \tag{6-6}$$

$$\text{bias} = -m_b \cdot e + \beta \tag{6-7}$$

TensorRT 通过网络层及张量的合并达到加速效果,其对计算流图的优化没有改变底层的计算,只是对计算流图进行了重构,使得计算可以高效运行(见图 6-4 和图 6-5)。

图 6-4 的左图为原始网络结构图。在深度学习框架推理阶段,每一层会调用多个函数,每个函数均需要在 GPU 上运行,主机(Host)与 GPU(Device)之间频繁进行内存传输,多个 CUDA Kernel 函数被启动,而 Kernel 函数计算比启动和读取消耗的时间短,所以内存

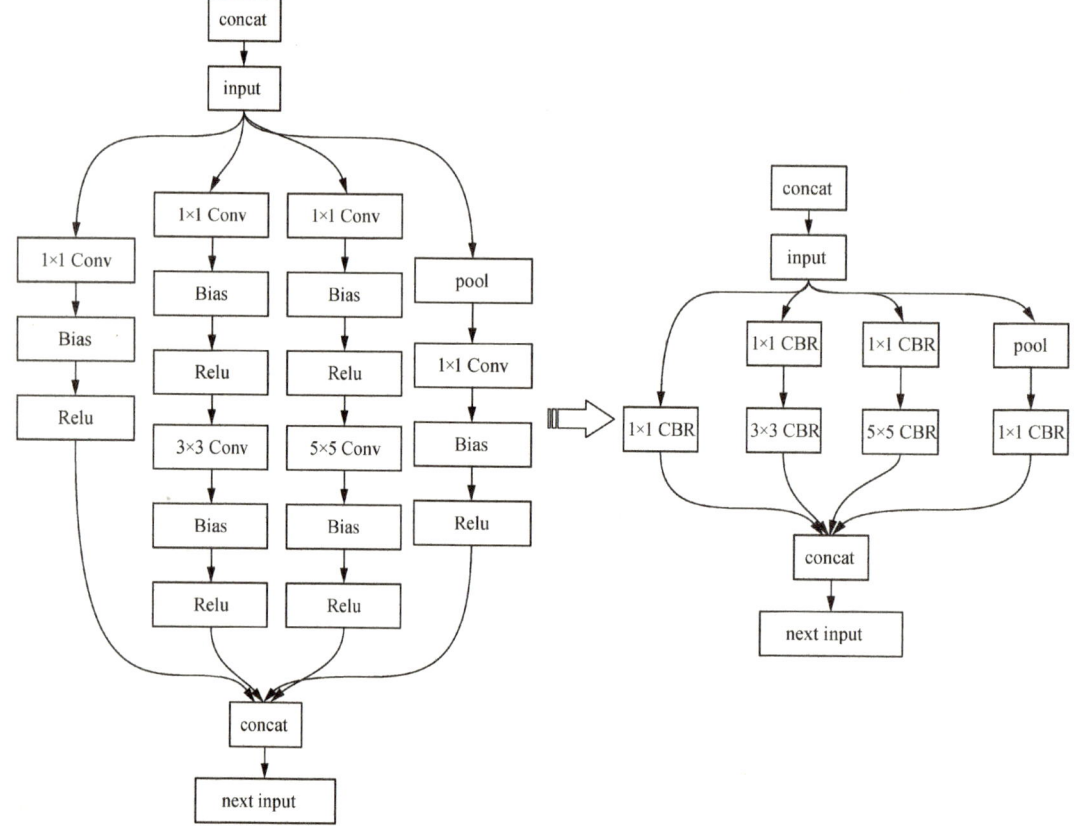

图 6-4 竖直层集成

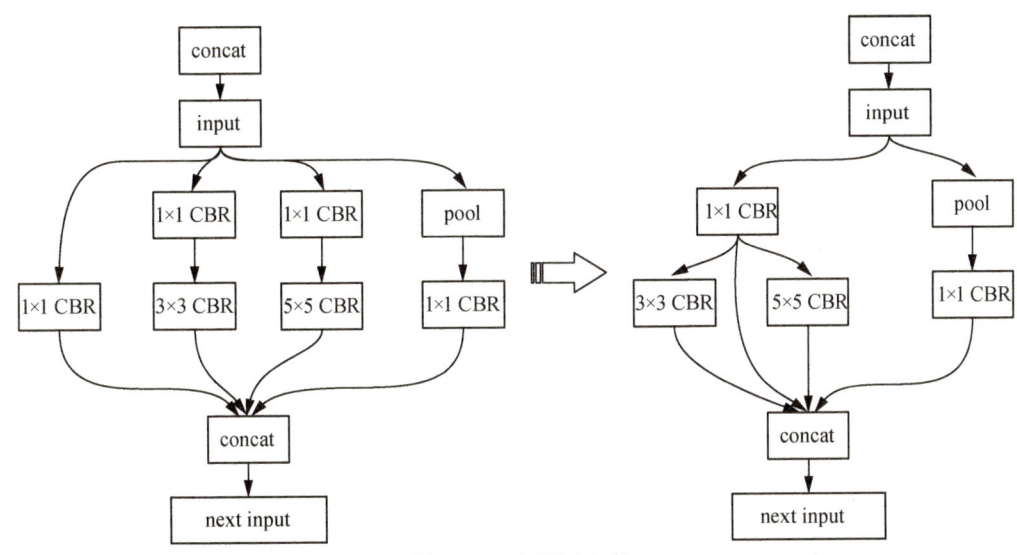

图 6-5 水平层集成

会限制 GPU 资源的利用。TensorRT 网络和张量合并减少了 Kernel 函数的启动,从而减少了层间内存的输入输出,卷积层(Conv 层)、偏移层(或 BN 层)和激活层(Relu 层)被整合成一个"CBR"Kernel。除了进行竖直结构的 CBR 结构整合之外,在水平层集成上,TensorRT 还可以将相同输入和相同尺寸的滤波器整合。如图 6-5 所示,左侧图中几个相同输入的"1×1 CBR"Kernel 整合为右侧一个"1×1 CBR"Kernel。基于对竖直结构和水平结构的优化处理,TensorRT 可以通过 GPU 并行进行计算,加快了深度网络推理速度。

(2) 半精度运算

在中心线检测算法中,使用低精度的数据类型进行网络推理有利于提高网络的运算速度,而以 8 位定点数或者 FP16 代替单精度浮点数的推理能够保证较高的准确度。

单精度浮点数(FP32)通常在计算机内存中占用 32 位,使用浮点基数表示数值动态范围。其中,符号位占用 1 个 bit,0 表示正数,1 表示负数;指数位占用 8 个 bit,存储的数值为科学记数法的指数;尾数位占用 23 个 bit(如图 6-6 所示)。

图 6-6 单精度浮点数占位

半精度浮点数(FP16)在计算机内存中占用 16 位,其中,符号位占用 1 个 bit,0 表示正数,1 表示负数;指数位占用 5 个 bit;尾数位占用 10 个 bit(如图 6-7 所示)。

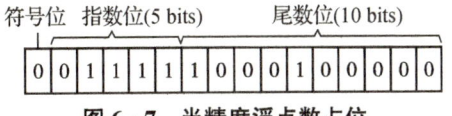

图 6-7 半精度浮点数占位

虽然深度网络在训练阶段都是采用32位的单精度浮点数来进行训练和存储(包括对网络权值和反向传播梯度等训练数据),但当深度网络进行推理计算时采用FP16或者INT8数据类型进行网络推理,不但能加快运算速度,而且对精度影响也较小。相比于单精度数据,仅从模型存储来看,理论上FP16模型的大小可以转化为原来模型的1/2,部署时占用的模型空间较少;相比于单精度浮点网络,半精度浮点网络计算效率高,显存占用小,延迟低并且吞吐量更大。因此,本项目的模型推理加速实验采用FP16低精度加快模型的推理速度。

(3) 后处理优化

本项目算法还涉及对检测结果的极值筛选和分类,也即ArgMax层。原网络最后的分类层ArgMax为CPU实现,需将输入层数据从GPU复制到CPU上,不仅耗费大量的时间,而且ArgMax层算法在CPU上的执行时间也较长。在运行阶段执行含自定义层的enqueue方法中,本项目采用了CUDA编程的方式将ArgMax层计算分配到了GPU上并行实现,节省了数据复制和计算时间。

6.2 浙江省侧无人机平台输电线路复合绝缘子发热缺陷识别模块

浙江省侧无人机平台输电线路复合绝缘子发热缺陷识别模块集成于PMS 3.0无人机微应用,同时算力资源调用国网浙江省电力有限公司人工智能平台的资源。该人工智能平台同样采用CUDA与CPU协作的方式实现缺陷识别,CUDA版本为11.4。

浙江省侧无人机平台输电线路复合绝缘子发热缺陷识别模块于2024年4月正式上线。模块功能主要包括制定计划、任务签发、任务执行、成果上传、照片查看五大部分,其中前四大部分集成PMS 3.0原有巡视管理功能并进行改造实现,照片查看包括了核心的无人机红外图像复合绝缘子中心线提取、发热缺陷判断功能。上述部分功能界面如图6-8至图6-11所示。

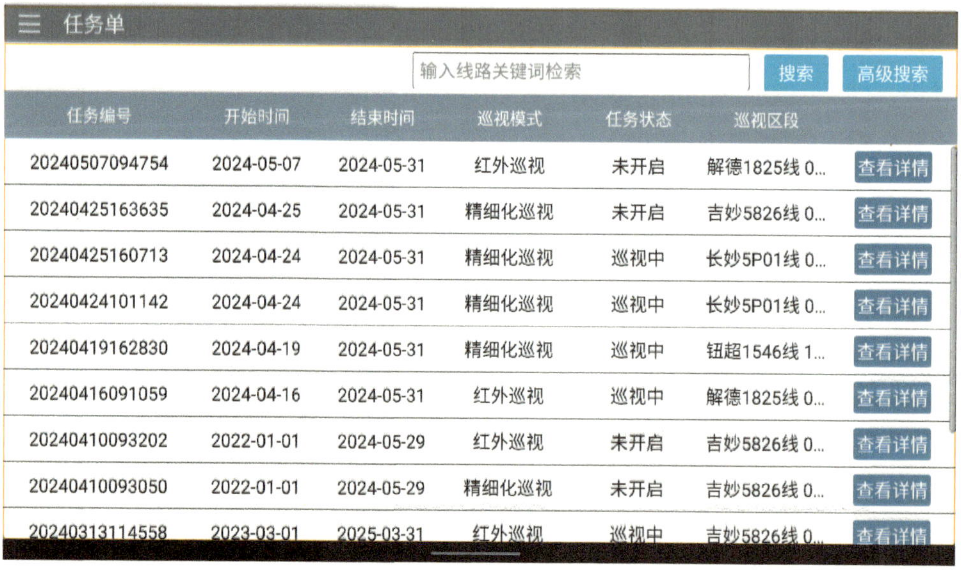

图6-8 红外巡视计划

6 软件平台开发及现场应用

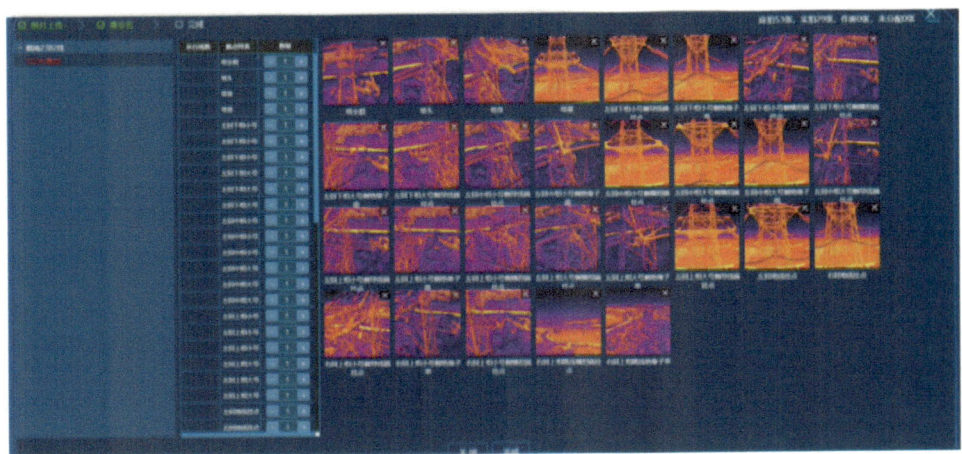

图6-9 红外巡视图片上传

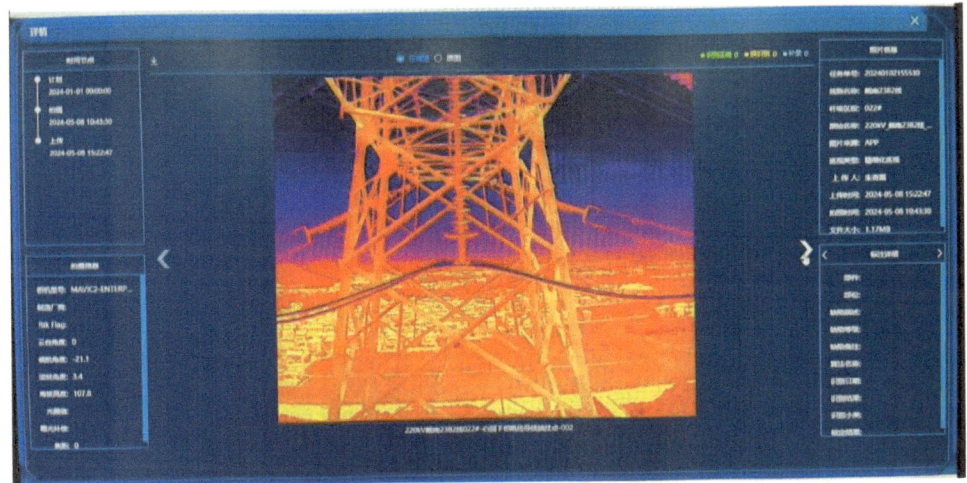

图6-10 红外巡视图片信息查看

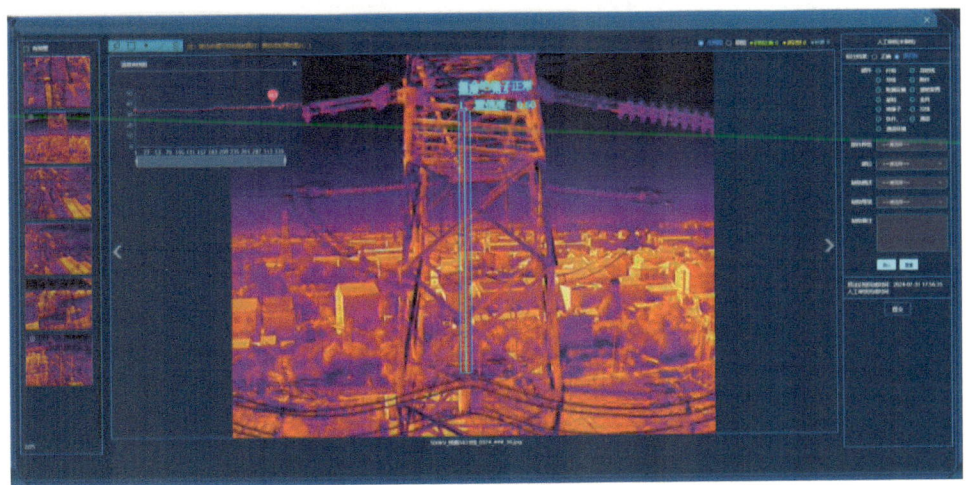

(a) 复杂背景样例

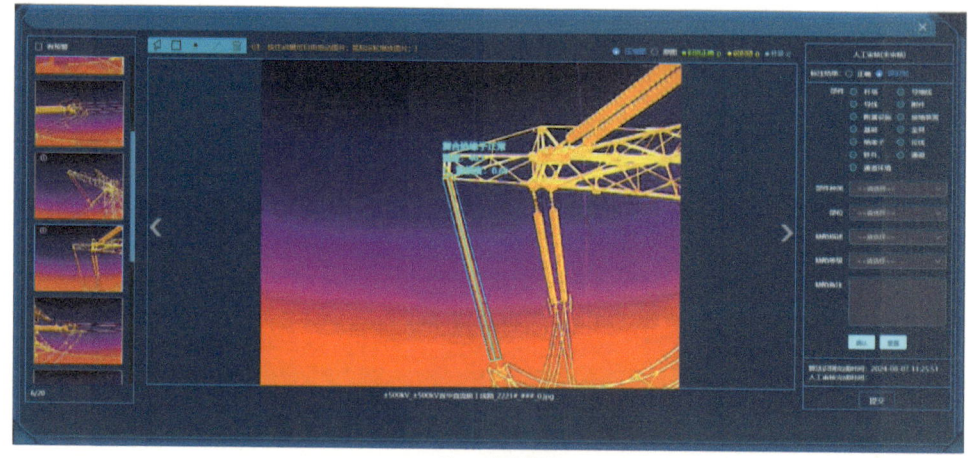

(b) 均一背景样例

图 6-11 复合绝缘子红外图像中心线提取、中心线温度显示及发热缺陷判断

6.3 现场诊断及处置案例

6.3.1 500 kV TS/TB 线复合绝缘子酥朽发热

1) 现场红外测试情况

2023 年 3 月,沿海某地市公司对 500 kV TS/TB 线开展全线无人机红外测温发现有 38 支复合绝缘子存在不同程度的异常发热。限于篇幅,下面仅给出部分复合绝缘子典型发热图谱(见图 6-12)。

(a) 35#中相塔身外侧

(b) 12#上相

(c) 56#下相塔身外侧

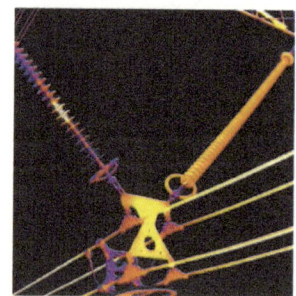

(d) 48#下相塔身外侧

图 6-12 复合绝缘子典型发热图谱

2）缺陷识别诊断及实验室解剖验证

（1）发热缺陷识别情况

基于中心线提取和温度梯度算法对现场的红外图谱进行发热缺陷识别，38支复合绝缘子中除了下 B1 外侧、下 B2 外侧、中 A1 外侧 3 支绝缘子外，其余 35 支绝缘子均被准确识别出了发热及发热位置，准确率达 92.1%。部分绝缘子的识别结果如图 6-13(a)(b)(c)所示，其中，绝缘子均为 V 型串，左侧上方为原图，右侧上方绿色框为发热位置；下方为两支绝缘子对应的中心线温度曲线，左侧温度曲线对应左侧绝缘子，右侧温度曲线对应右侧绝缘子。

（2）发热原因诊断情况及实验室解剖验证

利用基于随机森林算法的发热原因诊断方法对 38 支复合绝缘子进行发热原因诊断，结果如表 6-1 所示。其中，标蓝的绝缘子进行了解剖，剖检结果如表 6-1 最后一列所示，部分剖检照片如表 6-2 所示。

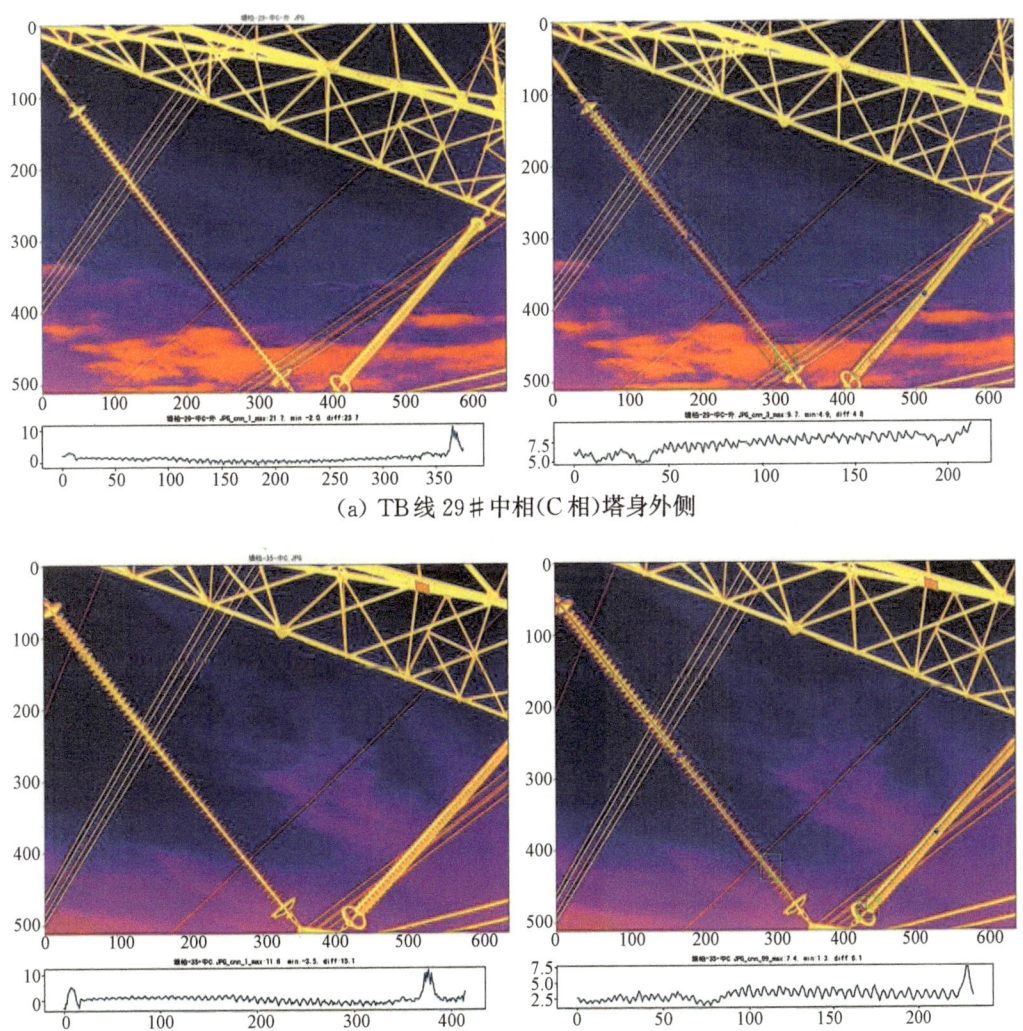

(a) TB 线 29# 中相（C 相）塔身外侧

(b) TB 线 33# 中相（C 相）塔身外侧

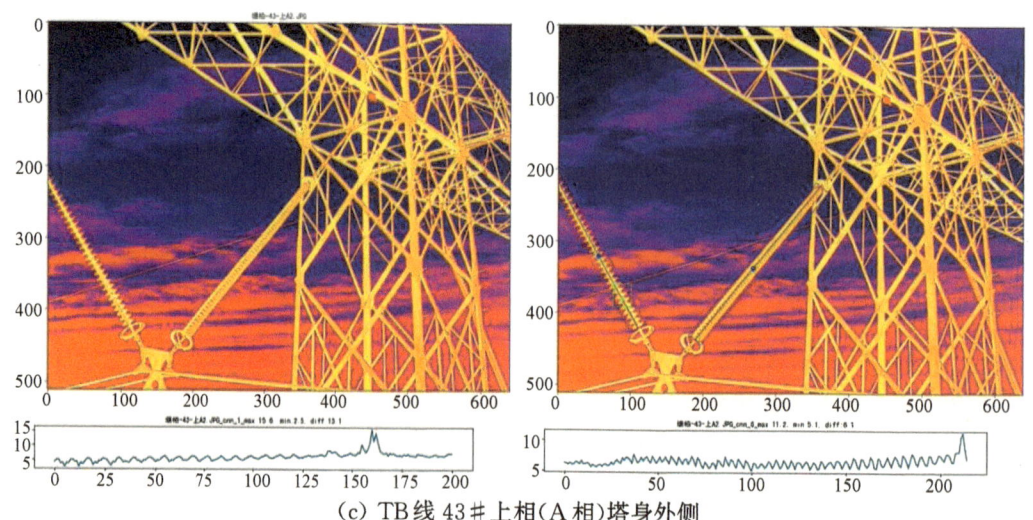

(c) TB线43#上相(A相)塔身外侧

图6-13 复合绝缘子红外图谱识别

表6-1 TS/TB线复合绝缘子发热原因诊断

绝缘子	温差 /℃	温度标准差/℃	温度最大值相对位置	峰数	发热长度占比	峰值标准差	峰值位置标准差	诊断结果	剖检结果
35# 下外-小号	10.90	1.62	0.06	4	0.05	2.01	0.02	芯棒酥朽	高压端至第8伞群酥朽
48# 中外-大号	31.10	5.06	0.12	6	0.11	8.77	0.08	芯棒酥朽	高压端至第6伞群酥朽
49# 中外-大号	20.70	2.83	0.16	3	0.07	3.89	0.03	芯棒酥朽	高压端至第7伞群酥朽
50# 中外-大号	14.30	1.65	0.06	2	0.04	2.55	0.01	芯棒酥朽	高压端至第7伞群酥朽
54# 下外-大号	14.60	2.16	0.21	5	0.09	3.37	0.03	芯棒酥朽	高压端至第5伞群酥朽
56# 上内-大号	13.70	1.59	0.06	6	0.07	3.73	0.04	芯棒酥朽	高压端至第4伞群酥朽
56# 下外-大号	35.80	4.00	0.03	2	0.07	21.00	0.11	表面积污	高压端至第7伞群酥朽
57# 下内-大号	11.40	1.56	0.08	5	0.03	2.29	0.01	芯棒酥朽	高压端至第7伞群酥朽
29# 下内-大号	35.40	6.53	0.15	9	0.12	8.89	0.04	芯棒酥朽	高压端至第11伞群酥朽
33# 上内-大号	43.10	7.42	0.25	9	0.11	14.47	0.04	芯棒酥朽	高压端至第11伞群酥朽

续表 6-1

绝缘子	温差/℃	温度标准差/℃	温度最大值相对位置	峰数	发热长度占比	峰值标准差	峰值位置标准差	诊断结果	剖检结果
33#中内-大号	10.40	1.19	0.26	3	0.02	2.35	0.01	芯棒酥朽	高压端至第7伞群酥朽
35#上外-大号	18.60	3.52	0.34	5	0.11	0.73	0.03	芯棒酥朽	高压端至第17伞群酥朽
36#中内-大号	20.50	3.59	0.48	9	0.09	6.35	0.08	芯棒酥朽	高压端至第17伞群酥朽
37#下内-大号	25.90	3.88	0.18	7	0.08	8.35	0.06	芯棒酥朽	高压端至第10伞群酥朽
56#下内-大号	15.30	2.21	0.22	6	0.06	3.64	0.02	芯棒酥朽	高压端至第7大伞酥朽
29#中外-大号	5.50	0.81	0.05	1	0.00	—	—	护套老化受潮	未剖检
33#中外-大号	14.60	1.84	0.21	47	0.45	1.50	0.24	芯棒酥朽	未剖检
35#中外-大号	11.50	1.83	0.23	4	0.04	3.17	0.03	芯棒酥朽	未剖检
36#上内-大号	4.30	0.75	0.18	0	0.00	—	—	芯棒酥朽	未剖检
43#上内-大号	16.40	2.10	0.12	3	0.04	3.16	0.01	芯棒酥朽	未剖检
43#上外-大号	24.00	2.56	0.19	3	0.05	6.87	0.01	芯棒酥朽	未剖检
48#上外-大号	12.70	1.83	0.27	4	0.06	2.49	0.03	芯棒酥朽	未剖检
43#中外-大号	7.40	1.18	0.14	2	0.03	1.41	0.01	芯棒酥朽	未剖检
54#上外-大号	14.40	2.05	0.34	3	0.05	4.80	0.02	芯棒酥朽	未剖检
55#中内-大号	37.80	6.34	0.10	8	0.11	10.15	0.03	芯棒酥朽	未剖检
57#下外-大号	12.40	1.61	0.26	3	0.04	3.54	0.03	芯棒酥朽	未剖检
57#中外-大号	11.60	1.56	0.20	2	0.03	2.40	0.01	芯棒酥朽	未剖检

续表 6-1

绝缘子	温差 /℃	温度标准差/℃	温度最大值相对位置	峰数	发热长度占比	峰值标准差	峰值位置标准差	诊断结果	剖检结果
64#上外-大号	8.10	1.23	0.14	5	0.03	1.15	0.02	芯棒酥朽	未剖检
29#中内-大号	15.80	3.22	0.25	10	0.12	2.78	0.04	芯棒酥朽	未剖检
36#下内-大号	42.50	6.24	0.34	12	0.11	14.51	0.06	芯棒酥朽	未剖检
36#下外-大号	27.00	4.28	0.21	17	0.19	8.49	0.11	芯棒酥朽	未剖检
48#下内-大号	38.70	6.62	0.32	8	0.12	11.32	0.04	芯棒酥朽	未剖检
49#下内-大号	14.10	1.97	0.35	4	0.05	2.68	0.01	芯棒酥朽	未剖检
54#中内-大号	29.70	5.30	0.38	8	0.11	8.16	0.05	芯棒酥朽	未剖检
55#下内-大号	23.20	4.72	0.39	11	0.14	5.88	0.05	芯棒酥朽	未剖检
55#下外-大号	47.90	9.35	0.33	9	0.16	17.69	0.14	芯棒酥朽	未剖检
55#中外-大号	24.60	4.07	0.33	6	0.11	7.27	0.03	芯棒酥朽	未剖检
57#下内-大号	18.80	3.92	0.26	10	0.14	4.56	0.05	芯棒酥朽	未剖检

表 6-2 部分复合绝缘子剖检照片

绝缘子	剖检结果	剖检照片
48#中相外侧	高压端至第 6 伞裙出现芯棒酥朽,中压段无明显酥朽	
49#中相外侧	高压端至第 7 伞裙出现芯棒酥朽,中压段无明显酥朽	

续表 6-2

绝缘子	剖检结果	剖检照片
50#中相外侧	高压端至第 7 伞裙出现芯棒酥朽,中压段无明显酥朽	
54#下相外侧	高压端至第 5 伞裙出现芯棒酥朽,中压段无明显酥朽	
35#上相外侧	高压端至第 17 伞裙出现芯棒酥朽,中压段无明显酥朽	
37#下相内侧	高压端至第 10 伞裙出现芯棒酥朽,中压段无明显酥朽	

在本案例中,15 支解剖的复合绝缘子均存在芯棒酥朽缺陷。除 56#下相外侧绝缘子外,其他 14 支均正确诊断为芯棒酥朽发热,诊断的准确率达到 93.33%。

6.3.2　500 kV FS 线复合绝缘子酥朽发热

1) 现场红外测试及平台缺陷识别情况

2024 年 7 月 10 日,沿海某地市公司对 500 kV FS 线开展现场红外巡检,巡检图像同步上传浙江省侧无人机平台。经浙江省侧无人机平台输电线路复合绝缘子发热缺陷模块分析,发现有个别复合绝缘子存在异常发热(发热温差大于 10 K)。红外检测原始图像如图 6-14 所示,平台识别结果如图 6-15 所示。

浙江省侧无人机平台输电线路复合绝缘子发热缺陷模块标识的发热位置及提取的复合绝缘子中心线温度曲线如图 6-16 所示。该支绝缘子发热原因诊断结果如表 6-3 所示。

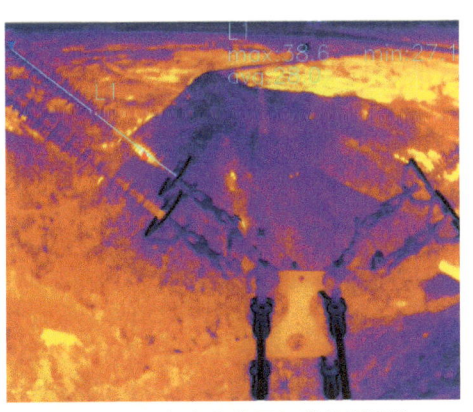

图 6-14　复合绝缘子红外检测图像

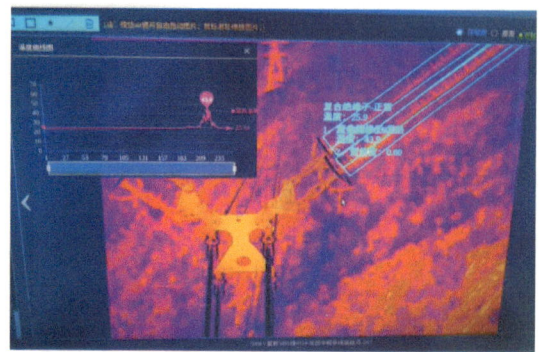

图 6-15　复合绝缘子红外图像平台识别结果

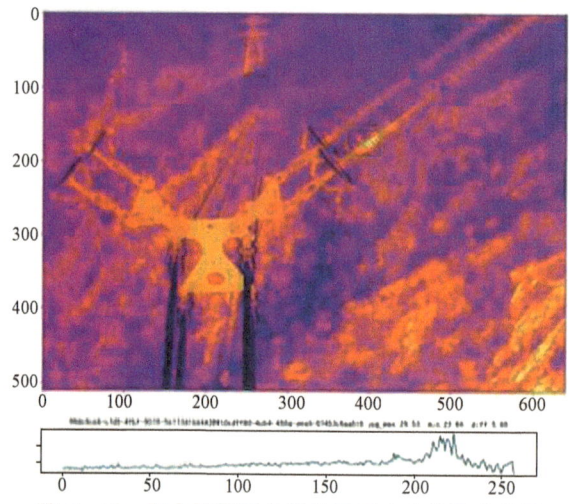

图 6-16　复合绝缘子发热位置及中心线温度曲线

表 6-3　500 kV FS 线复合绝缘子发热原因诊断

温差/℃	温度标准差/℃	温度最大值相对位置	峰数	发热长度占比	峰值标准差	峰值位置标准差	诊断结果
10.7	1.60	0.15	5	0.073	2.9	0.027	芯棒酥朽

2）实验室解剖验证

在实验室对发热绝缘子进行剖检，发现高压端至第 6 伞裙芯棒出现明显酥朽，剖检照片如图 6-17 所示。

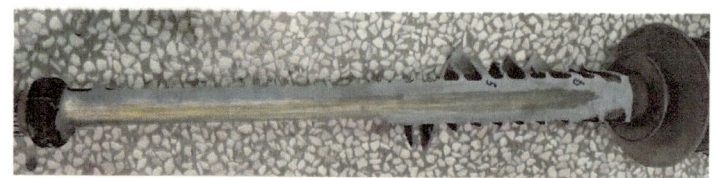

图 6-17　复合绝缘子高压端剖检照片